中国地质大学(武汉)秭归产学研基地野外实践教学系列教材

秭归产学研基地野外实践教学教程

——基础地质分册

彭松柏　张先进　边秋娟　李　辉　编著

内容提要

本书从地质类专业野外实践教学和地质实习的基本要求出发,对黄陵穹隆地区地质构造演化基本特征,野外地质工作基本概念和工作方法,野外地质教学路线中的典型地层、岩石、构造地质现象进行了概括和介绍,不仅能帮助学生掌握野外地质调查工作和研究的基本概念、基本方法,还能开阔学生的地质视野,培养学生的科学前沿意识和创新能力,为学生提供一个野外地质实践教学实习和研究的基本平台。本书既是了解秭归黄陵穹隆地区最新地质科研成果和野外地质教学研究的指导书,也是内容丰富的秭归实习基地地质类、非地质类专业本科生野外地质实习和学习的重要参考书。

图书在版编目(CIP)数据

秭归产学研基地野外实践教学教程——基础地质分册/彭松柏等编著．—武汉:中国地质大学出版社,2014.6(2022.8重印)

中国地质大学(武汉)秭归产学研基地野外实践教学系列教材

ISBN 978-7-5625-2739-8

Ⅰ.①秭…

Ⅱ.①彭…

Ⅲ.①野外作业-地质调查-高等学校-教材

Ⅳ.①P622②P642

中国版本图书馆 CIP 数据核字(2014)第 117349 号

秭归产学研基地野外实践教学教程——基础地质分册	彭松柏　张先进　边秋娟　李　辉　编著
责任编辑:彭　琳	责任校对:周　旭

出版发行:中国地质大学出版社(武汉市洪山区鲁磨路388号)　　邮编:430074
电　　话:(027)67883511　　传　　真:(027)67883580　　E-mail:cbb@cug.edu.cn
经　　销:全国新华书店　　　　　　　　　　　　　　　　　　Http://www.cugp.cug.edu.cn

开本:787毫米×1092毫米　1/16　　字数:429千字　印张:15.875　图版:14
版次:2014年6月第1版　　　　　　　印次:2022年8月第3次印刷
印刷:武汉市籍缘印刷厂　　　　　　 印数:3 001—4 000 册

ISBN 978-7-5625-2739-8　　　　　　　　　　　　　　　　　　　　　　　　定价:38.00元

如有印装质量问题请与印刷厂联系调换

前　言

三峡秭归黄陵穹隆地区地质资源极为丰富，不仅以举世闻名的长江三峡大坝水利枢纽工程为世人所知，而且以沉积岩、岩浆岩、变质岩三大岩类出露良好齐全，南华纪以来地层发育连续、完整，各类地质构造现象丰富典型，以及也是华南早前寒武纪地质构造演化的最重要窗口而一直受到国内外地质学界的高度关注。

三峡秭归黄陵穹隆地区野外地质调查研究工作开始得很早，地球科学研究史也逾百年，但大规模野外地质教学起步较晚。直到2006年，中国地质大学（武汉）在秭归茅坪（即秭归新县城）正式创建野外实习基地，开始大规模接纳开展野外地质教学和研究工作的国内外大专院校、研究单位的师生和研究人员。近年来，在中国地质大学（武汉）的大力支持下，秭归实习基地建立了长江三峡黄陵穹隆地区地质陈列室、信息技术实验室和"奇石园"，并对主干地质路线进行了补充建设，配置完成了标本、薄片、图片，以及中英文简介，还制作了多媒体软件。这些基础建设在培养学生的实践动手能力、科研创新意识，提高学生的综合素质，培养新型地学人才等方面起到了重要的推动作用。秭归产学研实习基地（以下简称秭归实习基地）是中国地质大学（武汉）培养未来地球科学家和卓越地质工程师新的摇篮，承载了中国地质大学（武汉）师生的光荣与梦想。

在地质实践教学过程中，中国地质大学（武汉）许多教师都为教学基地建设、地质科研与教学资源的开发付出了艰辛劳动，陆续为不同专业撰写了不同版本和要求的教学实习指导参考书，这些成果极大地丰富了实习基地的教学内容，也为本书的撰写奠定了重要基础。进入21世纪，科学技术的发展日新月异，特别是随着国民经济建设高速发展的需要，培养新型现代地球科学人才和卓越工程师的要求，以及地球科学本身实践性强的学科特点，通过理论与野外实践教学相结合的方法，使学生在系统学习与掌握野外地质调查和研究基本理论、基本方法及基本技能的基础上，更好地适应和应对当代地球科学发展的新趋势和新要求已成为高等教育教学的一项重要任务。

本书的特色主要体现在以下3个方面：其一，对实习区最典型、最主要的地质现象进行了概括和简单介绍，为地质类专业本科生的实践教学和研究构建了一个供选择的系统野外地质教学实习平台，目的是让学生在岩石、地层、构造等专业基础理论课学习的基础上，学会运用基本理论知识和技术方法进行综合地质思维分析，了解当代固体地球科学发展的一些新理论、新概念和新进展，提高分析和解决问题的能力；其二，帮助学生掌握野外地质调查和研究的基本方法，培养和训练学生采集、分析、处理各类野外地质现象和信息的能力，为新型现代地球科学人才和卓越工程师的培养奠定基础；其三，以实习区丰富多彩的典型地质资源和科研资源为基础，通过野外地质路线中典型地质现象的观察、分析和描述，将最新研究进展和成果引入实践教学，让学生了解当代地球科学发展的新趋势，开阔了学生的地质视野，培养学生的科学前沿意识和创新能力，提高学生的国际化水平。

本书是受中国地质大学（武汉）教务处委托，以教学科研立项的形式，在前人区域地质调查、科研，以及编著者科研与实践教学成果的基础上撰写完成的。本书由彭松柏担任主要编著者，编写分工如下：前言、绪论由彭松柏执笔；第一篇由彭松柏、张先进、边秋娟、李辉执笔；第二篇由张先进、边秋娟、彭松柏执笔；第三篇由彭松柏、张先进、边秋娟执笔。此外，参加本书编写、绘图等工作的还有研究生韩庆森、蒋幸福、郑中亚、刘松峰、彭湘龙、黄利兵、何祺等人。全书最后由彭松柏统稿完成。

在本书编著的过程中，王焰新校长、赖旭龙副校长，教务处杨伦处长、殷坤龙处长、吕占峰副处长，实习站王建胜站长以及学校地质院、系领导都给予了热情关怀和大力支持。汪啸风、马昌前、葛梦春、凌文黎、杜远生、冯庆来、杨坤光、王家生、刘勇胜等教授审阅了全书初稿，并提出了许多宝贵的建设性意见。此外，感谢李昌年、赵温霞、樊光明、易顺华、龙煜、郑建平、杨宝忠、余英、陈丽霞、鲍晓欢、张宁、肖平、谢丛姣、彭红霞、侯林春、张利华、温彦萍等直接参与基地野外实践教学的老师和同仁们给予笔者的指导和帮助。此外，特别要感谢武汉地质调查中心（原宜昌地质矿产研究所）魏运许、李志宏、王建雄研究员和湖北地质调查院胡正祥、江麟生高级工程师，为本书撰写提供了许多区域地质调查新资料、新成果。最后，对所有提供帮助的老师和同仁们表示衷心的感谢。

尽管我们在秭归地区已进行了多年野外地质实践教学和研究工作，但面对长江三峡黄陵穹隆地区如此丰富、典型的各类复杂地质现象和地球科学技术日新月异的发展，深感自己的能力和专业知识水平有限，特别是对一些重要地质事实和科学问题的认识仍需进一步深入研究和讨论，由于水平有限、时间仓促，不足或错漏之处恳请各位同仁批评指正。

编著者
2013 年 12 月

目　　录

绪　论 ·· (1)

第一篇　区域地质概况 ·· (3)

第一章　自然地理概况 ··· (5)
第一节　自然地理 ·· (5)
第二节　矿产资源 ·· (7)
第三节　地质旅游资源 ··· (7)

第二章　地　层 ··· (10)
第一节　中—新太古界 ··· (10)
第二节　古元古界 ··· (12)
第三节　新元古界 ··· (16)
第四节　下古生界 ··· (22)
第五节　上古生界—中生界 ··· (33)
第六节　新生界 ·· (40)

第三章　侵入岩 ··· (41)
第一节　太古宙—古元古代花岗质侵入杂岩 ··· (42)
第二节　新元古代花岗侵入杂岩 ·· (45)
第三节　新元古代中—基性岩墙(岩脉)群 ··· (52)
第四节　中—新元古代变镁铁—超镁铁质岩 ··· (53)

第四章　变质岩 ··· (57)
第一节　古元古代区域高级变质岩 ··· (57)
第二节　接触变质岩 ·· (63)
第三节　动力变质岩 ·· (63)

第五章　地质构造 ·· (67)
第一节　太古宙花岗片麻岩构造 ·· (67)
第二节　古元古代造山带构造 ··· (68)
第三节　中—新元古代蛇绿混杂岩带构造 ·· (71)
第四节　中—新生代伸展变质核杂岩构造 ·· (72)
第五节　主要大型韧-脆性断裂构造 ·· (73)
第六节　区域地质构造演化 ··· (74)

第二篇　野外地质基本工作方法 (77)

第六章　野外基本装备的使用 (77)
第一节　罗盘的基本结构及使用方法 (77)
第二节　地形图的使用方法 (80)
第三节　野外记录簿的格式与要求 (83)

第七章　地层的观察与描述 (89)
第一节　地层的观察与描述 (89)
第二节　地层的划分与对比 (91)

第八章　沉积岩的观察与描述 (93)
第一节　沉积岩概述 (93)
第二节　陆源碎屑岩的观察与描述 (98)
第三节　碳酸盐岩的观察与描述 (100)
第四节　硅质岩的观察与描述 (105)

第九章　岩浆岩的观察与描述 (107)
第一节　岩浆岩的矿物成分 (107)
第二节　岩浆岩的结构、构造 (108)
第三节　岩浆岩的产状和相 (110)
第四节　岩浆岩的分类及常见岩石类型 (114)
第五节　岩浆岩的野外地质调查 (121)

第十章　变质岩的观察与描述 (124)
第一节　变质作用的基本概念 (124)
第二节　变质岩的基本特征 (125)
第三节　变质岩的分类及常见岩石类型 (131)
第四节　变质岩区的野外地质调查 (134)

第十一章　构造的观察与描述 (136)
第一节　节理的观察与描述 (136)
第二节　断层的观察与描述 (139)
第三节　褶皱的观察与描述 (142)
第四节　劈理与线理的观察与描述 (146)
第五节　韧性剪切带的观察与研究 (153)

第十二章　实测地质剖面工作方法 (159)
第一节　实测地层剖面的基本原理及工作程序 (159)
第二节　综合地层柱状图编制原则及方法 (164)
第三节　岩浆岩、变质岩区实测剖面工作 (165)

第十三章　地质填图的基本方法 (168)
第一节　地质填图的基本方法与程序 (168)
第二节　地形地质图的绘制 (172)

第十四章　地质报告的编写及要求 (175)

第三篇　野外地质教学路线 (177)

第十五章　野外地质教学路线基本要求 (177)
第十六章　野外地质教学路线简介 (178)

路线 1　陈家冲—中堡新元古代黄陵花岗岩侵入体、包体及多期岩脉穿插关系观察路线 (178)

路线 2　东岳庙—黄陵庙—小滩头新元古代黄陵复式花岗岩侵入体及接触关系观察路线 (179)

路线 3　银杏沱—兰陵溪—陈家沟大桥黄陵复式花岗岩侵入体、侵入接触带及高级变质岩观察路线 (180)

路线 4　九曲垴中桥—横墩岩—问天简南华系—下寒武统岩石地层剖面及伸展滑脱断裂构造观察路线 (182)

路线 5　问天简—九畹溪大桥寒武系岩石地层剖面及伸展滑脱褶皱构造观察路线 (185)

路线 6　路口子—链子崖奥陶系—二叠系岩石地层剖面及大型滑坡体、危岩体观察路线 (186)

路线 7、路线 8　泗溪公园南华系莲沱组实测岩石地层剖面及节理构造观察路线 (190)

路线 9　高家溪—花鸡坡—棺材岩—黄牛岩南华系—震旦系岩石地层剖面及角度不整合观察路线 (192)

路线 10　莲沱镇—王丰岗南华系—震旦系标准岩石地层剖面及角度不整合观察路线 (193)

路线 11　下岸溪石料场—下堡坪新元古代黄陵复式花岗岩侵入体、包体及多期岩脉穿插关系观察路线 (194)

路线 12　古村坪—茅垭中—新元古代变基性—超基性岩（庙湾蛇绿混杂岩）岩石构造剖面观察路线 (195)

路线 13　小溪口—梅子厂中—新元古代变基性—超基性岩（庙湾蛇绿混杂岩）岩石构造剖面观察路线 (196)

路线 14　七里峡—雾渡河—水月寺新元古代基性岩墙群、太古宙花岗片麻岩（TTG 片麻岩）及大型韧-脆性走滑断裂带观察路线 (198)

路线 15　雾渡河—殷家坪古元古代麻粒岩相变质岩、花岗质片麻岩、基性岩墙及韧性变形构造观察路线 (200)

主要参考文献 (201)

附件一　秭归主干教学路线分布图 (208)
附件二　典型岩石描述实例 (209)
附件三　常见矿物的野外鉴定特征 (213)
附件四　常用图例、花纹、符号 (223)
附件五　秭归地区地层简表 (239)
附件六　国际年代地层表（中英文） (241)

附件七　中国地层简表……………………………………………………………………（243）
图版……………………………………………………………………………………（247）

绪　论

长江三峡黄陵穹隆地区是我国区域地质调查研究较早和研究程度较高的地区之一。1863—1914 年,先后有美国的庞德勒、威理士,德国的李希霍芬、勃来克维德,日本的井八万次郎、杉本等学者在三峡一带做过粗略的地质调查。20 世纪 20 年代,我国近代地质学主要奠基人李四光和赵亚曾(1924)完成了长江三峡两岸秭归—宜昌段地层地质构造调查,奠定了本区地层格架。之后,老一辈著名地质学家谢家荣、赵亚曾、许杰、尹赞勋、卢衍豪、张文堂等先后又进行了更为深入的研究,为本区区域地质研究打下了坚实基础。

新中国成立后,先后有数十家单位和部门在本区进行过比较深入的地质调查或矿产勘查工作。20 世纪 50 年代末至 60 年代初,我校杨遵仪先生带领北京地质学院师生在本区开展了宜昌幅(西半幅)1∶20 万区域地质调查,对三峡地区各时代地层进行了系统研究。此后,湖北省区调队开展了宜昌幅东半幅 1∶20 万区域地质调查,并于 1970 年与宜昌幅西半幅、长阳幅合并出版。

20 世纪 70 年代,湖北省地质矿产勘查开发局(以下简称湖北省地矿局)、地质博物馆和宜昌地质矿产研究所联合组成的三峡地层组(1978)以及中国科学院南京地质古生物研究所(1978)又分别对本区震旦系至二叠系地层进行了深入的研究。80 年代,由宜昌地质矿产研究所牵头,联合地矿部地质研究所和湖北省地质研究所在《长江三峡地区生物地层学》的总体设计下,通过深入研究先后出版了震旦纪(赵自强等,1985)、早古生代(汪啸风等,1987)、晚古生代(冯少南等,1985)、三叠纪—侏罗纪(张振来等,1985),以及白垩纪—第三纪(雷奕振等,1987)的系统研究成果,对长江三峡地区的震旦纪至第三纪(古近纪＋新近纪)地层古生物进行了系统研究总结,使该区有关岩石地层、生物地层、年代地层的研究达到当时国内领先水平,其中震旦系、震旦系/寒武系和奥陶系/志留系界线的研究成果达到当时国际先进水平。为配合宜昌市城市发展规划编制,由湖北省地矿局鄂西地质大队主导,1986—1990 年利用已有资料编制完成了 1∶5 万宜昌市地质图。随后于 1991 年完成了 1∶5 万莲沱(西)和三斗坪(西)区域地质填图。

20 世纪 90 年代中后期以来,在国土资源部和国务院三峡移民局的支持下,由宜昌地质矿产研究所完成的《长江三峡珍贵地质遗迹保护和太古宙—中生代多重地层划分和海平面升降变化》(汪啸风等,2002)研究成果填补了该区层序地层和太古宙—中元古代研究的薄弱环节,进一步提高了该区地层古生物,尤其是地层层序和年代地层的研究水平。此间,湖北省地矿局鄂西地质大队又完成了 1∶5 万分乡场幅和莲沱(东)区域地质填图。

21 世纪初,国土资源部开展新一轮国土资源大调查以来,中国地质调查局武汉地质调查中心(以下简称武汉地调中心)(原宜昌地质矿产研究所)、中国地质科学院地质所、南京地质古生物研究所等单位,先后围绕本区震旦系生物多样性事件和年代地层单位划分,以及中国南方震旦系和下古生界年代地层单位的划分和对比开展了一系列研究,完成的震旦系年代地层单位划分和对比研究成果进一步完善了震旦系内部年代地层系统(陈孝红等,2002)。武汉地调中心、南京地质古生物研究所分别牵头完成的宜昌王家湾上奥陶统赫南特阶和宜昌黄花场中下奥陶统及奥陶系第三个阶(大坪阶)全球界线层型剖面(GSSP)即"金钉子"的研究,极大地推动了全球和区内奥陶系年代地层学的研究。此外,中国地质大学(北京)和中国地质科学院地质所等单位在三峡区震旦系年代学研究方面也取得了可喜成果,并相继在 Nature、Episodes 等国际刊物上发表,引起了国际同行的关注,使本区震旦系剖面在全球埃迪卡拉系再划分中的作用得到了极大提升。

长江三峡黄陵穹隆地区不仅是我国地层学研究的热点地区,同时也是我国地质灾害调查和防治的重点地区。长江水利委员会、长江三峡勘测大队及湖北省水文工程地质大队、四川南江水文队、湖北省地震局、湖北省地矿局和武汉地调中心等多家单位在测区内围绕长江三峡大坝的建设开展了1∶10万、1∶20万、1∶50万区域水文、工程、灾害地质的普查及详查工作,编写了有关调查研究报告,在山体稳定性和岩崩、滑坡的地质调查方面取得了重要进展。此外,武汉地震队、湖北水文地质二队、长江水利委员会地震台、湖北省地震局等在20世纪70年代以后对实习基地附近的仙女山、九畹溪、天阳坪断裂的活动性进行了多年系统观测。长江水利委员会、中国地质大学(武汉)等多家单位对本区断裂也进行了详细的研究。这些调查与研究工作极大地丰富了地质实践教学的内容。

20世纪90年代以后,国内外一大批大专院校、科研院所的研究人员、师生,对扬子克拉通黄陵穹隆地区前南华纪变质基底、新元古代花岗杂岩,以及南华纪以来沉积地层等方面进行了许多卓有成效的专题研究工作。特别是,在黄陵穹隆北部太古宙灰色片麻岩(TTG)的形成时代及地质意义(高山等,1990;马大铨等,1992)、古元古代构造-岩浆-变质热事件的时代及其地质构造意义(凌文黎等,2000;Qiu et al,2000;Zhang et al,2006;郑永飞等,2007;张少兵等,2007;熊庆等,2008;彭敏等,2009;Yin et al,2013)、新元古代黄陵花岗杂岩的成因与时代(马大铨等,2002;李志昌等;2002;李益龙等,2007;Zhang et al,2008,2009;Wei et al,2013)、震旦纪陡山沱组底部"盖帽白云岩"中冷泉碳酸盐岩的发现与新元古代"雪球地球事件"的关系(王家生等,2005,2012;Wang et al,2008)、中—新元古代庙湾蛇绿岩的发现识别及其大地构造意义(彭松柏等,2010;Peng et al,2012)、中—新生代黄陵穹隆隆升的时代及成因机制(沈传波等,2009;刘海军等,2009;Ji et al,2013)等方面取得了许多重要新认识和新进展。这些新的进展和成果使黄陵穹隆地区成为华南扬子克拉通早前寒武纪大陆地壳生长演化、前寒武纪超大陆(哥伦比亚、罗迪尼亚超大陆)聚合与裂解、地球早期生命起源与演化、新元古代"雪球地球事件"、中—新生代陆内伸展与裂解等地球科学前沿领域重大科学问题研究的重要热点地区,极大地丰富了实习基地的地质实践教学资源,为重新认识黄陵穹隆地区在我国华南地区乃至世界地质构造演化中独一无二的重要学术研究地位以及本书的编写提供了重要的科学研究基础。

第一篇　区域地质概况

秭归实践教学基地的实习区主要位于黄陵穹隆核部前南华纪变质基底区及南部周缘沉积盖层地区，在区域大地构造上属华南扬子克拉通核心地区，前南华基底经历了多期复杂俯冲-增生碰撞造山地质构造演化过程，新元古代晚期的造山运动（即晋宁构造运动）奠定了扬子克拉通基底基本轮廓，之后形成了一套稳定的海相沉积盖层，晚中生代开始进入陆相沉积构造演化阶段。

中新生代黄陵穹隆地区在大地构造上位于扬子克拉通北西西向大巴山弧形逆冲推覆褶断带东延南侧与北东—北东东向齐岳山-八面山弧形褶断带东延北部收敛交会部位，而且中国中西部重要北北东向地球物理重力梯度带西侧太行山-武陵山隆起构造带叠加其上（图0-1）。这一独特地质构造部位造就了前南华纪变质基底、新元古代黄陵花岗杂岩和南华纪以来沉积地层的连续良好出露，成为研究华南地区前南华纪变质基底、南华纪以来沉积地层最为重要的窗口和经典研究地区，其珍藏保留了扬子克拉通乃至整个华南地区最古老的早前寒武纪基底岩石、距今7亿年左右"雪球地球事件"的古老冰川沉积，以及南华纪以来大套完整连续的沉积地层，这在国际地质学领域也都十分罕见。

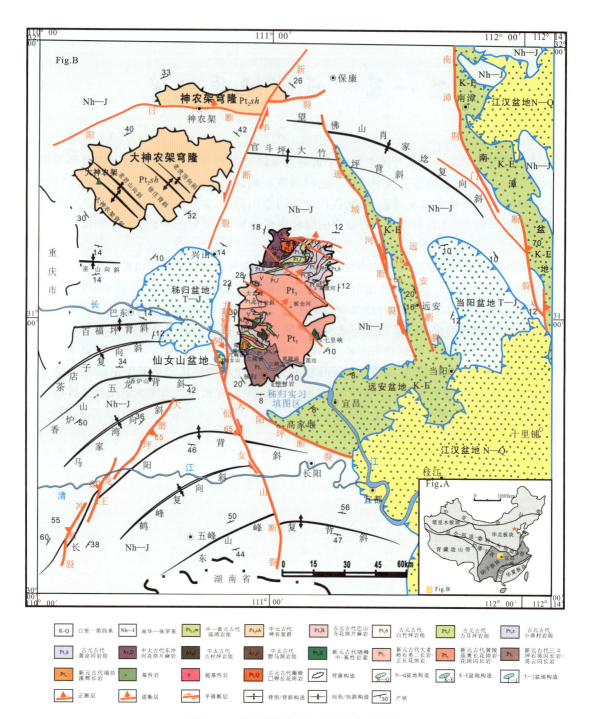

图 0-1 黄陵穹隆及邻区区域构造纲要图

第一章 自然地理概况

第一节 自然地理

秭归实习基地建于湖北省西部的秭归新县城茅坪镇,距武汉市约380km,是举世闻名的"长江三峡"以及伟人爱国诗人屈原的故乡和著名的"中国脐橙之乡"所在地。秭归县交通便利。全境拥有64km的长江水道,上通巴蜀,下达荆襄。长江三峡大坝水利枢纽工程建成后,秭归成为了三峡航线的中转点,由新县城茅坪弃船转车至宜昌,比乘船(尤其是在长江汛期)过三峡工程船闸缩短两个小时。秭归全境沿江港口众多,并在新县城建有飞船基地,往返重庆方便快捷。陆路交通也很发达,高速公路直达省城武汉。县境内各乡镇随时都有客运班车开行,各村也有简易公路相通(图1-1)。

实习区主要位于湖北省西部的长江西陵峡两岸及邻区,属长江上游下段的三峡河谷地带鄂西南山区。山脉走向为北东—南西向或北西—南东向,是我国地势二级阶梯大巴山系之东端,为燕山运动所形成。新生代以来,仍在继续抬升。秭归县属中亚热带季风性湿润气候。但由于高山夹持,下有水垫,故600m以下为逆温层,从而形成了湖北省的"冬暖中心",年均气温18℃,极端最低气温−3℃,月平均气温大于或等于10℃,年积温为5 723.6℃,年无霜期为306天,空气相对湿度为72%,年降雨量为1 016mm。夏季常有大到暴雨,容易造成洪涝灾害和水土流失。这样的气候条件非常适宜脐橙的种植。三峡大坝蓄水后,预测库区冬季平均增温0.3~1.3℃,夏季平均降温0.9~1.2℃。

秭归县境内旅游资源十分丰富。新县城茅坪镇与长江三峡大坝隔高峡平湖相望,登城南凤凰山可尽揽三峡大坝美景。由秭归县城茅坪镇出发到城西南有"天然氧吧"之称的泗溪风景区,驱车只需20分钟,到号称"三峡第一漂"的九畹溪漂流风景区也只要1.5小时。陆路和水路都可直达屈原故里、屈原祠和归州古镇等名胜古迹。长江三峡西陵峡段的牛肝马肺峡、兵书宝剑峡、流来观等著名景点均在秭归县境内。2001年以来,旅游业已成为秭归县的支柱产业。三峡工程的兴建使秭归县成为三峡库区的移民重点县,秭归县也因此发生了脱胎换骨的变化。近年来,随着地质工作研究程度的不断深入,在本区又发现了很多典型而精彩的地质遗迹,业已逐步开发出多条集研究、教育、科普、旅游等一体的产学研多功能野外地质实习路线。

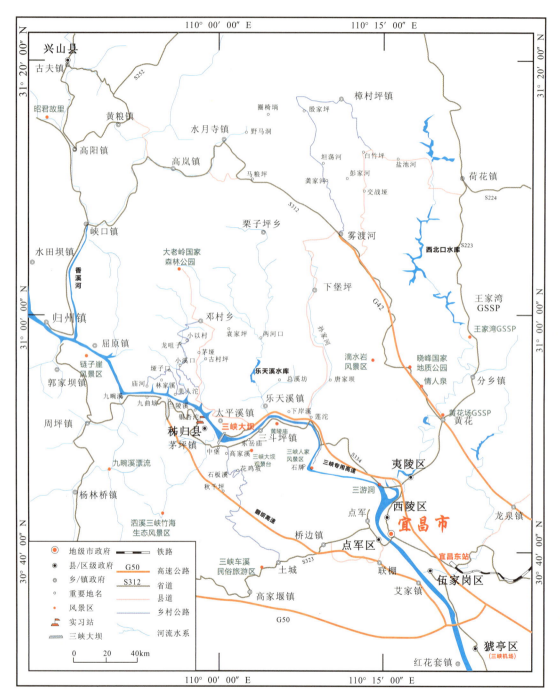

图 1-1 秭归实习区交通位置图

第二节 矿产资源

秭归及其邻区经历了漫长的地质发展历史,复杂的沉积作用、岩浆作用、构造变形与变质作用,给各种矿产提供了有利的形成条件及沉积环境。已发现的矿产有烟煤、铁、汞、铜、钒、锰、金、重晶石、磷、白云岩等17种,其中以磷、煤、重晶石、铁、金等为优势矿种,最具工业价值和远景。

磷矿是鄂西地区最主要的优势矿种,主要产于震旦纪陡山沱组,属于沉积型磷块岩矿床,其次在灯影组、水井沱组及志留系中普遍有含磷反映。区内陡山沱组中、上磷矿层不发育,下磷矿层又可分为上、中、下3个分层,其中磷矿主要分布于中、上分层:上分层分布于全区,由含条带状磷块岩之页岩与条带状磷块岩组成,层位较稳定、厚度小;中分层在本区最发育,厚度大,品位较富,矿石以条带状磷块岩为主,次为块状磷块岩和磷质页岩,最大厚度达101.01m,最薄只有0.52m,矿体常呈透镜状或似层状断续出现。

铁矿主要产于泥盆纪黄家磴组,为远滨及近海陆棚沉积,厚0.2~1.5m,含铁品位为26%~32%,可民采作为水泥生产中的配料。矿层以鲕状赤铁矿为主,次有铁质砂岩、铁质页岩或含铁页岩、含赤铁矿质白云岩及含锰灰岩、黏土质鲕绿泥石岩等。矿石类型有时可出现在同一矿层中,呈过渡关系,沿走向亦可互相变换,使矿石在某一地段富集,而在另一地段变贫。各矿石类型的矿物成分及化学成分,在各矿层所见大同小异。而铁质砂岩及铁质页岩与含铁页岩的主要矿物成分为石英,次为水云母及少量方解石、赤铁矿鲕粒、褐铁矿和胶岭石。

铜、金矿床(点)主要分布于黄陵穹隆核部的东南侧的断裂构造中。矿床(点)出露地层主要有震旦系灯影组含燧石硅质白云岩、陡山沱组薄层灰岩夹页岩,南华系南沱组冰积段含砂泥砾岩,以及前南华纪富含钠质似斑状斜长花岗岩。

花岗岩石材也是本区的重要非金属矿种,矿体赋存于黄陵复式深成杂岩体内。该区花岗岩具高抗压、抗剪、抗折强度,以及耐磨、耐酸性能,抛光后色彩纯正,光洁度好,有良好的装饰性能及观赏价值,且分布面积及块度大,开采条件好的特点。

硅石矿主要赋存于泥盆纪云台观组,主要岩性为灰白色石英岩状砂岩,矿层厚度为4~10m,连续稳定分布,SiO_2含量一般为96%~98%。该矿为中型耐火型硅石矿床。

石灰石矿在碳酸盐岩中分布广泛,特别是奥陶系南津关组、红花园组,石炭系黄龙组,二叠系茅口组产出的石灰石均是制造水泥、石灰的优质原料。

白云岩矿在本区主要赋存于震旦系灯影组顶部,平均厚度可达119.63m,形状规则,矿化连续性好,其他如中寒武统覃家庙群、上寒武统三游洞群也是白云岩矿的重要产出层位。

第三节 地质旅游资源

长江自秭归县茅坪镇向南东贯穿整个宜昌市,新生代喜马拉雅期构造运动孕育了长江的雏形,伴随青藏高原的隆升,逐渐形成今日之长江,距今约200万年。新生代以来三峡地区地壳不断抬升,长江河床不断下切,历经漫长岁月,形成了当今世界壮丽之自然奇观——三峡峡谷。长江沿岸旅游资源十分丰富，主要有中国十大风景名胜之一的长江三峡和三游洞、龙泉洞等峡谷溶洞地貌景观，世界罕见的长江三峡国家地质公园地质景观，举世闻名的三峡大坝水利枢纽工程、葛洲坝水利枢纽工程等现代大型工程奇观，集探险、休闲、观光为一体的九畹溪漂流景区，以及丰富的人文景观和民俗风情，如以诗人屈原、美人王昭君、圣人关羽为代表的古代名人文化，以黄陵庙、三游洞为代表的历史遗迹，以三峡人家、宜昌车溪为代表的别具一格的民俗风情观光区。

一、西陵峡

长江三峡西起重庆奉节的白帝城，东至湖北宜昌的南津关，全长192km，是长江上最为奇秀壮丽的山水画廊。西陵峡东段即位于测区内，以"险"著称，为长江三峡中最惊险的峡谷。西陵峡西起秭归县香溪口，东至宜昌市南津关，全长约76km。整个西陵峡由高山峡谷和险滩礁石组成，峡中有峡，大峡套小峡，滩中有滩，大滩含小滩。西陵峡中险峰夹江壁立，峻岭悬崖横空，银瀑飞泻，水势湍急。自西向东依次是兵书宝剑峡、牛肝马肺峡、崆岭峡、灯影峡4个峡区，以及青滩、泄滩、崆岭滩、腰叉河等险滩。沿途有黄陵庙、三游洞、陆游泉等古迹。2009年三峡大坝蓄水后水位抬高至175m，以往雄奇秀美的三峡景色大为改变，唯有两坝之间的灯影峡还保持了真正原汁原味的三峡风光。

二、长江三峡国家地质公园

长江三峡国家地质公园是中国最大的国家地质公园，涵盖了长江三峡主干流两侧，西起奉节县白帝城，东抵宜昌南津关，面积约25 000km^2，自秭归县茅坪镇以东部分位于测区内。地质公园内既出露有华南最古老的基底岩石，又有记录自新元古代以来地壳和古地理演化历史的完整地层剖面，有古老的南华纪冰川沉积，还发育有众多门类的化石。同时还有重大地质构造事件和海平面升降事件所留下的记录，包括国内外著名的位于宜昌莲沱震旦系标准地层剖面——国际前寒武系划分对比标准剖面、宜昌黄花场乡王家湾奥陶系—志留系界线剖面——全球奥陶纪和奥陶系/志留系界线层型候选剖面，以及中国众多岩石地层单位的命名剖面。还有由后期新构造运动、河流、岩溶、地下水和风化作用所塑造的峡谷、溶洞等景观，以及集科研、艺术观赏、收藏价值于一体的三峡奇石。长江三峡国家地质公园不但是中国最大的地质公园，还是世界上少有的集峡谷、溶洞、山水和人文景观为一体的天然地质博物馆。

三、三峡大坝水利枢纽工程

三峡大坝水利枢纽工程位于宜昌市三斗坪镇，地处风景秀丽的西陵峡中段，是当今世界上最大的水利枢纽工程，距宜昌市中心城区和已建成的葛洲坝水利枢纽工程38.6km。三峡大坝水利枢纽工程建筑由拦河大坝、电站厂房、通航建筑物三大部分组成，大坝坝顶总长3 035m，坝高185m，正常蓄水位为175m。水电站左岸装机14台，右岸装机12台，总装机26台，单机容量为70万kW，总装机容量为1 820万kW，年均发电量为847亿kW·h，相当于葛洲坝水电站年发电量的6.5倍。工程总工期17年，1993年正式开工，2009年长江三峡大坝水利枢纽工程全部完工。

四、黄陵庙

黄陵庙位于三峡大坝下游的西陵峡南岸。原名黄牛祠,始建于唐代,现存建筑是明万历四十六年(公元1618年)仿宋式建筑而重修的。黄陵庙主体建筑是古人为纪念夏禹而建的禹王殿,殿内有36根两人合抱粗的大立柱,柱上浮雕9条蟠龙,形态各异、栩栩如生,殿前石碑上刻有诸葛亮到此因感禹王治水的功绩而题写的碑记。有古歌曰:"朝见黄牛,暮见黄牛,三朝三暮,黄牛如故。"说明这一带路途的艰难。李白、白居易、苏轼、陆游等都曾在此留下了诗文。

黄陵庙还有许多记载历代三峡水文情况的碑刻,其中一块记载着清同治九年(公元1870年)发大水,淹到了殿堂上的金匾,是三峡地区最高的一次水位。长江三峡水库水位蓄至175m后成为一座长达200km、平均宽1.1km的峡谷型水库,江深水阔、波平浪静,气势更加磅礴。据统计分析,库区景点被完全淹没的共计25处,而新增有游览价值的景点可能达近百处。昔日"兵书宝剑峡"的"兵书"依然高高在上,而"宝剑"却永沉江中。巫山小三峡呈现出平静的湖泊景观,马渡河小小三峡上游支流当阳河中出现了一个风景绮丽的"小小小三峡"。昔日丛林掩映中的奉节白帝城,蓄水后成了独立江中的"白帝岛"。

第二章 地 层

长江三峡黄陵穹隆地区岩石地层主要由前南华纪变质基底和南华纪—震旦纪以来的沉积盖层组成,其中著名的震旦纪地层是在中国最先被调查研究命名的一个地质年代单位。1922年葛利普(Grabau A W)在《震旦纪》一文中将这套地层明确定义为系一级年代地层单位,其范围包括泰山群或五台群变质岩层之上、寒武纪地层之下的一套不变质或仅轻微变质的地层。之后,李四光、赵亚曾(1924)在峡东地区建立了震旦系的完整标准层序剖面。从此,长江三峡地区的震旦系闻名中外,成为国际地质学界的学术名山。

第一节 中—新太古界

扬子克拉通黄陵穹隆地区(简称黄陵地区)的中—新太古界是华南出露的最老前寒武纪高级变质岩石地层,大致以雾渡河断裂带为界分为南北两部分,其中北部变质地层为中太古代水月寺群野马洞岩组,南部变质地层为中太古代崆岭群古村坪岩组(即崆岭群下岩组),也有人将其称之为北崆岭群、南崆岭群。

黄陵地区前南华纪崆岭群变质岩系由"崆岭片岩"(李四光,1924)一名演变而来,命名地点位于湖北秭归庙河—美人沱一带,以崆岭滩而得名。近一个世纪以来,对于黄陵地区崆岭群变质岩系的划分与对比,一直有不同认识。本书综合1:5万水月寺幅区调工作(1987)、《湖北地质志》(1986)、1:5万茅坪河幅区调(1994)和《黄陵断穹核部前寒武纪变质杂岩时序演化》(谭文清等,1997)、1:20万荆门幅区调工作的研究成果,主要对黄陵穹隆北部的变质岩系做了部分调整,变质岩石地层序列划分方案见表2-1。

需要特别说明的是,黄陵地区前南华纪变质岩石地层划分已不具传统史密斯地层意义,不同岩组之间也不一定是连续有序的。实际上,前南华纪变质地层应属一套无序或部分有序的非史密斯地层或造山带构造岩石地层层序(殷鸿福等,1997,1998;张克信等,2000,2003)。

一、野马洞岩组(Ar_2y)

1. 地质特征

黄陵穹隆北部的太古宙水月寺群野马洞岩组(Ar_2y),由湖北省地矿局鄂西地质大队胡正祥、聂学武等(1994,未公开发表)建立,是一套"绿岩建造"或相当于"绿岩建造",分布于黄陵核部变质岩浆杂岩中。出露总面积为5.51km^2。该岩组多呈大小不等的斜长角闪岩包体群赋存于东冲河花岗片麻杂岩中。由于受后期岩浆作用及变形变质改造,这套变质岩系在空间分布上极为不连续,较集中分布于黄陵穹隆北部古元古代圈椅埫花岗岩体周边的野马洞、白果园等地(图2-1)。

表 2-1 黄陵穹隆北部前南华纪变质岩石地层序列划分沿革表

岩石地层序列划分			湖北省地质志（1986）			水月寺幅（1987）	1:5万茅坪河幅（1994）	湖北省鄂西地质大队（1996）		荆门幅区调（2006）	本项目
			震旦系			震旦系	震旦系	震旦系		南华系	南华系
元古宇	新元古界		马槽园群			马槽园群	马槽园群	马槽园群		白竹坪火山碎屑岩建造	
	中元古界		神农架群			孔子河组	孔子河组	孔子河组		力耳坪岩组	
						西汉河组	西汉河组	崆岭群	庙湾组		
									小以村组		
									古村坪组		
	古元古界	古元古界	崆岭群	上岩组	水月寺群	周家河组	巴山寺片麻杂岩	巴山寺片麻杂岩		黄凉河岩组	白竹坪岩组
											晒甲冲花岗片麻岩
											巴山寺花岗片麻岩
				中岩组		黄凉河组	水月寺岩群	力耳坪岩组	水月寺岩群	力耳坪岩组		力耳坪岩组
				下岩组				黄凉河岩组		黄凉河岩组		黄凉河岩组
太古宇	新太古界					野马洞组	东冲河片麻杂岩	东冲河片麻杂岩		晒甲冲片麻岩	东冲河花岗片麻岩（TTG）
										东冲河片麻岩	
	中太古界						野马洞岩组	野马洞岩组		野马洞岩组	野马洞岩组

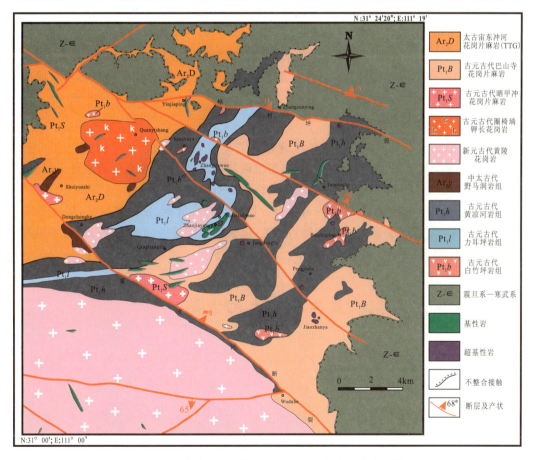

图 2-1 黄陵穹隆北部前南华纪变质杂岩区地质简图

（据 1:25 万荆门幅地质图修编，2006）

2. 岩性组合特征

岩石组合主要为一套混合岩化的斜长角闪岩、黑云斜长变粒岩、黑云角闪斜长片麻岩、石英片岩、角闪片岩和黑云片岩。岩组内部层序受变形作用改造，已不具原始叠置关系。原岩恢复为一套拉斑玄武质-英安质火山岩建造。

在岩石化学特征上，斜长角闪岩显示典型的基性岩类特征，原岩可能属拉斑玄武岩。黑云斜长变粒岩显示酸性岩类特征，原岩可能为英安岩。在物质组成上，野马洞岩组显示出太古宙绿岩带物质组合特点。野马洞岩组黑云变粒岩、斜长角闪岩同位素形成年龄主要集中于3 050～3 000Ma(袁海华，1991；马大铨等，1997；魏君奇等，2012，2013)。

二、古村坪岩组（Ar_2g）

太古宙崆岭群古村坪岩组主要分布于黄陵穹隆南部古村坪、红桂香一带，其中花岗片麻岩形成时代约2 900Ma(Gao et al, 2011)。下部因新元古代黄陵花岗杂岩的侵入而不完整，根据岩性组合特征，自下而上将其划分为一、二两段，岩石特征简述如下。

1. 古村坪岩组一段（Ar_2g^1）

古村坪岩组一段主要为一套巨厚花岗质片麻岩夹斜长角闪岩的岩石组合，岩石类型比较单调。花岗质片麻岩以黑云斜长片麻岩为主，其次为（黑云）角闪斜长片麻岩、黑云二长片麻岩、黑云变粒岩，偶见石榴斜长片麻岩。斜长角闪岩约占总体的21%，其中黑云斜长片麻岩具中细粒结构，在空间上呈薄—厚层状产出。斜长角闪岩成层性良好，呈薄—巨厚层状或透镜状夹于片麻岩中。

2. 古村坪岩组二段（Ar_2g^2）

古村坪岩组二段以黑云（角闪）斜长片麻岩为主夹少量斜长角闪片岩（约占5%），上部偶夹薄层状含石墨黑云斜长片麻岩。古村坪岩组二段与一段之间，仅发现岩石组合上的差异，而无明显的界面，主要表现为由一段至二段，中酸性成分明显增高。

总体来看，古村坪岩组主要表现为岩石组合稳定、单一、贫钾、富钠的特征，属一套巨厚的英安质、安山质、流纹质、玄武质火山碎屑岩建造，偶夹陆源碎屑岩。无论岩石结构还是其成分都表现出不成熟性，属活动性陆壳产物。

第二节 古元古界

古元古代变质地层主要为出露于黄陵穹隆北部水月寺群的黄凉河岩组、力耳坪岩组，而南部则以分布于邓村、太平溪一带的崆岭群小以村岩组（也称小渔村组）为代表。

一、黄凉河岩组（Pt_1h）

黄陵穹隆北部的古元古代地层，根据岩性差异从下至上分为黄凉河岩组、力耳坪岩组。该岩组由谭文清、熊成云等（1997，未公开发表）建立，1∶5万水月寺幅地质调查填图将其依次划分为黄凉河组下段、中段和周家河组下段，构成两套孔兹岩系。近年来，1∶25万荆门幅区调工作发现这两套孔兹岩系实为一套岩性组合,呈多个岩片产出,出露面积为153.59km²。黄凉河岩组为一套较典型的孔兹岩系(中深层变质表壳岩系)。

孔兹岩(Khondalite)这一术语最早是由 Walker(1902)提出,用以描述印度奥里萨邦太古宙东高茨群(Eastern Ghats Group)中一种很特征的石榴石-矽线石-(石墨)片岩。它们一般为片状,主要由石榴石、矽线石和石英组成,常含石墨鳞片,但无长石。后来 Adams(1929)与 Krishnan(1935)在斯里兰卡中部与缅甸的 Mogok 地区也广泛发现岩性基本相同的变质岩,但其中常含长石。Paseoe(1950)认为孔兹岩基本上是石榴石-矽线石-片岩,可含不定量的石墨和石英及长石,条纹长石和更长石-中长石是常见的次要矿物成分。Walton 等(1983)出版的《岩石学辞典》中则将孔兹岩系定义为"一套变质的铝质沉积岩,由石榴石-石英-矽线石-片岩和石榴石石英岩、石墨片岩及大理岩组成"。全球各大陆前寒武纪变质岩区与上述特征相似的麻粒岩相变质岩系,除著名的印度南部 Eastern Ghats Group 外,还有斯里兰卡的 Highland、芬兰的 Lapland 古元古代麻粒岩带、俄罗斯阿尔丹地盾的太古宇英格尔群、非洲南部 Limpopo 带中部的太古宇,以及我国华北克拉通北缘大青山-集宁孔兹岩带等。

1. 地质特征

黄凉河岩组分布于黄陵穹隆核部的结晶基底中,主要沿马良坪、二郎庙、黄凉河、石板垭、坦荡河、彭家河一带展布。古元古代黄凉河岩组实测剖面如图 2-2 所示。由于后期岩体的侵入和改造,空间上延伸不连续,另外在巴山寺片麻杂岩中也有少量呈残片出露,为一套比较典型的孔兹岩系。

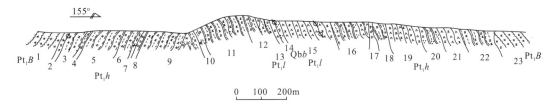

图 2-2 湖北省宜昌市黄凉河林场古元古代黄凉河岩组实测剖面图
(据1:25万荆门幅区调报告,2006)

1.奥长花岗质片麻岩;2.核桃园基性—超基性岩:钠长白云透闪斜黝帘石岩、透辉石岩、透闪黝帘石片岩、黄凉河岩组(Pt_1h);3.含石墨黑云斜长片麻岩;4.含石墨含榴黑云斜长片麻岩;5.黑云斜长片麻岩;6.含榴黑云斜长片麻岩;7.透闪石石墨片岩;8.含磁黄铁矿白云石大理岩;9.黑云斜长片麻岩;10.黑云斜长变粒岩夹含黄铁矿绢云二长变粒岩;11.黑云斜长片麻岩夹斜长石英黑云片岩;12.退变石墨黑云斜长片麻岩夹含磷灰石石英石榴石岩、石英黑云石榴石岩;13.力耳坪岩组绿帘斜长角闪岩;14.绢云石英片岩夹酸性凝灰岩;15.力耳坪岩组绿帘角闪(片)岩、斜长角闪岩、黄凉河岩组(Pt_1h);16.含榴黑云斜长片麻岩夹绿泥石化黑云石榴石岩、含黄铁矿绢云钠长浅粒岩、斜长角闪岩;17.粗—中粒二长花岗岩;18.含榴黑云斜长片麻岩夹含长石英岩、含榴斜长石英岩、黑云石榴石英岩;19.细粒斜长角闪岩;20.含榴黑云斜长石英岩,原岩为长石石英砂岩;21.斜长角闪岩;22.黑云斜长片麻岩;23.奥长花岗质片麻岩

该岩组与太古宙东冲河 TTG 花岗片麻杂岩的重要接触界面受后期构造变形改造的影响而面目全非,但从野外地质信息和岩石地球化学及同位素资料推断,二者之间应为角度不整合接触:①在东冲河 TTG 花岗质片麻杂岩中未发现黄凉河岩组的残留包体;②黄凉河岩组在空间上呈较为连续的带状展布,未受 TTG 花岗岩系侵位的影响;③岩石地球化学和同位素年龄资料均显示东冲河 TTG 花岗质片麻杂岩就位于中太古代(3 000~2 900Ma,Qiu et al,

2000),而黄凉河岩组则形成于古元古代。

扬子克拉通黄陵穹隆核部古元古代黄凉河岩组(即孔兹岩系)的原岩主要为长石质细砂岩和富黏土质粉砂岩夹黏土质页岩及黏土岩,总的化学成分特征是硅铝含量高。这套陆缘碎屑建造总体显示为太古宙花岗质陆块边缘海沉积,构造环境为半稳定—较稳定状态。岩层中普遍含石墨,有时还有少量可能为沉积成因的黄铁矿,表明当时为还原环境。

2. 岩性组合特征

黄凉河岩组在物质组成上主要由以下4类变质岩石组成:富铝片岩-片麻岩、长英质变粒岩类、斜长角闪岩类、大理岩和钙镁硅酸盐岩类。

1)富铝片岩-片麻岩类

黄凉河岩组最常见岩石类型为含石墨矽线石榴黑云斜长片麻岩、石榴黑云斜长片麻岩、含石墨红柱石石榴二云片岩和红柱石十字石二云片岩。此外,还常见含石墨较高的二云片岩和作为矿石的(黑云)石墨片岩等,其分布较普遍,是孔兹岩系的特征岩石,一般为细粒鳞片变晶结构和片麻状构造,棕红色黑云母含量较高达20%~30%,石榴石变斑晶可高达10%~20%,细针柱状矽线石可超过10%~15%,长英质矿物则为更长石和含量不定的石英,还有1%~3%的石墨鳞片,一般无钾长石。

在上述变质地层中,还含有若干云母片岩夹层,一般为较深色细鳞片变晶结构,黑云母和白云母共占40%~50%,其余则以石英为主,可含有少量酸性斜长石,部分含红柱石、石榴石、十字石等变斑晶,最常见的是含石墨红柱石石榴二云母片岩和红柱石十字石二云母片岩。此外,还常见有石墨含量较高的二云母片岩和作为矿石的(黑云)石墨片岩,它们一般为极细粒(0.02~0.03mm)鳞片结构和似千枚状构造。

2)长英质变粒岩类

黄凉河岩组上部以发育细均粒结构的黑云母变粒岩为主,局部过渡为含黑云浅粒岩或黑云斜长片麻岩,主要由黑云母(10%~20%)、酸性斜长石(30%~40%)及石英(20%~30%)组成,有时含少量石榴石及零星的石墨鳞片,有时暗色矿物含量降低到10%以下,过渡为含黑云母浅粒岩。副矿物主要为磁铁矿、榍石和磷灰石等。

3)斜长角闪岩类

层状斜长角闪岩常见,但主要集中于含石墨矿床层位,且与大理岩成互层,两者关系密切,主要由细粒绿色至黄褐色角闪石和斜长石组成,还可含少量石英,块状或片麻状构造。少数情况下还见到含3%~10%石榴石或含少量透辉石的斜长角闪岩。原岩大部分为铁质白云质泥灰岩,另外有少部分为基性火山岩。

4)大理岩和钙镁硅酸盐岩类

大理岩呈夹层出现,常见为含金云母、透辉石、镁橄榄石和石墨鳞片的白云质大理岩,也见有含方柱石或透闪石的大理岩,并见磁铁角闪石英岩与其伴生,原岩为含泥质的白云质灰岩。钙镁硅酸盐岩石结构多变,矿物成分也较复杂。

二、小以村岩组(Pt_1x)

黄陵穹隆南部的古元古代地层仅出露于南部邓村、太平溪一带,以崆岭群小以村岩组为代表。根据岩性组合、原岩建造特征划分为3个岩性段,各段之间呈整合接触关系。

(1) 一段（Pt_1x^1）。以黑云斜长片麻岩为主体，中下部见少量石墨。主要变质岩石类型有黑云斜长角闪片麻岩夹混合质含石墨黑云斜长片麻岩、长石石英岩、角闪黑云斜长片麻岩、黑云斜长变粒岩，原岩应为一套成熟度较低的（泥）砂质岩、含炭泥砂质岩、长石石英砂岩型类复理石建造。局部可能有火山作用的参与。

(2) 二段（Pt_1x^2）。主要由大理岩、透闪透辉石岩、透辉石岩等组成，中夹黑云斜长片麻岩及少量石英岩，原岩应为成熟度不高的碳酸盐岩、含泥质碳酸盐岩夹少量泥砂质岩。大理岩及透辉岩等在区域上显示连续稳定、厚度较大等特点，表明沉积环境相对较稳定。

(3) 三段（Pt_1x^3）。主要为各类斜长角闪岩夹黑云角闪斜长片麻岩、石英片岩及矽线黑云红柱石榴片岩、榴英片岩等含富铝矿物，原岩建造属拉斑玄武质火山岩夹陆源碎屑岩。

三、力耳坪岩组（Pt_1l）

黄陵穹隆北部1∶5万茅坪河幅区域地质调查研究将力耳坪岩组定义为一套基性—中酸性火山碎屑岩建造。之后，荆门幅1∶25万区调报告（2006）将其中的中酸性次火山-火山碎屑岩分离出来新建白竹坪组，并将力耳坪岩组定为一套斜长角闪岩，偶夹少量黑云斜长片麻岩，时代划归为中元古代。鉴于前人在力耳坪岩组条带状黑云变粒岩（片麻岩）中曾获得2 332Ma的锆石U-Pb一致年龄（姜继圣，1986），以及我们最近的野外地质调查和研究表明，力耳坪岩组形成时代定为古元古代更为合适。

1. 地质特征

力耳坪岩组主要沿马良坪、二郎庙、黄凉河、石板垭、力耳坪一带出露，与黄凉河岩组在空间上紧密伴生，分布于黄凉河岩组的中心地段，其间常见核桃园基性—超基性岩岩块、岩片。该岩组的岩性组合大致对应于1∶5万水月寺幅黄凉河组的上段，出露面积为25.29 km²。

2. 岩石组合特征

力耳坪岩组岩性单一，为一套厚层细粒斜长角闪岩、绿帘斜长角闪岩、绿帘角闪（片）岩，偶夹黑云斜长片麻岩条带，斜长角闪岩沿走向分布稳定，成分变化不大，岩石均具柱状变晶结构、弱定向构造或片状构造。斜长角闪岩主要矿物成分为角闪石（54%～80%）、斜长石（钠黝帘石化）（15%～40%）、石英（1%～4%）、榍石（1%～3%）、黑云母（1%～9%）、钠长石1%，恢复其原岩属拉斑玄武质火山岩。

3. 力耳坪岩组典型地质剖面描述

力耳坪岩组的岩石地层剖面分布于黄陵穹隆北部黄凉河林场、坦荡河、力耳坪一带，其中一条为宜昌市黄凉河林场黄凉河岩组实测剖面，具体描述见黄凉河岩组的剖面描述部分（图2-2）。另一条为宜昌市坦荡河一带的秦家河-周家河力耳坪岩组古元古代变质地层实测剖面（图2-3）。

四、白竹坪岩组（Pt_1b）

白竹坪岩组是湖北省地质调查院在荆门幅1∶25万区调报告（2006）新建的岩石地层单元，零星分布于黄陵穹隆北部地区，为一套长英质次火山岩-火山碎屑岩建造，并将其时代定为新元古代。但我们最近的野外地质调查和研究表明，其次火山岩中流纹岩的锆石U-Pb形成

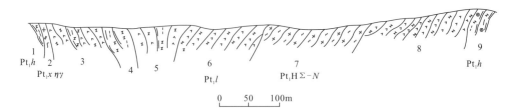

图 2-3 湖北省宜昌市秦家河—周家河力耳坪岩组实测剖面图
(据 1∶25 万荆门幅区调报告,2006)

1. 黄凉河岩组黑云斜长片麻岩夹斜长角闪岩;2. 片麻状中细粒二长花岗岩;3. 力耳坪岩组斜长角闪岩夹黑云斜长片麻岩;4. 力耳坪岩组黑云斜长片麻岩;5. 力耳坪岩组斜长角闪岩夹黑云斜长片麻岩;6. 力耳坪岩组斜长角闪岩;7. 核桃园变基性—超基性岩;绿泥透闪石片岩;8. 力耳坪岩组斜长角闪岩;9. 黄凉河岩组石榴黑云斜长片麻岩

年龄为 1 865Ma(未公开发表),因此应属古元古代。这套次火山岩-火山碎屑岩建造与下伏中深变质岩系为角度不整合接触或呈断层接触,其上被南华系—震旦系所覆盖。

1. 地质特征

该岩组分布于黄陵穹隆北部地区,出露面积为 5.21km²,主要沿北东向或北西向韧脆性断裂带呈残留体产出。在力耳坪一带可见沿北西向断裂带侵入分布于力耳坪岩组斜长角闪岩中,显示其形成时代应晚于力耳坪岩组。

2. 岩石组合特征

岩性主要为变酸性晶屑凝灰岩、变酸性晶屑岩屑凝灰岩、变酸性岩屑凝灰岩、流纹岩(或安流岩)、含黄铁矿绢云板岩、含黄铁矿钠长浅粒岩(变酸性凝灰质含砂粉砂岩)和粉砂质板岩,含炭绢云石英片岩等浅变质或未变质的火山碎屑岩建造。

凝灰岩岩石具变余晶屑岩屑凝灰结构,块状构造。主要由变余岩屑(花岗岩类)(30%)、变余晶屑(6%)、斜长石(2%)、钾长石(2%)、石英(2%)、变余酸性火山灰(64%)组成。流纹岩具斑状结构,基质具隐晶结构,主要由斑晶(45%)和基质组成,斑晶成分为石英(15%)、斜长石(18%)、钾长石(12%),基质成分由长英质集合体(53%)、黑云母(绿泥石)(1%)、磁铁矿(1%)组成。岩石地球化学成分显示流纹英安岩特征。

第三节 新元古界

新元古界在本区分布广泛,主要为南华系和震旦系,其中南华系自下而上分为莲沱组、古城组、大塘坡组、南沱组,而震旦系由老到新分为陡山沱组、灯影组。

一、南华系(Nh)

秭归地区南华系分布较广,并呈环带状沿黄陵穹隆基底周缘分布,实习区的高家溪、泗溪和九曲垴中桥一带均有出露,主要为河流相和冰海沉积。南华区域地层对比见图 2-4。

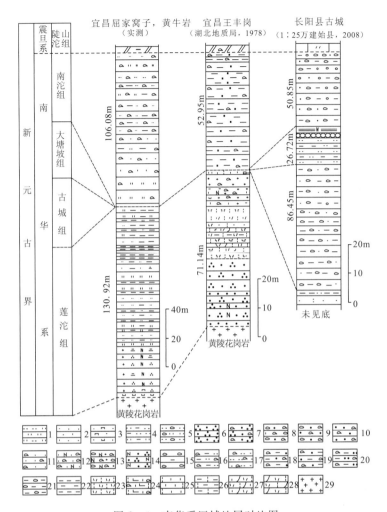

图 2-4 南华系区域地层对比图

(据1:5万莲沱幅、分乡场幅、三斗坪幅、宜昌市幅区调报告,2012)

1.粉砂岩;2.细砂岩;3.含砾细砂岩;4.泥质砂岩;5.冰碛含砾粉砂岩;6.石英砂岩;7.岩屑石英砂岩;8.含砾细岩屑石英砂岩;9.含砾细岩屑石英中砂岩;10.岩屑中砂岩;11.岩屑细砂岩;12.长石岩屑细砂岩;13.含砾长石岩屑细砂岩;14.长石石英细砂岩;15.砾岩;16.泥质岩屑粉砂岩;17.冰碛含砾砂质粉砂岩;18.冰碛含砾泥质中砂岩;19.冰碛含砾泥质细砂岩;20.含砾泥质粉砂岩;21.含砾泥岩;22.泥岩;23.凝灰岩;24.含凝灰质岩屑钙质细砂岩;25.含凝灰质细砂岩;26.含凝灰质泥岩;27.流纹质晶屑玻屑凝灰岩;28.流纹质玻屑凝灰岩;29.花岗岩

1. 莲沱组(Nh_1l)

莲沱组形成于新元古代晋宁运动之后的古侵蚀面上,位于基底岩石地层与南沱组之间一套由粗变细的紫红色碎屑岩,岩性为含有较多凝灰质的粗碎屑岩。厚130～225m。

莲沱组的底部含细砾岩或含砾砂岩(底砾岩),中—下部为紫红色、灰绿色粗—中粗长石石英砂岩及长石砂岩,上部为紫红色、灰白色晶屑或岩屑凝灰岩、凝灰质砂岩及岩屑砂岩。为一套以河流相为主的陆相沉积岩,厚度为50～260m(图2-5)。本组与下伏的新元古代黄陵花岗岩岩基呈沉积角度不整合接触关系。

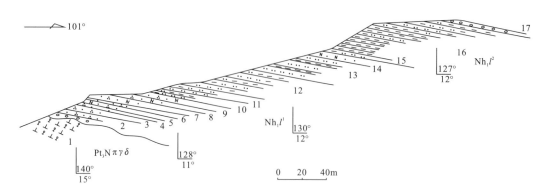

图 2-5　湖北省宜昌市三斗坪屈家窝子南华系莲沱组实测地层剖面图
(据 1∶5 万莲沱幅、分乡场幅、三斗坪幅、宜昌市幅区调报告,2012)

1.灰白色中—细粒斑状黑云花岗闪长岩;2.紫红色厚层砾岩和紫褐色厚层状含砾粗—中粒石英砂岩;3.紫褐色厚层变质含砾不等粒长石石英砂岩;4.紫红色厚层状变质含砾不等粒长石石英砂岩;5.紫红—褐色中层状变质粗—中粒长石石英砂岩;6.紫红色、灰黄色厚层与中层变质细—中粒长石石英砂岩;7.紫红色厚—巨厚变质细—中粒长石石英砂岩;8.紫红色厚层块状变质粗—中粒长石石英砂岩;9.紫红色中—厚层变质不等粒长石石英砂岩与泥质粉砂岩互层;10.紫红色薄层粉砂岩;11.紫红色中层粉砂岩夹紫红色薄层泥质粉砂岩、粉砂质泥岩、紫红色粉砂岩;12.紫红色中层状泥质粉砂岩夹紫红色极薄层含粉砂质泥岩;13.紫红色中层状粉砂岩夹泥岩;14.紫红色厚层块状变质粗—中粒岩屑长石砂岩夹黄绿色薄层粉砂质泥岩;15.紫褐色极薄层泥质粉砂岩;16.泥岩夹泥质粉砂岩;17.紫红色、黄绿色极薄层泥岩,夹薄层泥质粉砂岩灰绿色冰碛砾岩

该组含微古植物有 *Leiopsophsphaera* sp., *Trematosphaeridium holtedahlii*, *T. minutum*, *Taeniatum* sp., *Laminarites* sp. 等。在中上部层位凝灰岩中获得的锆石年龄为(748±12)Ma(赵自强等,1985),形成时古地磁平均古纬度为 25°(张惠民等,1982)。

2. 古城组($Nh_1 g$)

古城组由赵自强等(1985)创建于测区长阳县高家堰东南 5.5km 的古城附近,仅在长阳背斜核部古城岭见及,为灰绿色块状冰碛岩、砂砾岩,大小不等,分选性较差,表面具擦痕和压扁坑及铁、锰质外壳,冰碛岩中的砾石具向上变粗的特点。中部夹氧化锰矿层透镜体。区域上本组仅在古城以及宜昌王丰岗等处分布,秭归一带尖灭,属陆相冰川湖沉积,与下伏莲沱组呈平行不整合接触,厚度为 86.45m。含微古植物化石,主要为 *Trematosphaeridium minutum*,时代属早南华世。

3. 大塘坡组($Nh_1 d$)

大塘坡组系江荣吉(1976)于贵州省松桃县大塘坡锰矿区创名,与古城组相伴出露,为黑色薄层状炭质粉砂岩与粉砂质黏土岩,中部夹锰矿层,上部为黑色含锰页岩。与下伏古城组呈整合接触,区域上与古城组分布范围相同,属陆相冰川湖间冰期沉积。厚度达 26.72m。产 *Teachysphaeridium*、*Trematosphaeridium*、*Trachyminuscula*、*Polyporata* 等微古植物化石,时代属早南华世。

4. 南沱组($Nh_1 n$)

本组以灰绿色冰碛砾岩(又称冰川混积岩)出现为标志。底部为透镜状黄绿色、灰绿色纹层状冰碛砾岩,基质为粉砂岩、细砂岩。砾石成分主要为砂岩,大小多在 2cm 以下,其含量约

10%。厚63~130m。

下部为灰绿色冰碛砾粉砂质泥岩,砾石成分为粉砂岩、细砂岩、粗砂岩及花岗岩等。砾石大小不一,直径7~18cm,磨圆较好,分选性差。基质为细砂岩、粉砂岩、粉砂质泥岩等。向上粒度变细。中下部灰绿色块状冰碛砾岩,砾石成分为粉砂岩、细砂岩、粗砂岩、花岗岩。砾石大小不一,直径1~20cm,磨圆较好,分选性差。基质为细砂岩、粉砂岩,间夹含冰碛砾砂泥岩,偶夹7~25cm厚薄层粉砂质泥岩。

中上部冰碛砾岩中夹黄绿色、灰绿色透镜状冰碛砾岩,并与含冰碛砾砂岩组成基本层序。其中透镜状冰碛砾岩直径1~2.5m不等。上部为灰绿色、紫红色含冰碛砾粉砂岩、含冰碛砾粉砂质泥岩。其中砾石大小混杂,分选性差,部分冰碛砾石磨圆较好;砾石成分以花岗岩、长英质片麻岩及石英岩为主,偶见白云岩砾石(图2-6)。本组与下伏的莲沱组呈平行不整合接触关系。

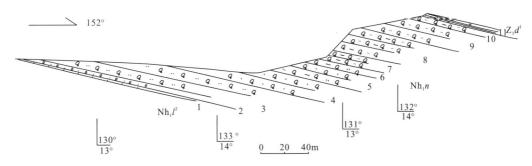

图2-6　湖北省宜昌市黄牛岩南华系南沱组实测地层剖面图
(据1:5万莲沱幅、分乡场幅、三斗坪幅、宜昌市幅区调报告,2012)
1.暗红色厚层状粗砂岩;2.灰绿色冰碛砾岩(基质为细砂岩);3.灰绿色块状冰碛砾岩(基质为粉砂岩);4.灰绿色块状冰碛砾岩(基质为含砾屑细砂岩);5.灰绿色块状冰碛砾岩(基质为泥质粉砂岩和含砾细砂岩);6.块状灰绿色冰碛岩(基质为含砾泥质岩);7.灰绿色块状冰碛岩(基质为含砾泥质粉砂岩);8.灰绿色块状冰碛岩(基质为含砾泥质砂岩);9.灰绿色块状冰碛砾岩(基质为含砾粉砂岩);10.灰绿色块状冰碛岩(基质为泥质粉砂岩);11.浅灰—灰白色中层状含砾碎裂含砂微-泥晶白云岩

二、震旦系(Z)

震旦系在黄陵穹隆基底周缘普遍出露,主要分布于雾河、黄牛岩、莲沱、三斗坪等地,主要为碳酸盐岩沉积环境,由下而上划分为陡山沱组、灯影组,其中灯影组白马沱段中部含部分埃迪卡拉动物群分子,故白马沱段为跨系(震旦系/寒武系)岩性地层单位(图2-7)。

1. 陡山沱组($Z_{1-2}d$)

陡山沱组是由李四光等(1924)创建的陡山沱系演变而来,创名地点在宜昌市陡山沱。李四光等(1924)在峡区进行地质调查时将南沱对面(莲沱)和南沱北东2km处(田家院子山坡上),南沱冰碛岩之上,灯影块状灰岩之下所发育的一套以页岩和薄层灰岩为特征的地层命名为陡山沱统。刘鸿允(1963)改称陡山沱组。

陡山沱组系南沱冰期后的海侵沉积,也是南沱冰期后首次形成的以碳酸盐岩发育为特色的稳定地台型沉积。依据其岩石组合特点,大致可划分为4个岩性段(Wang et al,1998;汪啸风等,2002)。该组整合于灯影组之下,平行不整合覆于南沱组之上的海相碳酸盐岩。厚173.64～276.5m。

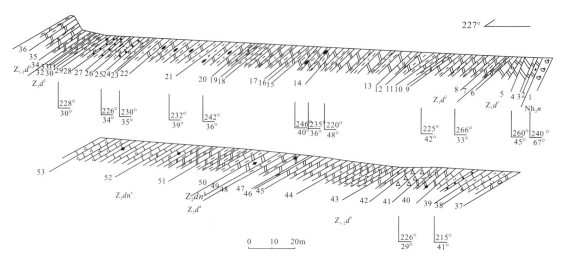

图2-7 湖北秭归茅坪泗溪震旦系陡山沱组—灯影组蛤蟆井段实测地层剖面图
(据1∶5万莲沱幅、分乡场幅、三斗坪幅、宜昌市幅区调报告,2012)

1.灰绿色块状冰碛砾岩;2.灰白色中—厚层状白云岩;3.青灰色中—厚层夹薄层泥晶白云岩;4.深灰色中—厚层状白云岩;5.灰白色中—薄层状白云岩;6.青灰色中层微晶白云岩;7.灰白色中层状细晶白云岩、含泥质白云岩;8.深灰—灰黑色薄层状炭质泥岩与薄—中层状细晶白云岩互层;9.深灰色中层状灰质白云岩、细晶白云岩;10.灰色、深灰—灰黑色薄—中层状灰质白云岩、细晶白云岩,与黑色、深褐色薄—极薄层含炭质泥岩不等厚互层;11.深灰色中层状细晶白云岩,与灰黑色薄层含炭质泥岩、钙质泥岩不等厚互层;12.灰黑色中—薄层状白云质灰岩,与黑色薄—极薄层钙质炭质泥岩互层;13.深灰色薄—中层状细晶白云岩、泥晶白云岩与黑色—极薄层含灰质、白云质泥岩互层;14.深灰—灰黑色灰质白云岩、含泥质白云岩与黑色、深褐色薄—极薄层含炭质泥岩不等厚互层;15.黑色薄层含白云质泥岩与深灰色中层状含灰质白云岩不等厚互层;16.灰黑色薄层含炭质泥晶—细晶白云岩与黑色极薄层白云质泥岩互层;17.灰黑色薄层含泥质、炭质白云岩与黑色极薄层含炭质泥岩不等厚互层;18.灰—深灰色泥质白云岩、含泥质白云岩与黑色、深褐色薄—极薄层含炭质泥岩互层;19.深褐色薄—极薄层含炭质泥岩;20.灰黑色薄层泥质白云岩与灰黑色薄层含灰质、云质泥岩不等厚互层;21.灰黑色薄层炭质泥岩夹灰黑色薄层泥质白云岩;22.中—薄层状泥质白云岩、含泥质白云岩与灰黑色极薄层炭质泥岩不等厚互层;23.灰黑色—黑灰色中—薄层状泥晶—粉晶白云岩;24.灰黑色中—薄层泥晶白云岩与黑色极薄层泥质白云岩互层;25.灰黑色薄层硅质岩和中—薄层粉、砂屑白云岩;26.灰黑色中—厚层泥晶白云岩夹灰黑色极薄层炭质泥岩;27.黑色薄层含炭质、云质泥岩与灰黑色薄层泥晶白云岩不等厚互层;28.灰黑色薄层硅质岩和中薄层泥质白云岩;29.灰黑色薄层状泥质白云岩与灰黑色薄—极薄层云质泥岩、炭质泥岩不等厚互层;30.深灰色薄层微晶白云岩与黑色极薄—薄层炭质泥岩不等厚互层;31.灰黑色薄层硅质岩和中—薄层状白云岩;32.灰黑色薄层硅质岩和中层含泥质白云岩与深灰色薄层泥质白云岩不等厚互层;33.黑色薄层硅质泥岩和泥质白云岩夹炭质泥岩;34.深灰色中—厚层粉晶白云岩夹深灰色薄层泥质白云岩;35.深灰色中薄层粉晶白云岩;36.灰白色—淡灰色中—薄层泥质灰岩;37.青灰色中厚层砾屑粉晶白云岩和中层砂屑白云质灰岩;38.青灰色中—薄层白云质粉晶灰岩;39.深灰色、淡灰色中—薄层白云质灰岩互层;40.浅灰色中层状白云岩夹燧石条带和薄层灰质白云岩;41.塌积角砾和浅灰—灰色中层状白云岩;42.浅灰色、紫红色中层白云岩夹薄层细晶白云岩;43.浅灰色薄层砂屑细晶白云岩和角砾白云岩;44.浅灰色薄层状白云岩夹中层状白云岩;45.浅灰色中层白云岩与浅灰薄层泥质白云岩不等厚互层;46.黑色极薄层炭质、钙质泥岩;47.浅灰色中层角砾白云岩夹泥质条带;48.黑色极薄层硅质页岩、炭质页岩;49.浅灰色厚层白云岩和深灰色中—薄层白云岩;50.灰色中层状白云岩与深灰—黑灰色泥质白云岩、白云质灰岩;51.黑灰色中层白云岩与深灰色极薄层泥质白云岩不等厚互层;52.青灰色中—薄层含砂屑灰岩,与灰黑色薄层含炭质灰岩互层;53.黑灰色厚层含砂屑灰岩和薄层泥晶灰岩

1) 陡山沱组一段(Z_1d^1)

陡山沱组一段以灰白色、浅灰色中—厚层灰质白云岩,含砾灰质白云岩的出现为标志,厚3.28～16.7m。下部为灰白色、浅灰色中—厚层灰质白云岩,含砾灰质白云岩(角砾成分复杂,有冰碛砾岩、花岗质岩石、石英岩等),皮壳构造发育;中部为灰色、浅灰色中—薄层泥晶灰质白云岩,水平层理发育;上部主要为浅灰—灰白色中层状白云质灰岩,间夹2～4cm燧石条带或透镜体,局部海绿石富集。为潮下带低能环境。与下伏南沱组呈平行不整合接触。

2) 陡山沱组二段(Z_1d^2)

陡山沱组二段以深灰—灰黑色中薄层含泥质、炭质白云岩与黑色、深褐色薄—极薄层含炭质泥岩(炭质页岩)的出现为标志,厚75.57～235.4m。下部岩性为灰色、深灰—灰黑色中薄层含泥质、炭质白云岩与黑色、深褐色薄—极薄层含炭质泥岩(炭质页岩)互层组成的基本层序。在炭质泥岩中含疑源类 Tianzhushania 或最少的动物体腺印。中部白云岩单层变薄,黑色炭质泥岩层增厚,常含硅磷质结核,偶见黄铁矿结核。中上部炭质泥岩层段增厚,并含较多硅磷质结核和团块。上部灰白色中层状白云岩明显增厚,而炭质泥岩变薄,并夹薄层燧石条带(3～9cm)、团块(3cm×7cm～5cm×8cm)。水平层理发育。为潮下带低能环境。与下伏陡山沱组一段整合接触。

3) 陡山沱组三段(Z_1d^3)

陡山沱组三段以灰白色厚层砾屑、砂屑白云岩夹中层状细晶白云岩,间夹薄层状、透镜状硅质条带的出现为标志,厚35.84～64.73 m。下部岩性为灰白色厚层砾屑、砂屑白云岩夹中层状细晶白云岩,间夹薄层状、透镜状硅质条带及少量含泥质白云岩。局部层段可见薄—中层状塌积岩或潮坪相砾屑白云岩。上部岩性为灰白色薄层状含灰质白云岩、白云质灰岩,间夹灰白—灰黄色极薄层—薄层状含云质泥岩、粉砂质泥岩。发育水平层理、沙纹层理、粒序层理等。局部层段见及薄—中层状塌积岩。为潮下带上部高能—下部低能环境。与下伏陡山沱组二段整合接触。

4) 陡山沱组四段(Z_1d^4)

陡山沱组四段以黑色炭质页岩、硅质页岩、粉砂质页岩的出现为标志。岩性为黑色炭质页岩、硅质页岩、粉砂质页岩,夹硅质、白云岩透镜体,透镜体大小不等(30～100cm者居多),顺层分布。由下而上为黑色炭质页岩中白云岩、硅质泥岩透镜体、水平层理发育。属盆地相沉积。本段含庙河生物群和宏观藻类 *Asperatopsophosphaera* aff. *umishanensis*, *Monotrematosphaeridium anperum*, *Lophosphaeridium yichangense*, *L. acictatum*, *Nostocomorpha prisca*, *Leiopsophosphaera infriata*, *Trachysphaeridium planum*。与下伏陡山沱组三段整合接触。

2. 灯影组(Z_2—$\epsilon_1 dn$)

灯影组由李四光(1924)创建的"灯影石灰岩"演变而来,创名地点在宜昌市西北20km长江南岸石牌村至南沱村的灯影峡,厚264.03～866m。刘鸿允等(1963)将灯影石灰岩称灯影组。依据赵自强等(1985)灯影组四分划分方案,自下而上为蛤蟆井段、石板滩段、白马沱段和天柱山段,其中白马沱段中部因含部分疑源类化石分子,本段时代故具有穿时性(Z_2—ϵ_1),而其上的天柱山段时代则定为下寒武世(ϵ_1)。

1) 蛤蟆井段(Z_2dn^h)

蛤蟆井段以灰白色薄—中层状微晶—细晶白云岩的出现为标志,厚2.87～261.01m。下部岩性为灰白色薄—中层状微晶—细晶白云岩(横向变化见及灰白色厚层状白云岩间夹中—薄层白云岩)。由下而上为灰—深灰色中层状与薄层白云岩不等厚互层,并发育灰白色极薄层泥质白云岩条带、水平层理等构造。上部岩性为灰白色中—薄层状白云岩夹薄层泥质白云岩,发育帐篷构造。顶部岩性为浅灰色中厚层状白云岩,透镜状、眼球状燧石结核(3～4cm,4～8cm)较为发育,顺层分布。本段含疑源类 *Trematosphaeridium* cf. *houltedahlii*,*T. minutum Asperatopsophosphaera* cf. *sha uminensis*,*Laminarites* sp. 等,为潮坪相沉积。与下伏陡山沱组四段整合接触。横向变化较大,在牛坪、晓峰河一带该段中部发育一套灰白色厚层状夹中层状含豆粒、砂屑、鲕粒等浅滩相沉积。

2) 石板滩段(Z_2dn^s)

石板滩段以黑灰色薄层云质灰岩、灰质白云岩、硅质条带灰质白云岩的出现为标志,厚50.29～207m。岩性为灰—灰黑色薄层夹中层状灰岩与深灰—黑灰色泥质灰岩、白云质灰岩不等厚互层,间夹薄层亮晶灰岩、极薄层泥质白云岩条带。局部层段夹燧石结核、硅磷质结核、白云岩结核等,偶夹岩溶角砾岩。中下部及上部分别发育塌积岩、滑动构造变形层。本段含文德带藻:*Vensotaenia* sp.,*Tyrasoteenia* cf. *posolica*,*T.* sp.;含海腮类:*Charnia dengyinfgensis*;含微古植物:*Asperatopsophosphaera umishanensis*,*Trachysphaeridium rude*,*Lophosphaeridium acietatum* 等。中上部可见两层至三层灰白色中层状白云岩,层面见及管状动物化石,为台地前缘斜坡环境。与下伏蛤蟆井段整合接触。

3) 白马沱段($Z_2-\in_1 dn^b$)

白马沱段以浅灰色、灰白色薄层状白云岩大量出现为标志,厚75.67～469m。下部岩性为灰—灰白色厚—中厚层状细晶白云岩、灰质白云岩、含砾白云岩、硅质白云岩夹白云质灰岩,偶夹燧石团块、燧石结核。中下部岩性为灰白—灰黄色中层状中细晶白云岩,夹薄—极薄层硅质细晶白云岩、硅质岩等,含少量燧石结核和燧石层。中上部为粉红—灰白色中厚层含砂屑白云岩,可见少量燧石结核和燧石层,并发育板状斜层理、鸟眼构造。上部主要为灰白色厚层块状白云岩,间夹薄—中层状泥晶白云岩,局部层段发育硅质条带和燧石团块、燧石结核及白云岩结核。本段含少许疑源类化石 *Asperatopsophopsharea partialis*,*Trachysphaeridium hyalinum*,*T. rude*,*Taeniatum crassum.* 等,总体为潮坪环境。在黄陵背斜南部实习区内自东向西厚度变薄,且以薄层夹厚层白云岩为主。与下伏石板滩段整合接触,在莲沱镇等地与上覆天柱山段整合接触,在三斗坪一带与上覆岩家河组整合接触。

第四节 下古生界

黄陵穹隆核部周缘地区,以及秭归地区下古生界地层分布较广,岩家河、高家岭、王家湾、纱帽山一带均有出露。

一、寒武系

本区寒武系分布较广,出露齐全。主要呈北东向分布于黄陵背斜南东翼的岩家河、高家岭、黄山洞、王家坪一带。自下而上划分为岩家河组(天柱山段)、水井沱组、石牌组、天河板组、石龙洞组、覃家庙组、三游洞群(表2-2),其中三游洞群三段为跨时岩石地层单位。

表 2-2 秭归实习区寒武系岩石地层、年代地层和生物地层划分对比表

(据1:5万区调报告,2012)

全球寒武系年代地层划分		界限层标志(ISCS,2004; Peng, 2006, 彭善池, 2009)	年代地层		生物地层		湖北宜昌(本书)	
已定或建议的统与阶的名称			统	阶	华北区(张文堂,1979, 1980; Zhang, 2003)	牙形石带(董熙平,1999)	生物地层	岩石地层
芙蓉统	牛车河阶	*L. americanus* 首现	上统	凤山阶	*Yosimurapsis* *Pseudokodiniodia* *Mictosaukia* *Changia* *Ptychaspis-Tsinania*	*Hirsutodontus simlex* *Cordylodus proavus* *Proconodontus*	*Cordylodus proavus*	娄山关组 三段
	桃园阶	*Ag. orientalis* 首现		长山阶	*Kaolishania* *Maladioidella* *Changshania* *Chuangia* *Prochuiangia-Paracoosia*	*Westergardodina* cf. *behrae* *Prooneotodus rotundatus* *Westergardodina proligula*		二段
	排碧阶	*G. reticulatus* 首现						
武陵统	古丈阶	*Lejopyge laevigate* 首现		崮山阶	*Neodrapanura* *Blockwelderia*	*Westergardodina matsushita-W.grandiens* *Sestergaardodina quadrata*		一段
	王村阶	*Ptychag. atavus* 首现	中统	张夏阶	*Damesella-Yabeia* *Liopetshania* *Taltzula-Poshania* *Amphoton*	*Shandongodus priscus-Hunanognathus tricuspidotus*	*Paranomocare*	
	台江阶	*Oryctoce. indicus* 首现		徐庄阶	*Crepicephalina* *Ballella-Lioparia* *Pariagraulos. Inouyops* *Metagraulo.* *Sunaspts-Sunaspidella* *Sinopagella. Ruichengaspts* *Hsuchuangta-Ruichengella*	*Gapparodus bisulcatus-Westergaardodina brevidens*	*Schopfaspis hubeiansis*	覃家庙组
				毛庄阶	*Shantungaspis* *Yaojiavuella*		*Xingrenaspis* sp.	
黔东统	都匀阶	*Ar. chauveaul* 首现	下统	龙王庙阶	*Qiaotouasois* *Redlichia nobills* *Redlichia chinensis*		*Redlichia*	石龙洞组
				沧浪铺阶	*Paleolenus* *Estaingia*		*Megapalaeolenus deprall* *Redlichia yidouensis*带 *Palaeonlenus lantensis*带 *Redlichia meitanensis*带	天河板组 石牌组
	南皋阶	*T. niutitangensis* 首现					*Hunanocephalus-Hupeidiscus*带 *Wangzishia*带 *Tsunyidiscus*带	水井沱组
滇东统	梅树村阶	小壳化石首现 非三叶虫生物地层					*Lophotheca-Aldanella-Maidipingoconus*组合 *Circotheca-Anabarites-Protoherzhina*组合	岩家河组 灯影组 天柱山段

1. 岩家河组($\in_1 y$)[天柱山段($\in_1 dn^t$)]

本组主要分布于雾河岩家河、泗溪等处。下部为灰色泥质白云岩、白云岩与土黄色灰质泥岩互层,夹灰黑色4~10cm厚的硅质条带,其中白云岩中含有小壳动物化石。上部为中厚—薄层状深灰色灰岩、炭质灰岩夹炭质页岩,其中薄层状炭质灰岩中含有直径5~8cm的磷硅质结核,顶部为浅灰色中厚层状含燧石结核灰岩,其上为5~10cm土黄色黏土层。本组厚约56m,与下伏灯影组为整合接触,与上覆水井沱组为假整合接触。

天柱山段主要分布于宜昌莲沱镇以东地区,以西的秭归地区则称为岩家河组。底部以灰

色中层含硅质条带细晶泥质白云岩与下伏白马沱段厚层块状白云岩区分,顶部以含胶磷矿、硅质砾屑白云岩的消失与上覆水井沱组黑色页岩相区别。主要岩性为灰白色中—薄层细晶白云岩、泥质白云岩,间夹薄层硅质条带,灰黑色、灰褐色长石石英粉砂质磷块岩。本段以含大量的小壳化石为特征。厚度变化于 0.15~6.52m 之间。产小壳化石 *Cricotheca-Anabarites-Paragloborilus* 组合。与下伏白马沱段整合接触,与上覆水井沱组整合接触。

2. 水井沱组（$\in_2 s$）

水井沱组以黑色、黑灰色薄层含炭质、粉砂质泥岩出现为底界标志,厚 52.75~160.78m。下部为黑色薄—极薄层炭质页岩、粉砂质页岩,夹硅质白云岩、白云岩、白云质灰岩透镜体;中部为黑灰色、灰黄色炭质页岩、粉砂质页岩,夹薄—中厚层灰岩;上部岩性为黑色、灰黑色薄—中层状灰岩,夹薄层状泥灰岩、钙质页岩;顶部为浅灰色、深灰色薄层含磷结核白云质灰岩,灰质白云岩,水平层理发育。产三叶虫 *Tsunyidiscus ziguiensis*, *Hupeidiscus orientalis*, *Hupeidiscus fongdongensis*, *Hupeidiscus latus*, *T. xiadongensis* 等。该组与下伏灯影组天柱山段、岩家河组均为假整合接触。

3. 石牌组（$\in_2 sh$）

石牌组以黄绿色薄层及极薄层粉砂质泥岩、粉砂岩,夹少量钙质细砂岩出现为标志,厚 158.46~294.9m。下部为黄绿色薄层及极薄层粉砂质泥岩、粉砂岩,夹少量钙质细砂岩及薄层鲕粒灰岩;中部为灰色薄—中厚层状角砾状、团块状灰岩夹泥质条带灰岩等;上部岩性为紫灰色、灰绿色中厚层状粉砂质页岩、含灰质团块粉砂质泥岩,顶部夹透镜状灰岩或鲕状灰岩条带。粉砂质页岩中产三叶虫 *Redilicchia meitanensis* 带和 *Palaeolenus lantenoisi* 带,与下伏水井沱组整合接触。

4. 天河板组（$\in_2 t$）

天河板组以浅灰色薄层含泥质条带灰岩的出现为标志,厚 88~104.47m。底部为浅灰色薄层含泥质条带灰岩,夹灰色薄层鲕粒灰岩及薄层状白云质灰岩;下部为深灰色薄—中层状泥质条带灰岩,偶夹砂砾屑泥晶灰岩;中部为深灰色薄—中层状泥质条带状灰岩,局部层段为核形石灰岩、鲕粒灰岩,产古杯及三叶虫化石,发育水平层理、小型槽状斜层理;上部岩性为深灰色薄—中层状泥质条带灰岩,局部泥质条带中粉砂质含量较高。向上白云质成分增加,钙质成分减少。产古杯类 *Archaeocyathus-Retecyathus-Sanxiacyathus* 组合及三叶虫 *Megapalaeolenus deprati*。与下伏石牌组整合接触。

5. 石龙洞组（$\in_2 sl$）

石龙洞组以灰白色中厚层夹薄层中—细晶残余砂屑白云岩的出现为标志,厚 36.23~86.3m。下部为灰白色中厚层夹薄层中细晶白云岩、厚层状夹中层状白云岩,偶见遗迹化石;中部岩性为厚层块状细晶白云岩夹中层状白云岩,发育"雪花"状构造、古喀斯特角砾岩;上部岩性为灰白色厚层块状白云岩夹中层状白云岩、砾屑白云岩。产三叶虫 *Redlichia*。与下伏天河板组呈整合接触。

6. 覃家庙组（$\in_3 q$）

1）覃家庙组一段（$\in_3 q^1$）

覃家庙组一段以深灰色中—薄层状含砾屑、砂屑、鲕粒白云岩,灰—灰黄色极薄层泥质白云岩的出现为标志,厚 26.03~85.36m。底部岩性为灰白色薄层含砾鲕状白云岩,间夹薄层泥质白云岩;下部为灰白色中厚层白云岩夹薄层泥质粉晶白云岩,局部层段夹极薄层钙质泥岩、粉砂质泥岩;上部岩性为灰白色薄—极薄层泥晶白云岩偶夹中层状泥质白云岩,发育波痕构造,微波状层理发育,为潮坪沉积。产三叶虫 Schopfaspis sp., Solenoparia sp., Xingrenaspis sp., Anomocarella sp. 等。

2) 覃家庙组二段($\epsilon_3 q^2$)

覃家庙组二段以灰—灰白色中层状泥晶白云岩,含燧石结核、燧石条带的出现为标志,厚 170.30~190.07m。底部为灰—灰白色中层状泥晶白云岩,含燧石结核、燧石条带,夹薄层泥晶白云岩;下部为中层状泥晶白云岩,向上变为灰黄色极薄层白云质泥岩,夹薄—极薄层灰—灰白色泥质白云岩,局部层段发育少量岩溶角砾岩,向上白云质泥岩层见褶曲构造;中部之底发育一套5~6m厚的岩溶角砾岩,向上为薄层泥质白云岩与含云质泥岩互层,水平层理发育,中上部为一套灰—深灰色薄层鲕状灰岩,含钙质泥质条带灰岩偶夹中层状泥质条带灰岩,产三叶虫,局部层段见黄绿色薄 极薄层粉砂质泥岩;上部岩性为灰 灰白色厚层状泥晶—粉晶白云岩夹中层状泥晶—粉晶白云岩,或呈不等厚互层状由下而上叠置。与下伏覃家庙组一段整合接触。

3) 覃家庙组三段($\epsilon_3 q^3$)

覃家庙组三段以灰黄色薄层粉晶—泥晶白云岩与粉晶白云岩的出现为标志,厚 54.48~57.62m。下部为浅灰白色薄层与极薄层白云岩不等厚互层,向上钙质白云岩与泥质白云岩不等厚互层,灰黄色厚—薄层状长石石英砂岩、陆源砂屑白云岩呈透镜状分布,偶夹中层状含砂屑灰质白云岩,水平层理发育,偶见波痕构造;中部为灰白色薄层灰质白云岩夹中层状泥质白云岩,间夹极薄层白云质泥岩,或不等厚互层状,偶夹中—厚层灰白色白云质灰岩、含钙质白云岩,由下而上叠置,局部层段夹岩溶角砾岩;上部为灰白色中层状泥晶白云岩与薄层泥质白云岩互层,偶夹浅灰色厚层状泥晶—粉晶白云岩,间夹含云质泥岩,偶夹燧石结核。

7. 三游洞群(ϵ_{3-4}—$O_1 Sy$)

本区三游洞群由下至上可分为3段,三游洞群一段($\epsilon_3 Sy^1$)相当于新坪组,三游洞群二段($\epsilon_3 Sy^2$)相当于雾渡河组,三游洞群三段(ϵ_4—$O_1 Sy^3$)相当于西陵峡组。

1) 三游洞群一段($\epsilon_3 Sy^1$)

三游洞群一段以灰—灰白色厚层(叠层石丰富)状微晶—粉晶白云岩、中层状粉晶白云岩的出现为标志,厚 207.65m。下部为灰—灰白色厚层状粉晶白云岩、中层状粉晶白云岩,偶夹黄绿色极薄层泥岩;中部岩性为灰—灰白色厚层状粉晶白云岩与中层状白云岩不等厚互层,间夹少量页岩及燧石条带、燧石结核,局部层段产大量顺层分布的叠层石;上部岩性为青灰—灰色中层状泥晶灰岩、厚层状泥质条带灰岩、含砾屑灰岩(风暴角砾)与灰白色中—厚层状灰质白云岩、白云岩不等厚互层状,局部层段夹钙质泥岩。下部产三叶虫等,上部产牙形类。产三叶虫 Paranomocare xinpingensis Xiang et Zhou, P. sp., Paramenocephalites sp., Poshania sp. 等。与下伏覃家庙组整合接触。

2) 三游洞群二段($\epsilon_4 Sy^2$)

三游洞群二段以下伏灰色中层状砾屑灰岩的消失、厚层状白云岩的出现为该组底界,厚 316.80~582.26m。下部为灰色、深灰色、灰白色厚层块状泥晶白云岩,含砾屑细晶白云岩与厚层状粉—细晶白云岩不等厚互层状,间夹少量薄层白云岩、含砂屑粉晶白云岩、硅质条带等;中部岩性为厚层块状含砂砾屑粉—细晶白云岩夹厚—中层状灰质白云岩,局部层段夹硅质条带及泥质条带;上部岩性为深灰—浅灰色厚—中厚层含砾砂屑白云岩、灰岩、白云质灰岩夹硅质岩,硅质条带、燧石结核较为发育。产三叶虫、头足类、牙形石。其中牙形石计有 *Cordylodus proarus*,*Eoconosontus notchpeakensis*,*Teridongtus nakamurai* 等。与下伏三游洞群一段整合接触。

3)三游洞群三段(ϵ_4—O_1Sy^3)

三游洞群三段以浅灰—灰白色中层状(20~34cm)砾屑灰岩、含砾屑白云质灰岩的出现为标志,厚 14.3~20.44m。下部为浅灰—灰白色中层状(20~34cm)砾屑灰岩、浅灰色泥晶灰岩中夹硅质条带,浅灰色中层(15~17cm)微晶—粉晶白云岩、浅灰色中层(45cm)夹厚层(70cm)微晶—粉晶白云岩,浅灰色厚层粉晶白云岩、含砂屑钙质白云岩、泥晶白云岩,局部夹燧石条带;中部岩性为浅灰色中层状泥晶白云岩,灰黄色中层(20~25cm)夹薄层泥晶—粉晶白云岩、泥质泥晶白云岩,向上岩性为浅灰—黑色中层状泥质白云岩,夹硅质岩团块,砾石成分为硅质;上部岩性为浅灰色厚—中层粉晶白云岩,局部层段见及不规则白云岩化团块,向上浅灰色中层含砾屑砂质泥晶灰岩,偶夹 2cm 厚硅质条带。与下伏三游洞群二段呈整合接触。依据该段中部牙形石化石特点,将该段的中—下部划归为寒武系顶统(ϵ_4),中—上部划归为下奥陶统(O_1),故三游洞群三段为跨时岩石地层单位。

二、奥陶系

奥陶系呈环带状广泛出露于黄陵背斜东翼,主要分布于黄花场、分乡和王家湾等地。自下而上划分为三游洞群三段(原西陵峡组)、南津关组、分乡组、红花园组、大湾组、牯牛潭组、庙坡组、宝塔组、临湘组、五峰组和龙马溪组一段(跨时)(表 2-3),其中三游洞群三段和龙马溪组一段为跨时岩石地层单位。

1. 三游洞群三段(ϵ_4—O_1Sy^3)

三游洞群三段以浅灰—灰白色中层状砾屑灰岩、含砾屑白云质灰岩、砾屑灰岩的出现为底界标志,厚 14.3~20.4 m。下部为浅灰—灰白色中层状砾屑灰岩、浅灰色泥晶灰岩中夹硅质条带,浅灰色中层微晶—粉晶白云岩、浅灰色中层夹厚层微晶—粉晶白云岩,浅灰色厚层粉晶白云岩、含砂屑钙质白云岩、泥晶白云岩,局部夹燧石条带;中部岩性为浅灰色中层状泥晶白云岩,灰黄色中层夹薄层泥晶—粉晶白云岩、泥质泥晶白云岩,向上岩性为浅灰—黑色中层状泥质白云岩,夹硅质岩团块,砾石成分为硅质;上部岩性为浅灰色厚—中层粉晶白云岩,局部层段见及不规则白云岩化团块,向上岩性为浅灰色中层含砾屑砂质泥晶灰岩,偶夹 2cm 厚硅质条带。为潮间-潮下带沉积。与下伏三游洞群二段呈整合接触。该段为跨时岩石地层单位。该段自下而上产牙形石 *Hirsutodontus simplex*,*Monocostodus sevierensis*,*Teridontus nakamurai*,*T. huanghuachangensis* 等。中上部产头足类 *Xiadongoceras clinoseptatum*,*Pseudoectenolites asymmetricus*,*P. elongatus*,*P. planatus*,*P. semicolus*,*Anguloceras orientale*,*Changjiangoceras elegantum*,*Neoeburoceras hubeiense* 等。

2. 南津关组

区内南津关组(O_1n)可划分为 4 段,厚 80.94~151.50m。

表2-3 秭归实习区奥陶系岩石地层、年代地层和生物地层划分对比表

(据1:5万区调报告,2012)

年代地层				岩石地层		分层		层厚(m)	柱状图	结构构造	生物地层	层序地层		沉积相	海平面相对变化曲线 深 浅	实测剖面
界	系	统	阶	组	段	综合	室内			泥粒泥粒颗粒粉砂细砂粗砂砾		体系域	层序			
	志留系	下统	鲁丹阶赫南特阶	龙马溪组五峰组	一段	14~16	60	2.5				SB2 mfs	SQ₁₀	滞留盆地		丁家坡
						7~13	59	3.45				SB2				
						2~6	58	2.03			Amorphognathus cf. ordovicicus	HST		中陆棚		
		上统	凯迪阶	临湘组		6~7	57	4.95				mfs	SQ₉			黄花中学
						5	56	7.33			Protopanderodus insculptus	TST				
						4	55	4.55				SB2				
			桑比阶	宝塔组		2~3	54	1.52				mfs	SQ₈	深陆棚		
						43	53	0.7			Hamarodus? europaeus	TST				
						42	52	0.7				SB2				
				庙坡组		40~41	51	5.18			Nemagr. gracilis		SQ₇	凹陷盆地		
						38~39	50	3.63			Hustedogr. cf. teretiusculus	SB2				
	奥陶系	中统	达瑞威尔阶	牯牛潭组		37	49	5.21			Eplacognathus foliaceus	HST mfs	SQ₆	中陆棚		
						36	48	7.56				TST				
						35	47	3.45			Lenodus variabilis					
下古生界						33~34	46	2.79				SB2 HST mfs		中陆棚		黄
				大湾组	三段	32	45	9.05			Undulograptus austrodentatus			中-深陆棚		
						31	44	3.15			U. sinidentatus					
						28~30	43	2.74			Baltoniodus norrlandicus					
					二段	26~27	42	1.14				TST	SQ₅	中陆棚		
						24~25	41	2.07			Paroistodus originalis					
						22~23	40	4.28			Baltoniodus navis					
						20~21	39	3.33								
						18~19	38	2			Baltoniodus triangularis					
					一段	16~17	37	1.85						浅陆棚		
						15	36	1.46			Baltoniodus cf. triangularis					
						14	35	4.24								
						13	34	2.46			Didymogr. Bifidus					
						12	33	2.48			Oepikodus evae					
						11	32	1.66								
						10	31	1.9				SB2				花
			弗洛阶	红花园组		9	30	7.24								
						8	29	3.69			Oepikodus communis	HST		开放台地		
						7	28	5.08								
						5~6	27	3.82			Serrathognathus diversus	mfs	SQ₄			
						4	26	2.69								
				分乡组		49~50	25	3.29						陆棚夹浅滩		
						48	24	6.24			Adelograptus-Kiearograptus	TST				
						47	23	2.64								
						45~46	22	4.49								
						44	21	7.23			Acanthograptus sinensis	SB2				
				南津关组	四段	42~43	20	3.36								
						41	19	6.47			P. deltifer deltifer			浅滩		
						38~40	18	4.72				mfs	SQ₃			
		下统	特马豆克阶		三段	36~37	17	7.73				TST		潮坪		
						35	16	3.06								
						34	15	4.13				SB2				
					二段	33	14	7.25								
						32	13	8.12						局限台地		
						30~31	12	6.57								
						29	11	4.52				mfs				
						28	10	4.99			Rhabdinopora nanjinguanensis		SQ₂			场
					一段	27	9	15.58			P. deltifer pristinus					
											Acanthodus costatus	TST		潮坪		
						26	8	4.92			Tritoechia					
						25	7	4.63								
						24	6	2.43			Dictyonema? yichangense					
						22~23	5	3.29				SB2				
				娄山关组	三段	20~21	4	5.59			Monocostotus sevierensis	HST mfs	SQ₁	潮坪		
						17~19	3	3.6			Pseudoectenolites-Xiadongoceras					
						13~16	2	2.39			Hisutodontus simplex	TST				
						11~12	1	2.73				SB2				
	寒武系				二段	9~10	0	2.84								

1)南津关组一段(O_1n^1)

南津关组一段以灰色、浅灰色中层状(30cm)砾屑灰岩，或黄绿色页片状泥岩的出现为底界，其顶底均具冲刷面特征，以灰色亮晶生物碎屑灰岩，含鲕砂、粒屑、生屑灰岩夹泥晶—粉晶灰岩为主，产笔石、牙形石、腕足类及三叶虫、腹足类化石碎片等为特点，厚14～31m。产三叶虫 *Asaphellus inflatus*、*Dactylocephalus dactyloides*、*Asaphopsis* 等；产笔石 *Dictyonema? Yichangense*，*D.? ramosum* 及 *D.? huanghuaense* 等；产腕足类 *Tritoechia abnormis*，*Iphidella*，*Conotreta*，*Disepta*，*Punctolira?*，*Stichoteophia?* 等；产牙形石 *Glyptocinus quadraplicatus*，*Palrodus deltifer pristinus*，*Cordylodus angulatus*，*C. rotundatus* 等；产头足类 *Retroclintendoceras* sp.，*Escharendoceras* sp.，*Proterocameroceras* sp.，*Pararetroclintendoceras* sp. 等；产介形虫 *Aparchites* sp.，*Sinoprimitia* sp.，*Primitia* sp. 等。与下伏三游洞群三段整合接触。

2)南津关组二段(O_1n^2)

南津关组二段以浅灰—灰白色厚层微晶—细晶白云岩的出现为标志，厚38.44～31.50m。岩性为浅灰—灰白色厚层微晶—细晶白云岩，夹中层状白云岩、厚层含砾砂屑、粒屑粉—细晶白云岩，发育鸟眼构造。产三叶虫 *Dactylocephalus dactyloides*；产牙形石 *Glyptocinus quadraplicatus*，*Palrodus deltifer pristinus*。与下伏南津关组一段整合接触。

3)南津关组三段(O_1n^3)

南津关组三段以浅灰—深灰色中层状含砂屑泥晶—微晶灰岩的出现为标志，厚38～42cm。岩性为浅灰—深灰色中层状(38～42cm)泥晶—微晶灰岩，偶夹燧石结核与条带灰岩。与下伏南津关组二段呈整合接触。

4)南津关组四段(O_1n^4)

南津关组四段以浅灰—灰色厚层状泥晶灰岩、含砾砂屑灰岩的出现为标志，厚14.9～20.26m。岩性为浅灰—灰色厚层状泥晶灰岩、灰色中层状泥晶灰岩、含生物碎屑泥晶灰岩偶夹含砾砂屑灰岩及黑色燧石条带、燧石结核，灰—灰白色中层状粉晶灰岩、含鲕粒砂屑粉晶灰岩。与下伏南津关组三段呈整合接触。

3. 分乡组(O_1f)

分乡组二分性较强，下部为黄绿色极薄层粉砂质泥岩夹浅灰色生屑碎屑灰岩不等厚互层，间夹极薄—薄层灰岩，灰岩中偶见大小 2cm×3cm 的燧石结核，页理发育，水平层理发育，厚43.18～53.30m；上部为黄绿色极薄层含粉砂质泥岩，夹薄层砂屑鲕粒灰岩，生物碎屑主要以腕足类为主，浅灰—灰色中层夹薄层7～9cm厚含鲕粒亮晶砂屑灰岩，浅灰—灰色薄层泥晶灰岩间夹中层状砂屑亮晶含砂屑灰岩。

4. 红花园组(O_1h)

红花园组也可分为上、下两部分，厚13.78～27.25m。下部为深灰色中层夹厚层—厚层块状砂屑生屑亮晶灰岩夹黄绿色薄层泥岩，或砂屑生屑亮晶灰岩与黄绿色薄层泥岩呈不等厚层状叠置，局部层段为小点礁灰岩，造礁生物为古杯和瓶筐虫化石等；上部为深灰色厚层夹中层含砾砂屑生屑亮晶灰岩、浅灰色中层夹薄层含砾砂屑生屑亮晶灰岩、浅灰色中层状含燧石结核砂屑微晶—粉晶灰岩，其中砂屑由泥晶灰岩组成。

5. 大湾组($O_{1-2}d$)

大湾组根据岩性特征等可划分为3段，总厚44.11～56.92m。

1) 大湾组一段($O_{1-2}d^1$)

大湾组一段下部为浅灰色薄层生屑泥晶灰岩、瘤状灰岩层间夹极薄层土黄色泥岩条带,浅灰色中层状生屑泥晶灰岩夹薄层状瘤状灰岩呈不等厚互层;中部岩性为薄—中层黄灰色、灰黄色粉晶含泥质灰岩夹极薄层泥岩,灰岩中见海绿石星点状,偶见腹足类、腕足类化石碎片;上部岩性为浅灰色薄层夹瘤状灰岩结核。厚12~16m。

2) 大湾组二段($O_{1-2}d^2$)

大湾组二段下部岩性为黄灰色中层、薄层泥晶—粉晶灰岩夹紫红色不规则状泥晶灰岩与薄层瘤状灰岩,不等厚互层状向上叠置;上部岩性为浅灰色薄层泥晶—粉晶灰岩夹瘤状灰岩,偶夹浅紫灰色粉晶灰岩,产大量头足类、腕足类化石等。厚11~19m。

3) 大湾组三段($O_{1-2}d^3$)

大湾组三段岩性为黄绿色极薄层页岩夹浅灰色薄层泥晶—粉晶灰岩,产头足类和腕足类化石。厚12~28m。

6. 牯牛潭组(O_2g)

牯牛潭组为黄绿—灰色中层状泥晶—微晶灰岩,夹薄层微晶—粉晶灰岩,间夹紫红色、浅紫红色极薄层粉砂质泥岩,产腕足类及头足类化石,水平层理发育。厚11.89~21.05m。

7. 庙坡组($O_{2-3}m$)

庙坡组为底部为黄绿色极薄层页岩,向上为灰—深灰色中层状泥晶灰岩与黑色、深灰色泥晶灰岩不等厚互层;中部为黑色薄层页岩与黄绿色页岩、含粉砂质泥岩呈不等厚互层,夹泥晶灰岩透镜体;顶部为黄绿色极薄层页岩、含粉砂质泥岩,产丰富的三叶虫、腕足类化石。厚1.98~3.63m。

8. 宝塔组(O_3b)

宝塔组为青灰色中层状泥质条带泥晶灰岩,微波状层理,龟裂纹构造发育。产大量头足类化石 *Sinocerus* sp.,网纹构造发育。厚7.96~21.46m

9. 临湘组(O_3l)

临湘组下部为浅灰—灰色厚层瘤状灰岩,泥质灰岩夹浅灰色薄层泥晶灰岩,风化后呈灰白色泥晶灰岩,见个体较小的头足类化石;上部为浅灰色中层夹浅灰色薄层泥晶灰岩,网格纹构造发育。该组与下伏宝塔组整合接触。厚4.14~26.87m。

10. 五峰组(O_3w)

五峰组底部为灰黑—灰黄色极薄层硅质泥岩,水平纹层发育,产笔石,偶见腕足化石;中部为黑色薄层硅质岩与硅质泥岩不等厚互层,褶曲发育,硅质岩中水平纹层发育;上部为观音桥层,三叶虫及腕足类十分丰富,与上覆志留系龙马溪组一段整合接触。厚3.77~5.99m。

11. 龙马溪组一段(O_3—S_1l^1)

龙马溪组一段以灰黑色薄层硅质岩与含硅质泥岩不等厚互层的出现为标志,厚9.53~51.9m。下部为灰褐色薄—极薄层含粉砂质页岩,灰黑色薄层硅质岩与含硅质泥岩不等厚互层;上部为黑色薄—极薄层页岩。该组页理发育、水平层理。底部产笔石 *Normalograptus persculptus* 带、*Glyptograptus persculptus* 带、*Parakidograptus acuminatus* 带、*Orthograptus vesiculosus* 带、*Lagarograptus acinaces* 带、*Coronograptus cyphus* 等,以及 *Demirastrites* triangulatus 带、*Diplograptus magnus - D. thuringiacus* 带、*Pernerrograptus argenteus* 带。与下伏奥陶系五峰组整合接触。

三、志留系

志留系广泛分布于黄陵穹隆东翼的黄花场、纱帽山等地。自下而上划分为龙马溪组、罗惹坪组、纱帽组。其中龙马溪组划分为一段和二段,罗惹坪组划分为一段和二段,纱帽组划分为一段至四段(表2-4)。

1. 龙马溪组(O_3—S_1l)

龙马溪组底部以产 *Glyptograptus persculptus* 带笔石的黑色页岩出现为标志,与下伏奥陶系五峰组顶部的观音桥层分界,厚625.9m。顶部以产笔石 *Coronograptus acuata* 带黄绿色页岩与上覆罗惹坪组底部腕足类 *Meifodia* 等黄绿色粉砂质泥岩夹灰岩透镜体分界。根据其岩性特征由下至上可划分为黑色页岩段和黄绿色页岩段。

1)龙马溪组一段(黑色页岩段,O_3—S_1l^1)

龙马溪组一段底部以产 *Glyptograptus persculptus* 带笔石的黑色页岩出现为标志,厚54.9~77.4m。下部为灰黑色极薄层粉砂质泥岩间夹极薄层硅质泥岩,水平层理发育,产大量聚集式保存的笔石化石;上部为灰黑色极薄层泥岩与黄绿色极薄层泥岩不等厚互层,或呈韵律状叠置,偶夹厚2~5cm土黄色钙质泥岩。与下伏奥陶系顶部赫南特贝层整合接触。

2)龙马溪组二段(黄绿色页岩段,S_1l^2)

龙马溪组二段底界以黄绿色薄层含泥质粉砂岩、细粉砂岩的出现为标志,厚571m。下部为灰色、黄绿色薄层粉砂岩,产腕足类及笔石;黄色、黄绿色泥岩,产笔石和腕足类碎片。上部为黄绿色薄层粉砂质泥岩、泥质粉砂岩,不等厚互层,产腕足类、三叶虫、笔石等。岩石中以泥状结构、粉砂结构为主,层状构造发育;沙纹层理、水平层理发育。

2. 罗惹坪组(S_1lr)

罗惹坪组主要岩性特征是由一套黄绿色、灰绿色薄层含钙质粉砂质泥岩,泥岩夹含生屑瘤状灰岩,青灰色薄—中层状生屑灰岩所组成,并以产丰富的珊瑚、腕足类、三叶虫、牙形石等为特征。依据岩性可划分为两段。厚175.29m。

1)罗惹坪组一段(S_1lr^1)

罗惹坪组一段以灰绿色薄—极薄层含粉砂质泥岩,夹薄层或瘤状泥灰岩的出现为底界标志,厚82~123.64 m。下部为灰绿色薄—极薄层含粉砂质泥岩夹薄层或瘤状泥灰岩,水平层理发育,岩石中以泥状结构为主,层状构造发育,产笔石、腕足类、珊瑚及三叶虫碎片;中部为黄绿色薄层粉砂质泥岩、页岩夹薄层或瘤状生物石灰岩及泥灰岩,泥岩中水平层理发育,层状构造发育,灰岩均为含生屑亮晶灰岩,产腕足类、珊瑚、三叶虫、珊瑚及牙形石;上部为灰绿色风化呈黄色薄—极薄层含钙质粉砂质泥岩夹少许结核状、瘤状,或断续状生屑灰岩、含生屑泥灰岩、钙质泥岩,或黄绿色、灰绿色薄层含粉砂质泥岩与中层状、瘤状泥灰岩呈不等厚互层,岩石中水平层理发育,泥岩以泥状、粉砂状结构发育,下部产腕足类 *Striispirifer acuminiplicatus* 和三叶虫 *Ecrinuroides* sp.,中部产腕足类和三叶虫等。

2)罗惹坪组二段(S_1lr^2)

罗惹坪组二段以青灰色薄—中层状生物灰岩、介壳灰岩(下五房贝层)的出现为底界标志,

表 2-4 实习区奥陶纪至早志留世岩石地层、年代地层、生态地层相互关系表

（据 1∶5 万区调报告，2012）

周期次序	生态地层				年代地层			岩石地层	
	生态周期	腕足类群落		生态位	系	统	阶	组	段
					中泥盆统			云台观组	
X	五房贝类生态周期	*Nalivkinia*		BA1	志留系	下志留统	特里奇阶	纱帽组	4
									3
		Nucleospira		BA1-2					2
		Katastrophomena		BA2					1
		Pentameroid		BA3			埃隆阶	罗惹坪组	上段
		Kulumbella		BA4					下段
		Spinchonetes-Clorinda		BA4-5					
		Meifodia		BA3-4					
IX	笔石生态周期	*Nucleospira*		BA1-2				龙马溪组	黄绿色砂页岩段
		Linguloid		BA1					
		细砂岩和粉砂质页岩，厚571m		BA2-3					
				BA3-4			R		黑色页岩段
		笔石碳质、硅质页岩		BA5-6					
				BA4-5					
VIII	赫南特贝生态周期	*Hirnantia-Kinnella*		BA3-4	奥陶系	上统	赫南特阶	五峰组	观音桥段
VII	缺氧生态周期	*Manosia*		BA4-5			钱塘江阶		笔石页岩段
		Conotrcta		BA5-6					
VI	巨壳生态周期	头足类灰岩相					艾家山阶	临湘组	
								宝塔组	
V	广泛生态周期	*Chistiania-Foliomena*		BA4-5		中统	达瑞威尔阶	庙坡组	
		Sericoidea		BA5					
		Dolerorthis-Paradolerorthis		BA3-4					
IV	孤僻生态周期	骨屑亮晶灰岩						牯牛潭组	
		头足类灰岩相		BA4-5					
		Lepidorthis-Skenidioides					大坪阶	大湾组	上段
III	和谐生态周期	*Atelelasmoides*		BA5					
		Lepidorthis-Skenidioides		BA4-5					中段
		头足类灰岩相							
		Euorthisina		BA3					下段
		Pseudoporambonites		BA2					
		Leptella-Sinorthis		BA1					
II	爆发生态周期	*Tritoechia*	*Punctolira* 亚群落	BA1-2		下统	道保湾阶	红花园组	
			Nanorthis 亚群落	BA2				分乡组	上段
			Discpta 亚群落	BA1					下段
	生态间歇期	鲕粒亮晶砾屑灰岩		BA0-1			新厂阶	南津关组	上段
		厚层白云岩							中段
I	初级生态周期	*Tritoechia*		BA1-2					下段
		头足类灰岩相						西陵峡组	

注：R—鲁丹阶。

称之为下五房贝层,厚 35.39～51.65m。下部为青灰色薄—中层状生物灰岩、介壳灰岩,产大量腕足类及牙形石,其中腕足类有 Pentamerus dorsoplanus, P. triangulates,牙形石有 Panderrodus unicostatus, Neoprioniodina subcarnus, Distomodus kentuckyensis 等;中部为黄绿色薄层粉砂质泥岩、泥质粉砂岩夹土黄色、黄绿色薄—中层状钙质粉砂岩和细砂岩,偶夹薄层瘤状灰岩、泥质灰岩,呈不等厚互层状向上叠置,产腕足类 Pentamerus trigulatus, Strichlandia changyangensis,产珊瑚 Pycnactis sanxiaensis, Cysticonophyllum fenxiangensis 及腕足类等;上部可称之为上五房贝层,灰色薄—中层生物碎屑石灰岩、介壳灰岩夹少许黄绿色薄层页岩,产大量腕足类 Pentameirus dorsoplanus, P. triangulates, P. hubeiensis,三叶虫类 Ecrinuroides sp., Latiproetus sp. 及牙形石类 Walliserodus cf. sancticlairi, Panderodus unicostatus。

3. 纱帽组(S_1s)

纱帽组以灰色、黄绿色薄层泥岩,含粉砂质泥岩的出现为底界标志,其与下伏罗惹坪组整合接触,与上覆中泥盆统云台观组呈平行不整合接触,厚 644.72m。总体为一套细砂岩夹粉砂质泥岩相间构成的地层,自下而上划分为 4 段:第一段和第三段以泥岩、含粉砂质泥岩为主,第二段和第四段以粉砂岩和细砂岩为主。

1)纱帽组一段(S_1s^1)

纱帽组一段以灰色、黄绿色薄层泥岩,含粉砂质泥岩的出现为底界标志,与下伏罗惹坪组二段整合接触,厚 51.12～51.62m。下部为黄绿色含粉砂质薄—极薄层泥岩与灰色薄层粉砂质泥岩互层,水平层理发育,灰色泥岩风化呈叶片状,产笔石,黄绿色页岩夹少许泥质粉砂岩,水平层理发育,产大量笔石 Climacograptus tamariscus, Paramonoclimcis minor 等;上部为黄绿色薄层泥岩、粉砂质泥岩及少许薄层泥质粉砂岩,水平层理发育,产笔石 Monograptus sp., Psedoglyptograptus retroversus.,产三叶虫 Latiproetus sp.。

2)纱帽组二段(S_1s^2)

纱帽组二段以黄绿色薄层含泥质粉砂岩、细粉砂岩间夹紫褐色薄层钙质砂岩的出现为底界标志,厚 125.8m。下部为黄绿色薄层粉砂质泥岩与薄层泥质粉砂岩呈不等厚互层或非韵律性向上叠置,岩石中粉砂泥状、泥状结构发育,层状构造发育,产腕足类 Nucleospira pulchra, Leptostrophia compressa, Katastrophomena sp., Isorthis sp., Zygospiraella sp. 和三叶虫 Encrinuroides cf. yichangensis 等;中部为黄绿色极薄层含少量粉砂质页岩、页岩,易风化呈页片状,薄层细砂岩中波痕构造发育,细砂结构为主,层状构造发育,产腕足类 Isorthis sp., Zygospiraella elongata, Leptostrophia compressa, Katastrophomena depressa,笔石 Dictionema wangjiawenensis, Monograptus marri, Priostiograptus regularia 及三叶虫 Petalolithus cf. minor;上部为灰绿色薄层含粉砂质泥岩页岩、粉砂质泥岩与灰绿色薄层粉砂岩互层或不等厚互层,发育水平层理、沙纹层理等,产腕足类 Salopina minuta Rong et Yang, Striispirifer sp.,笔石 Pristiograptus regularis, P. wulongquanensis, P. variabilis 等。

3)纱帽组三段(S_1s^3)

纱帽组三段以黄褐色、灰紫色中层状钙质砂岩的消失,黄绿色极薄层泥岩的出现作为底界标志,厚 282m。下部为黄绿色极薄层泥岩,极易风化呈页片状、萝卜丝状,发育水平层理、沙纹层理,产三叶虫 Latiproetus sp.,腕足类 Isorthis sp., Nalivkinia cf. elongata, Striispirifer sp., Nucleospira sp., Eospirifer sp., Nalivkinia sp. 及笔石 Dictyonema sp. 等;中部为灰绿色,风化呈褐紫色薄层粉砂岩夹中层状细砂岩,层间见及灰绿色薄层粉砂质泥岩,水平层理及小型沙纹层理发育,产腕足类 *Eospirifer* sp. 和三叶虫、双壳类、翼足类;上部为黄绿色极薄层泥岩、含粉砂质泥岩,风化呈叶片状,产三叶虫 *Coronocephalus* sp. 及腕足类 *Nalivkina* sp.,产双壳类、古介形虫和翼足类化石。与下伏纱帽组二段整合接触。

4)纱帽组四段(S_1s^4)

纱帽组四段灰绿色夹灰白色中层夹厚层细粒岩屑石英砂岩的出现为底界标志,厚185.3m。下部为灰褐色、青灰色薄层状粉砂岩,泥质粉砂岩,夹薄—中层状中粒砂岩、细砂岩;中部岩性为灰黄—灰褐色、紫红色中层状夹薄层细砂岩;上部以灰褐色、灰黄色,局部层段夹紫红色薄层状粉砂岩、石英细砂岩为主,间夹黄褐色薄层含泥质粉砂岩、粉砂质泥岩。与下伏纱帽组三段整合接触,与上覆泥盆纪云台观组平行不整合接触。

第五节 上古生界—中生界

黄陵穹隆及秭归地区的上古生界出露地层的时代主要为中、上泥盆统,上石炭统和中二叠统,中生界三叠系—白垩系,主要分布于黄陵背斜东西两侧中新生代秭归盆地和当阳盆地。

一、泥盆系

本区泥盆系呈南北向条带状与石炭系相伴产出,仅出露中、上泥盆统,缺失下泥盆统,自下而上划分为云台观组、黄家磴组、写经寺组和梯子口组(表2-5)。

1. 云台观组(D_2y)

云台观组为灰白色中至厚层或块状细粒石英岩状砂岩、长石石英砂岩,夹紫红色薄层泥质粉砂岩、粉砂质泥岩,单层厚度最大大于2m。与下伏志留系纱帽组呈平行不整合接触,厚56.34~85.94m。

2. 黄家磴组(D_3h)

黄家磴组底部以浅灰色中层状石英细砂岩夹薄层状泥质粉砂岩、粉砂质泥岩的出现为标志,厚12.78~14.98m。下部为灰黄—浅灰色中—薄层状石英细砂岩与灰绿—灰黑色粉砂质泥岩、泥岩不等厚互层;顶部为鲕状赤铁矿层,区域上分布稳定。与下伏云台观组呈整合接触。产植物化石 *Leptophloeum rhombicum* Dawson,*Cyclostigma kiltorkense* Haught.,*Sublepidodendron* sp.,*Stigmaria ficoides* (Sternberg),*Prorolepidodendron* cf. *scharyanum* Krejči 和丰富的胴甲鱼类化石 *Antiarcha*。

3. 写经寺组(D_3x)

写经寺组为浅灰色极薄层钙质泥岩、泥灰岩夹极薄—中层状含砾生物屑灰岩,水平层理发育,与下伏黄家磴组呈整合接触,厚1.84~5.16m。本组底部产弗拉斯阶珊瑚化石 *Pseudozaphrentis curvatum* Sun, *Phillipsastrea hunanense* Jiang, *Mictophyllum zhuzhouense* Jiang, *Peneckiella* sp., *Hunanophrentis* sp. 及 *Crassialveolites* sp. 等,产腕足类 *Yunnanella - Yunnanellina* 组合。

表 2-5 实习区泥盆纪—石炭纪岩石地层、年代地层、生态地层相互关系表

(据 1:5 万区调报告, 2012)

年代地层				岩石地层		分层		层厚 (m)	柱状图	结构构造 (泥粒、泥、粒、颗粒、粉砂、细砂、粗砂、砾)	生物地层	层序地层		沉积相	海平面相对变化曲线 (深—浅)	实测剖面
界	系	统	阶	组	段	野外	室内					体系域	层序			
	二叠系	中统	栖霞阶	梁山组		7	26	1.40								
			法拉阶	黄龙组		6	25	5.00			Beedeina-Fusulina 带	SB1		开放台地		天四煤矿剖面
						5	24	1.10				TST	SQ₂			
			滑石板阶			4	23	2.20			Fusulinella schwagerinoides-Staffella pseudosphaeroides 带					
上	石炭系	上统				3	22	3.10				SB2				
			岁苏阶	大埔组		2	21	5.10			Kueichowpora setamaiensis	mfs TST	SQ₁	局限台地		
												SB1				
				梯子口组		10	20	4.16			Hamatophyton verticillatum-Lepidodendropsis hirmerm 组合	HST	SQ₅	前三角洲		长岭岗剖面
			法门阶			9	19	2.30				mfs TST		浅陆棚		
		上统		写经寺组		8	18	3.60			Yunnanella-Yunnanellina 组合	SB2 mfs	SQ₄	前陆棚		
						7	17	1.48			Pseudozaphrentis	SB2				
						9~10	16	2.80				HST mfs TST	SQ₃	近滨相 近滨相		
				黄家磴组		8	15	1.50				SB2		近滨相		
			弗拉斯阶			5~7	14	2.50			Leptophloeum rhombicum-Cyclostigma kiliorkens-Archaeopteris 组合	HST		近滨相		
	泥盆系					4	13	1.78				mfs		前陆棚		
						3	12	2.20						近滨相		
古						2	11	2.00								
					云台	10	10	10.64				TST	SQ₂	前滨相		
生												SB2				官庄剖面
						9	9	24.84			Protolepidodendron scharyamum-Barrandeina dusliana 组合	HST		前		
		中统	吉维特阶									mfs				
						8	8	21.39					SQ₁	滨		
界						7	7	2.37				TST		相		
						6	6	3.79								
		统	观阶			5	5	4.26								
					组	4	4	12.42								
									10 m 5 0							
						3	3	3.45								
						2	2	2.78								
下古生界	志留系	下统		纱帽组		1	1	>2.5				SB1				

4. 梯子口组（$D_3—C_1t$）

梯子口组下部为灰—灰黑色薄—中层状含菱铁矿石英细砂岩、砂岩夹粉砂质泥岩，上部为紫红色鲕状赤铁矿夹粉砂质泥岩，与下伏写经寺组呈整合接触，厚 0～6.46m。含植物 *Hamatophyton verticillatum - Lepidodendropsis hirmeri* 组合。

二、石炭系

石炭系呈条带状与泥盆系相伴产出。仅出露上石炭统部分地层，缺失下石炭统和上石炭统晚期沉积，自下而上划分为长阳组、金陵组、大埔组、黄龙组（表 2-5）。

1. 长阳组（C_1c）

长阳组主要分布于鄂西长阳县、香溪河峡口等处，秭归与宜昌缺失。岩性主要为灰黑色页片状泥岩、粉砂岩，以及灰白色、灰褐色石英砂岩，时夹煤线和灰岩小透镜体，含黄铁矿、菱铁矿结核，厚度为 7～12m。与上覆资丘组和下伏写经寺组均呈整合接触。上部泥岩和粉砂岩中富含腕足类、介形虫和孢子化石，分别为 *Schuchertella gelaohoensis - Leptagonia analoga* 组合、*Bairdia casta - B. profusa* 组合和 *Spelaetriletes pertiosus - Cingulizonates capistratus* 带；下部泥岩粉砂岩中含孢子化石 *Vallattisporites verrucosus - Retusotriletes incohatus* 带，所夹灰岩透镜体中有牙形石 *Siphonodella levis - Polygnathus inrnatus* 带及珊瑚 *Syringopora ramulosa*，腕足类 *Chonetes* cf. *ornatus*，*Plicattifera* sp. 等。厚度为 3～11m。

2. 金陵组（C_1j）

金陵组原称"金陵石灰岩"，最初命名地点在中国南京附近的观山。南京古称金陵，故名。本区主要分布于长阳、松滋和巴东等地，秭归县境内未见。岩性为暗灰色结晶灰岩，底部泥质较多。含南京假乌拉珊瑚及腕足类揭彭台始唱贝等。与下伏地层长阳组为整合接触。厚度为 5～23m。

3. 和州组（C_1h）

和州组仅在长阳一带见有，实习区未见。底部为浅灰色厚层状粉晶白云岩，含灰岩团块；下部为深灰色厚层状灰泥灰岩，层间夹薄层钙质泥岩，产丰富珊瑚、腕足类化石；中部为薄层状泥质岩、泥质白云岩；上部为灰色块状石英细砂岩，中间夹泥岩。厚度为 19.4m。

4. 大埔组（C_2d）

大埔组以浅灰—灰白色厚层或块状白云岩、白云质灰岩，岩性组合在鄂西地区较为稳定，厚 5.10m。底部偶见含砾砂岩（如长阳马鞍山），局部地段（如秭归新滩）见底部为角砾岩，并含团块状燧石。为局限台地相沉积。在实习区内与下伏梯子口组呈平行不整合接触。

5. 黄龙组（C_2h）

黄龙组为一套灰白色厚层—块状粗晶灰岩，较稳定，是识别黄龙组的良好标志层，但在实习区基本不出露，其与下伏大埔组呈整合接触，厚度为 11.40m。

三、二叠系

二叠系呈南北向条带状分布，自下而上划分为梁山组、栖霞组、茅口组、孤峰组、吴家坪组、大隆组，其上被白垩纪地层覆盖（表 2-6）。

表 2-6 实习区二叠系岩石地层、年代地层、生态地层相互关系表

(据 1:5 万区调报告,2012)

年代地层 界	系	统	阶	岩石地层 组	段	分层 野外	分层 室内	层厚(m)	柱状图	结构构造	生物地层	层序地层 体系域	层序地层 层序	沉积相	海平面相对变化曲线 深 浅	实测剖面
上古生界	二叠系	上统 冷坞阶		冷坞组 武		18~19	35	7.08				HST	SQ₅	浅陆棚		大天坑剖面
						17	34	8.35								
						16	33	16.00								
						15	32	16.73								
						14	31	6.44								
						13	30	17.58			*Parafusulina* sp.					
						12	29	25.23								
						11	28	40.21			*Schubertella* sp.					
		中统		孤峰组		9~10	27	6.21				mfs				
						8	26	12.35				TST				
						7	25	5.55				SB2				
						9	24	16.22			*Paraceltites-Altudoceras* 带	HST	SQ₄	局限潮下		
						9	23	9.75				mfs				
						2~4	22	4.07				SB2				
				茅口组 茅 口		13	21	19.91			*Neoschwagerina haydeni* 带	HST	SQ₃	浅陆棚		
						12	20	5.12								
						11	19	9.49				mfs				
						10	18	3.67				TST				
						9	17	13.53								
						8	16	4.99				SB2				
						7	15	10.40			*Chusenella conicocylindrica* 带	HST	SQ₂	浅陆棚		
						5~6	14	7.67								
			祥播阶			4	13	14.08								
				栖霞组 栖霞组		12	12	14.03			*Verbeekina grabaui* 带					
						11	11	3.38				CS		中陆棚		
						10	10	10.82				TST		浅陆棚		
						8~9	9	5.56				SB2				
						7	8	9.24			*Hayasakaia* 带	HST	SQ₁	浅陆棚		浅四煤矿剖面
			栖霞阶			6	7	10.27								
						5	6	25.96								
						4	5	4.88				mfs				
						3	4	15.73			*Nankinella orbicularia* 带	TST				
						2	3	10.29				LST		海湾相		
				梁山组		7~9	2	4.20				SB₁		滨海沼泽相		
石炭系 上统 达拉阶 黄龙组						6	1	>5.0								

1. 梁山组(P₂l)

梁山组为深灰色中—薄层状细粒石英砂岩、薄层状粉砂质泥岩、含粉砂质泥岩及煤线,与下伏石炭纪地层呈平行不整合接触。厚 1.60~4.20m。产植物化石 *Strigmaria ficoides*, *Sigillaria* sp., *Annularia gracilescens*, *Otontopteris* cf. *chui*, *Calamites* sp., *Pecopteris* sp., *Bowmanites* sp. 等;上部产腕足类 *Martinia* sp., *Tylopelecta* sp., *Squamularia* sp., *Punctospirifer* sp. 等。

2. 栖霞组(P_2q)

栖霞组为深灰色中—厚层状含或不含燧石结核、条带的生物屑微晶灰岩—微晶生物屑灰岩,与下伏梁山组呈整合接触。厚 110.16m。生物化石丰富,但以底栖类生物为主,主要有䗴类 *Nankinella orbicularia*, *N. discoides*, *Pisolina hubeiensis*, *P. excessa*, *Schwagerina chihiaensis*, *Verbeekina grabaui* 等;珊瑚 *Wentzellophyllum volzi*, *Cyrtomichelinia multicystosa*, *Hayasakaia elegantula*, *H. yuananensi*, *Polythecalis chinensis*, *Tachylasma magnum* 等;腕足类 *Tyloplecta richthofeni*, *T. nankingensis*, *Orthotichia fushanensis*, *Cryptospirifer semiplicatus*, *Monticuliger sinensis* 等。

3. 茅口组(P_2m)

茅口组以深灰—灰黑色厚层—块状含少量燧石结核的生物屑泥晶灰岩为主,灰岩中瘤状构造常见,局部块状灰岩中可见暴露成因的方解石脉,与下伏栖霞组呈整合接触。厚 88.86m。产䗴类 *Chusenella conicocylindrica* 带和 *Neoschwagerina haydeni* 带,珊瑚 *Ipciphyllum timoricum - I. elegantum* 组合和 *Tachylasma elongatum - Paracaninia liangshanensis* 组合,腕足类 *Neoplicatifera huangi - Monticulifera hunanensis* 组合等。

4. 孤峰组(P_2g)

孤峰组下部为灰黑—黑色极薄层状炭质泥岩夹极薄层状硅质岩、生物屑泥晶灰岩,中上部为灰—深灰色中—薄层状藻迹微—粉晶灰岩、弱硅化微—细晶白云岩与灰黑色薄—极薄层状硅质岩不等厚互层。与下伏茅口组呈整合接触。厚 30.04m。产菊石类 *Altudocerasziguiense* Xu, *Paraceltites* cf. *elegans* Girty, *P.* cf. *multicostatus*(Bose), *P. zhongguoensis* Xu, *Paragastrioceras hubeiense* Xu, *Paragastrioceras yangtzens* Xu 等。

5. 吴家坪组(P_3w)/武穴组(P_2w)

吴家坪组/武穴组为灰—深灰色厚层块状生物屑灰岩,夹少量中层状生屑灰岩和灰—灰白色薄层硅质岩。硅质岩中水平层理发育。与下伏孤峰组呈整合接触。厚度大于 161.73m。产䗴类 *Schubertella* sp., *Schwagerina* sp., *Parafusulina* sp. 等。

6. 大隆组(P_3d)/长兴组(P_3ch)

大隆组/长兴组主要分布于宜昌—南漳、京山等处,岩性以灰黑色硅质岩、硅质页岩为主, *Pseudotirolites* 菊石带化石为鉴别标志。与下伏吴家坪组为整合接触,厚 3~20m。在兴山、新滩等地,岩性相变为深灰色生物碎屑灰岩或含燧石结合灰岩,本组则称为长兴组。长兴组与下伏吴家坪组为整合接触,厚 4~37m。

四、三叠系

三叠系广泛分布于秭归新滩、两河口、兴山大峡口、巴东、长阳、五峰和当阳等地。本区三叠系发育齐全,且以海相碳酸盐岩沉积为主。根据岩石组合特征、层序关系及古生物化石资料,自下而上划分为大冶组、嘉陵江组、巴东组、沙镇溪组。与下伏二叠系整合接触。

1. 大冶组(T_1d)

大冶组由谢家荣(1924)创建的"大冶石灰岩"演变而来,创名地点在湖北省大冶县城北之铁山附近。与二叠系大隆组相伴出现,整合接触,厚度为 300~790m 不等。据其岩性组合特征,可划分为 4 个岩性段。大冶组一段为浅灰色、灰黄色薄至厚层泥晶—微晶灰岩夹灰黑色钙质泥岩,含菊石、双壳类、牙形石、有孔虫化石;二段为灰色中厚层泥晶—微晶灰岩夹纸片状钙质泥岩,含少量牙形石、有孔虫,偶见菊石;三段主要为灰色、灰紫色薄层泥晶灰岩,微晶灰岩,缝合线构造发育,化石稀少;四段主要为灰色、淡紫色中—厚层状鲕粒灰岩,含鲕粒灰岩与薄层状微晶灰岩互层,产双壳类化石。双壳类有 *Claraia* sp., *Cl. wangi*, *Cl. concentrica*, *Cl. hubeiensis*, *Cl.* cf. *aurita*, *Pteria* sp., *P. ussurica variabilis*, *Bakevellia* sp., *Unionites* sp., *Gervillia* cf. *exporrecta*;菊石有 *Lytophiceras* sp., *L.* cf. *vishnuoides*, *Ophiceras* sp., *O.* cf. *tibtcum*, *Kynatites* sp., *Xenodiscoides* cf. *beatus* 及腕足类碎片。

2. 嘉陵江组($T_{1-2}j$)

嘉陵江组系赵亚曾、黄汲清(1931)创名的"嘉陵江灰岩"演变而来,创名地点在四川省广元县城北的嘉陵江沿岸。与大冶组相伴出露。厚度为 300~500m 不等。据其岩性组合可划分为 3 个岩性段。嘉陵江组一段为灰色中—厚层微晶白云岩夹淡紫色薄层状泥晶白云岩;二段为灰色、浅灰色中—薄层泥晶灰岩夹紫灰色微晶白云岩及角砾状灰岩,产远安龙、南漳鳄、江汉蜥等海生爬行动物化石;三段为灰色、灰黄色中—厚层灰质白云岩夹薄层状微晶灰岩及白云质灰岩。产双壳类 *Placunopsis plana*, *P.* cf. *parasita*, *Plagiostoma* sp., *L. albertii*, *Trachymerita* cf. *muliensis*, *Eumorphotis* sp., *E. inaequicostata*, *Entolium descites microtes*, *Neospathoodus* cf. *conservativus*, *Leptochondria* sp., *L. albertii*, *Bakevellia* sp., *Schafhaeutlia* sp., *Plagiostoma* sp., *Mytilus eduliformis praecursor*, *Enantiostreon* sp.。

3. 巴东组(T_2b)

巴东组是由 Richthofen(1921)所创建的"巴东层"(Patung-Schichten)演变而来,创名地点在巴东县长江沿岸,与嘉陵江组相伴出露。根据其岩性组合特征可分为 3 个岩性段。巴东组一段主要岩性为土黄色灰质泥页岩夹灰色透镜状、条带状灰岩;二段为灰绿色粉砂质泥页岩夹薄层状泥灰岩;三段主要岩性为紫红色厚层泥质粉砂岩、粉砂质泥页岩互层,局部夹钙质团块。产双壳类 *Eumorphotis* (*Asoella*) sp., *Posidonia* sp., *Myophoria* (*Costatoria*) sp., *M.* (*C.*) *submultistriata*, *M.* (*C.*) *radiata*, *Unionites* sp., *Gervillia* sp., *G. quadrata*, *G.* cf. *elegans*, *Schafhaeutlia* sp., *Entolium discites*, *Chlamys* sp., *Unionites* sp.等。该组是鄂西地区有名的含铜建造,凡有巴东组分布的地方,几乎都可见到铜的矿化,矿物主要为孔雀石、辉铜矿、黄铜矿,以前者为主,唯品位一般不高,局部富集时可形成矿点。

4. 沙镇溪组(T_3s)

沙镇溪组主要分布于秭归盆地,为灰黄色长石石英砂岩、薄层砂岩、粉砂岩,夹黑色炭质泥页岩、煤层。厚度为 139~225m 不等。在黄陵背斜以东的荆门-当阳盆地中,出露九里岗组和王龙滩组,前者以黄灰色、深灰色粉砂岩,泥岩夹长石石英砂岩为主,后者以长石石英砂岩为主,夹粉砂岩、炭质泥岩。植物化石有 *Todites princeps*, *Bernoullia zeilleri*, *Danaeopsis fecunda*, *Cladophlebis* sp., *C. stenopylla* Sze, *Dictyophyllum*, *Neocalamites* sp., *N. carreri*, *N. rugosus*, *Ctenozamites* sp.等,及双壳类 *Utschamiella* sp., *U.* cf. *nanzhaoensis*, *U. mianchiensis*, *Tutuella* sp.等。

五、侏罗系

侏罗系主要分布于黄陵穹隆两侧的荆门-当阳盆地、秭归盆地。上、中、下统沉积齐全,剖面连续,植物化石丰富,含一套煤碎屑岩建造。根据岩石组合特征、层序关系及古生物化石资料,自下而上划分香溪组、泄滩组。与下伏三叠系地层整合接触。

1. 香溪组(J_1x)

秭归盆地香溪组是著名的华南下侏罗统典型岩石地层单位之一,因含煤而出名,层型地点在秭归县香溪镇,组名源于"香溪煤系"或"香溪群"(李四光等,1924)。

主要岩性:底部为深灰色砾岩、含砾石英砂岩、中粗粒石英砂岩,中部为灰黄色细砂岩、粉砂岩及泥页岩互层,上部为灰黄色细砂岩、粉砂岩、泥岩夹煤层。香溪植物群是华南较典型的早侏罗世植物群之一,含丰富的植物化石,以 *Equisetites*, *Dictyophyllum*, *Clathropteris*, *Phlebopteris*, *Coniopteris*, *Ptilophyllum*, *Otozamites* 等为主。厚度为 150~180m。

2. 泄滩组(J_2x)

泄滩组由下至上分为两段,厚度为 300~500m。具大量双壳类和以 *Callialasporites* 为代表的花粉。

下段:下部为灰黄色细粒石英砂岩、薄层泥岩,局部夹粉砂岩;中部以黄绿色薄—厚层钙质泥岩、粉砂岩夹炭质泥岩;上部为黄绿色钙质泥岩、泥灰岩夹含钙质细砂岩。

上段:下部为灰黄色厚层细粒石英砂岩、薄层泥岩,局部夹粉砂岩;中部以黄绿色厚层泥岩为主,夹粉砂岩、石英砂岩及紫红色泥岩;上部为深灰色、灰绿色泥岩夹粉砂岩,偶夹灰岩、泥灰岩。

六、白垩系

黄陵穹隆周缘中新生代盆地及秭归地区的白垩系分布较广,出露齐全。与下伏地层角度不整合接触。自下而上划分为石门组、五龙组、罗镜滩组、红花套组。

1. 石门组(K_1s)

石门组为浅灰—紫红色厚层状、巨厚—块状巨粗—粗砾岩,颗粒支撑,砾石成分以灰岩、白云岩为主,基质以钙质胶结的出现为标志,与下伏二叠系等呈角度不整合接触,与上覆五龙组一段呈整合接触关系。厚度为 125.03~275.35m。

2. 五龙组(K_1w)

依据长江三峡生物地层学白垩系(雷奕振等,1987)三分方案,自下而上将该组划分为一至三段。

1)五龙组一段(K_1w^1)

五龙组一段以砖红色中—薄层状泥质粉砂岩间夹两层含砾细砾石英细砂岩的出现为底界标志,与下伏石门组砾岩整合接触。厚 318.92~535.77m。

2)五龙组二段(K_1w^2)

五龙组二段以灰白色、浅棕黄色巨厚层状砾岩的出现为标志。主要岩性为紫红色中层夹厚层粗砂岩、砂砾岩透镜体,与灰白色薄层状中粒石英砂岩、少量含炭质粉砂岩不等厚互层。

厚 648.79～945m。

3）五龙组三段（K_1w^3）

五龙组三段以棕红色中—厚层状含砾粗砂岩的出现为标志，与下伏五龙组二段整合接触。厚 386～567m。

3. 罗镜滩组（K_2l）

罗镜滩组下部为厚层块状砾岩，夹砖红色块状含灰绿色极薄粉砂岩条带的泥质粉砂岩；中部为厚层块状砾岩，夹紫红色砂砾岩及含砾砂岩透镜体；上部为紫红—灰色块状巨砾岩。与下伏五龙组三段整合接触。厚 238.6～1 037.6m。

4. 红花套组（K_2h）

红花套组以砖红色、橘红色泥质粉砂岩的出现为标志，厚 350～770m。下部岩性为紫红色块状含泥质粉砂岩；上部以鲜艳的棕红色、橘红色中厚层状泥质细粒石英砂岩，砂砾岩，泥质细砂岩为主体，夹有泥质细砂岩及粉砂岩、泥岩。与下伏罗镜滩组、上覆跑马岗组整合接触。

第六节　新生界

本区新生界地层主要为第四系沉积物，分布较广，但分布面积较小。主要有两种类型：一种为低山丘陵和山间谷地等，形成以残积物、坡积和残坡积为主的第四系沉积；另一种主要分布于河流两侧（如长江三斗坪—宜昌宝塔河段）及河流阶地较发育。第四系成因类型主要为冲积、洪冲积、残坡积和滑坡堆积 4 种成因类型，其地质时代为更新世—全新世。

1. 第四系全新统冲积层（Qh^{al}）、全新统洪冲积层（Qh^{pal}）

第四系全新统冲积层、全新统洪冲积层为浅灰色、灰黄色亚黏土，含砂质亚黏土，亚砂土，其中沿河流分布的亚黏土中常含零星砾石，亚砂土底部常见砂、砾石层。含松、桦、蕨类植物孢粉，反映为暖干-凉干气候。

2. 第四系更新统冲积类型（Qp_3）

第四系更新统冲积类型主要分布于各水系两侧，沉积物为砾石层，其上覆可见河漫滩沉积的粉砂土、亚黏土等，具明显的河流冲积相二元结构。

3. 第四系更新统残坡积类型（Qh^{edl}）

第四系更新统残坡积类型主要分布于山谷地带，沉积物为灰色、灰黄色含角砾黏土和亚砂土层，具明显的河流冲积相二元结构。

4. 第四系更新统滑坡堆积类型（Qh^{hp}）

第四系更新统滑坡堆积类型主要分布于实习区三斗坪一带滑坡、崩塌等地质灾害多发地区，尤以长江三斗坪段和黄柏河沿线较多。沉积物杂乱无分选，多为近源物质堆积。

第三章　侵入岩

长江三峡黄陵穹隆地区侵入岩无论是从活动的时间,还是规模上都以中酸性花岗岩类占主体,岩浆活动主要集中于太古宙、古元古代和新元古代 3 个时代,是研究华南扬子克拉通前寒武纪岩浆活动、俯冲-碰撞造山事件,以及早前寒武纪扬子克拉通地壳演化的最重要窗口。太古宙—古元古代花岗质岩体以东冲河、巴山寺花岗片麻杂岩,晒甲冲花岗质片麻岩,圈椅埫花岗岩为代表,而新元古代黄陵花岗岩岩基则是我国晋宁期花岗岩的典型代表,举世瞩目的三峡大坝就建于新元古代黄陵花岗岩岩基之上。黄陵穹隆地区侵入岩分布详见图 3-1。

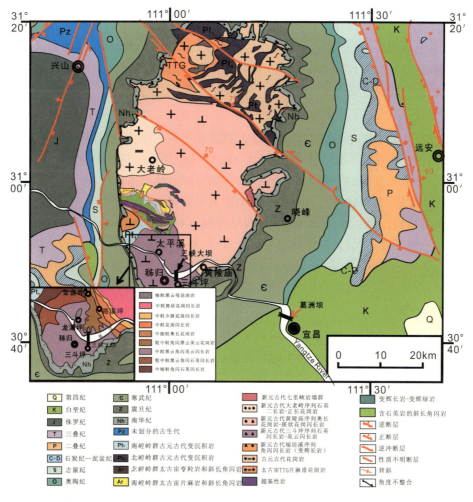

图 3-1　黄陵穹隆地区侵入岩地质略图(据 Wei et al, 2012 修改)

黄陵穹隆地区先后有湖北省区调队、武汉地调中心、湖北省地矿局鄂西地质队、中国地质大学(武汉)等单位开展了与侵入岩有关的区域地质调查填图及科研专题研究。本书以区域地质调查资料为基础(1∶5万茅坪河幅区调报告,1994;1∶5万新滩东半幅、莲沱西半幅、过河口东半幅、三斗坪西半幅区调报告,1991;马大铨等,2002;1∶5万莲沱幅、分乡场幅、三斗坪幅、宜昌市幅区调报告,2012),是前人最新科研进展和研究成果的综合。

第一节 太古宙—古元古代花岗质侵入杂岩

本区太古宙—古元古代花岗质岩浆活动强烈,主要分布于黄陵穹隆北部地区,南部太平溪、邓村一带也有零星出露,其中以黄陵穹隆北部的太古宙东冲河花岗片麻岩(TTG),以及古元古代巴山寺花岗质片麻岩最为典型。

一、东冲河花岗片麻岩(Ar_2D)

黄陵穹隆北部的东冲河花岗片麻杂岩(即灰色片麻岩、TTG花岗片麻岩)建立于1∶5万茅坪河幅区域地质调查(湖北省地矿局鄂西地质大队,1994),它将1∶5万水月寺幅区调中建立的水月寺群解体为表壳岩系和花岗质片麻岩,并将后者划分为太古宙东冲河花岗片麻杂岩和古元古代巴山寺花岗片麻杂岩。

1. 地质特征

东冲河花岗片麻岩主要分布于黄陵穹隆西北部水月寺一带,其上为古元古代黄凉河岩组、南华纪—震旦纪沉积盖层不整合覆盖,并被古元古代圈椅埫钾长花岗岩侵入。

岩体中包体非常发育,总体上可分为两类:一类为围岩捕虏体,如斜长角闪岩、斜长角闪片岩、黑云斜长片麻岩、角闪岩、角闪辉石岩等,主要为来自野马洞岩组的捕虏体,通常该类包体呈棱角状、条带状、长条状、球状、角砾状等,与母岩间具有较清楚的界线;另一类为深源包体,如暗色包体,一般规模不大,主要矿物成分为角闪石、黑云母、斜长石、辉石等,可能为耐熔残余体,包体形态多样,有棱角状的、透镜状、条状及不规则状的,边缘圆化,但受剪切改造呈残斑状、石香肠状,与寄主岩石的边界部分清楚,部分呈过渡关系。

2. 岩性组合特征

主要岩性为英云闪长片麻岩、花岗闪长片麻岩和奥长花岗片麻岩(即TTG花岗片麻岩组合),其中奥长花岗片麻岩、英云闪长片麻岩居多,花岗闪长岩较少,零星可见石英闪长片麻岩,与英云闪长片麻岩呈过渡,露头上很难区分。

1)英云闪长片麻岩

岩石呈灰色,具花岗变晶结构,片麻状构造,主要由斜长石、石英、黑云母等矿物组成,含微量钾长石。斜长石属更长石类,多呈他形粒状变晶,少数残留半自形或自形宽板柱粒状晶体,发育细密聚片双晶,晶体表面附着细小片状绢云母,粒径为0.5~2mm,个别大者为2~2.8mm,且含有石英、黑云母包体。石英呈他形粒状变晶,粒径为0.2~1.8mm不等,具玻状消光,沿长石间分布。黑云母呈红棕色,半自形片状,少量他形片状,片体为0.2~0.8mm。

2) 花岗闪长片麻岩

岩石呈灰黑色,具花岗变晶结构,片麻状构造,主要由石英、钾长石、斜长石组成,局部见约 3% 的白云母。斜长石含量明显多于钾长石。钾长石为他形,粒径为 1.0~2.5mm,可见条纹结构,内部常见斜长石、石英等矿物包体。斜长石粒状,粒径为 0.8~2.5mm,常见细密聚片双晶,表面绢云母化明显,有被钾长石交代现象。石英粒状,粒径为 1.0~2.0mm。白云母片状,片径为 0.1mm,有少量针柱状金红石与其伴生,推测该白云母可能来自黑云母的退变。

3) 奥长花岗片麻岩

岩石呈灰白色,基本特征与英云闪长片麻岩相似,只是矿物组成上暗色矿物较少,石英含量略高,岩石色调较浅。

东冲河花岗片麻岩从英云闪长岩到奥长花岗岩,总体显示暗色矿物含量减少的趋势。岩石化学成分中 SiO_2 含量较高,一般 $Na_2O > K_2O$,显示低钙低钾而富钠,偏铝-过铝花岗岩的特征。

3. 形成时代

前人对东冲河花岗片麻岩测得的同位素年龄值范围较大,但最新的研究表明,其形成时代多数集中在 3 300~2 900Ma(Qiu et al,2000;焦文放等,2009;Gao et al,2011)。据此,将其形成侵位时代划为古—中太古代。

二、巴山寺花岗片麻岩(Pt_1B)

巴山寺片麻杂岩建立于 1:5 万茅坪河幅区调填图(湖北省地矿局鄂西地质大队,1994 年),由于其明显区别于变沉积岩,故将原水月寺群(水月寺幅 1:5 万区调报告)解体为表壳岩系和花岗质片麻岩,并将后者划分为太古宙东冲河片麻杂岩和古元古代巴山寺花岗片麻杂岩。

1. 地质特征

巴山寺花岗片麻岩主要分布于黄陵穹隆东北部雾渡河一带,侵入于黄凉河岩组,面积为 57km²。该花岗片麻杂岩南部被黄陵复式花岗岩体侵入,东端与震旦系呈角度不整合接触。巴山寺花岗片麻杂岩中包体发育,主要为斜长角闪岩、黑云斜长片麻岩等表壳岩系包体。包体多有不同程度的混染作用,且分布走向与区域性片麻理一致,局部截切关系明显。巴山寺花岗片麻岩局部见有混合岩化,由脉状斜长花岗质粗伟晶岩脉及中粗粒二长伟晶岩脉构成,多顺层展布,局部斜切,均有不同程度的构造片麻理化。

2. 岩性组合特征

主要岩性为灰白色黑云斜长花岗质片麻岩、黑云二长花岗质片麻岩。岩石片麻状、条带状构造发育,部分地段具弱片麻构造,并可见肠状等塑性流变褶皱。巴山寺花岗片麻杂岩具有中细粒等粒—不等粒变晶结构,局部见钾长石、斜长石斑晶。主要矿物为斜长石(20%~65%)、石英(20%~35%)、钾长石(0~30%)。斜长石呈他形粒状,少数为半自形晶,并可见聚片双晶、卡钠复合双晶,多为奥长石,粒径为 0.3~0.5mm。副矿物组合为石榴石、锆石、磷灰石、黄铁矿,成分较复杂,显示了深熔岩浆岩的特征。岩石在地球化学成分上,一般 $Na_2O > K_2O$,属于高铝型花岗岩类(湖北省地矿局鄂西地质大队,1994)。

3. 形成时代

1:5 万茅坪河幅区调研究认为,巴山寺花岗片麻岩的源岩为玄武质岩石与长英质岩石不同程度混合熔融的产物,其全岩 Rb-Sr 同位素年龄值为 2 332~2 172Ma(姜继圣,1986;李福喜,1987),显示其形成时代属古元古代。

三、晒甲冲花岗片麻岩(Pt_1S)

晒甲冲片麻岩是由 1∶5 万茅坪河幅区域地质调查时建立(1994)。1∶25 万荆门幅区调将前人原巴山寺花岗片麻杂岩中的二长花岗质片麻岩分出建立了晒甲冲花岗片麻岩。

1. 地质特征

晒甲冲花岗片麻岩分布于晒甲冲、张家老屋、水月寺东等地,一般呈小岩体产出。岩体侵入于东冲河花岗片麻岩、巴山寺花岗片麻岩。岩体受改造发生变形,局部见基性岩包体。在雾渡河一带还可见岩体被韧性剪切改造形成变晶糜棱岩。

2. 岩性组合特征

主要岩性为条带状(含角闪)黑云二长片麻岩,其原岩为二长花岗岩。岩石具细粒等粒鳞片花岗变晶结构,条带状、片麻状构造,结构、构造较均一,主要矿物成分为钾长石(25%~47%)、斜长石(20%~49%)、石英(20%~35%)、黑云母(3%~15%),少量磁铁矿等。黑云母断续分布于长英矿物间构成片麻状结构。黑云母呈红褐色,片径为 0.2~0.7mm。长英质矿物定向排列,局部见细粒化,晚期发生重结晶。斜长石呈粒状变晶,个别残余半自形板柱状,具钠黝帘石化和绢云母化,粒径为 0.2~1mm。钾长石发育清晰的格子双晶,为微斜条纹长石,粒径为 0.3~1.5mm。石英呈他形粒状变晶,粒径为 0.1~0.8mm,少量为 1~1.5mm。混合岩化、钾化作用较发育,局部已变为钾长花岗质片麻岩。岩石地球化学特征显示为钙碱性花岗岩。

3. 形成时代

晒甲冲片麻岩侵入东冲河花岗片麻岩和巴山寺花岗片麻岩,其岩石地球化学特征显示为钙碱性岩石系列演化晚期的特征,因此,其时代应晚于巴山寺花岗片麻岩的形成时代。

四、圈椅埫钾长花岗岩体($Pt_1\varepsilon\gamma G$)

1. 地质特征

圈椅埫钾长花岗岩平面近等轴状岩株产出,略呈北东向延展,出露面积为 $21km^2$。以黑云钾长花岗岩为主,分布于圈椅埫穹隆核部,与野马洞岩组呈侵入接触,局部为侵入交代接触。接触面产状:北部向南倾,倾角 80°,南部倾向变化大,但总体倾向南偏东,倾角 67°~84°,局部向北倾,倾角 30°~68°。岩体与围岩接触产状主要受围岩片理、片麻岩控制,两者表现和谐一致。

在野马洞、东冲河等地出现边缘混合岩化,较多钾长质脉体切割早期太古宙 TTG 花岗片麻岩。岩体内常见有捕虏体,边缘常见石英岩、黑云片岩、斜长角闪岩包体,后期基性岩脉侵入现象常见。圈椅埫岩体中可见钾长花岗岩体有较明显的粒径变化,具明显的岩相分带现象。

2. 岩性组合特征

岩石类型以黑云母钾长花岗岩为主,次为黑云母花岗岩、黑云二长花岗岩、石英正长岩、正长岩等,其中石英正长岩、二长岩及正长岩主要分布于岩体南部。圈椅埫钾长花岗岩主要岩石类型及特征见表3-1。

表3-1 黄陵穹隆核部圈椅埫钾长花岗岩体各类岩石特征表

(据1:5万水月寺幅区调报告,1987)

岩石类型	主要矿物含量(%)				结构构造
	钾长石	斜长石	石英	黑云母	
黑云钾长花岗岩	56~64	5~10	28~32	3~6	花岗结构、交代结构为主,次为似斑状结构、显微文象结构、似文象结构;块状构造
黑云二长花岗岩	44~48	20~28	23~30	1~4	花岗结构、交代结构,块状构造
黑云母花岗岩	27~47	25~30	25~36	3~4	以花岗结构为主,次为交代结构、显微文象结构、似文象结构、碎裂结构、似斑状结构;块状构造
黑云石英正长岩	64~67	8~10	18~20	5~7	花岗结构,块状构造
黑云石英二长岩	28~40	32~50	10~15	3~5	半自形—他形粒状结构、交代结构(花岗结构)
正长岩	70~80	1	2~3	1~2	交代结构,块状构造

岩石整体呈砖红色,斑状结构,主要组成矿物为钾长石(65%~70%)、石英(20%~25%)、黑云母(<5%)、斜长石(<5%),磁铁矿、磷灰石、锆石为其主要副矿物(<1%)。钾长石具明显的文象结构,直径可达5mm。钾长石主要为微斜长石,含少量微斜条纹长石。石英为半自形至自形,直径为1~2mm。

3. 岩石地球化学特征

圈椅埫花岗岩的主量元素和微量元素特征的研究表明,该岩体属A型花岗岩,其锆石U-Pb年龄和Hf同位素结果暗示其源岩为深部太古宙地壳,并于古元古代(约1.85Ga)发生了熔融作用。因此,圈椅埫花岗岩应属古元古代后造山伸展构造环境深部太古宙地壳熔融形成的花岗岩(熊庆等,2008;Peng et al,2012)。

4. 形成时代

圈椅埫花岗岩岩体形成的LA-ICP-MS锆石U-Pb同位素年龄值为1 850Ma左右(熊庆等,2009;Peng et al,2012),因此,其侵入时代为古元古代晚期。

第二节 新元古代花岗侵入杂岩

新元古代花岗侵入杂岩主要是指分布于黄陵穹隆南部地区的新元古代黄陵花岗杂岩(也称之为黄陵花岗岩岩基、黄陵复式花岗岩体),其主要由茅坪、黄陵庙、大老岭等超单元(侵入岩系)或岩浆侵入单元组成。本书以武汉地调中心1:5万莲沱幅、三斗坪幅区域地质填图(2012)、Wei et al(2012)对新元古代花岗侵入杂岩的划分方案为基础，综合马大铨等(2002)、1:25万荆门幅区域调查(2006)等研究成果，将新元古代黄陵花岗杂岩划分为端坊溪、茅坪、黄陵庙、大老岭和晓峰5个超单元(岩石系列)(图3-1，表3-2)。

表3-2 黄陵穹隆地区新元古代侵入岩划分对比表

岩套	马大铨等(2002)		1:5万区调(1991,1994)			1:25万区调(2006)			1:5万区调(2012)				本项目组研究			同位素年龄(Ma)
	单元	主要岩性	超单元	单元	主要岩性	超单元	单元	主要岩性	序列	超单元	侵入体	主要岩性	超单元	侵入体	主要岩性	
晓峰	七里峡	花岗斑岩、花岗闪长斑岩	七里峡岩墙群	七里峡	花岗斑岩、花岗闪长斑岩	七里峡岩墙群	七里峡	花岗斑岩、花岗闪长斑岩	晓峰	七里峡岩墙群	七里峡	花岗斑岩、花岗闪长斑岩	晓峰	七里峡岩墙群	花岗斑岩、花岗闪长斑岩	797-806Ma[5] 804Ma[6]
大老岭	马滑沟	中细粒含石榴黑云二长花岗岩	大老岭	龚家冲	中粗粒钾长花岗岩	华山关	龚家冲	中粗粒钾长花岗岩	大老岭	华山关	龚家冲	中粗粒正长花岗岩	大老岭	马滑沟	中细粒含石榴黑云二长花岗岩	795Ma[4]
				王家山	中(细)粒黑云二长花岗岩		王家山	中(粒)黑云母二长花岗岩			王家山	中(细)粒黑云二长花岗岩				
				马滑沟	中细粒含石榴黑云二长花岗岩		马滑沟	中粗粒黑云母二长花岗岩			马滑沟	中粗粒黑云二长花岗岩				
	田家坪	似斑状角闪黑云二长花岗岩		田家坪	似斑状角闪黑云二长花岗岩		田家坪	似斑状角闪黑云二长花岗岩			田家坪	似斑状角闪黑云二长花岗岩		田家坪	似斑状角闪黑云二长花岗岩	
	鼓浆坪	不等粒黑云二长花岗岩		鼓浆坪	不等粒黑云二长花岗岩		鼓浆坪	中粗粒黑云二长花岗岩			鼓浆坪	中粗粒黑云二长花岗岩		鼓浆坪	黑云二长花岗岩	
	凤凰坪	角闪黑云石英二长闪长岩		凤凰坪	角闪黑云石英二长闪长岩		凤凰坪	角闪黑云石英二长闪长岩			凤凰坪	角闪黑云石英二长闪长岩		凤凰坪	角闪黑云石英二长闪长岩	
黄陵庙			黄陵庙	龙潭坪	细粒斑状黑云母花岗岩	黄陵庙	陈家湾	中粒斑状黑云斜长花岗岩	黄陵庙	黄陵庙	龙潭坪	细粒斑状黑云母花岗岩	黄陵庙	龙潭坪	细粒斑状黑云母花岗岩	844Ma[1]
				陈家湾	中粒斑状黑云斜长花岗岩		金龙沟	中细粒闪长岩			金龙沟	中细粒闪长岩		金龙沟	中细粒闪长岩	
	下堡坪	淡色似斑状黑云花岗闪长岩		总溪坊	中粒黑云母花岗岩		总溪坊	中粒二长花岗岩			总溪坊	中粒黑云母二长花岗岩		总溪坊	中粒黑云母二长花岗岩	
				内口	中粒斑状黑云花岗闪长岩		内口	中粒斑状花岗闪长岩			内口	中粒斑状花岗闪长岩		内口	中粒斑状花岗闪长岩	835Ma[2]
	蛟龙寺	淡色似斑状黑云奥长花岗岩									茅坪沱	中粒含斑花岗闪长岩		茅坪沱	中粒含斑花岗闪长岩	844Ma[2]
				鹰子咀	中粒花岗闪长岩		鹰子咀	中粒花岗闪长岩			鹰子咀	中粒花岗闪长岩		鹰子咀	中粒花岗闪长岩	850Ma[2]
	乐天溪	含角闪黑云奥长花岗岩		路溪坪	中细粒斜长花岗岩		路溪坪	中细粒斜长花岗岩			路溪坪	中细粒黑云斜长花岗岩		路溪坪	中细粒黑云斜长(奥长)花岗岩	852Ma[2]
三斗坪	小溪口	中细粒黑云英云闪长岩	茅坪	王良楚坝	中粒角闪黑云英云闪长岩	茅坪		中粒角闪黑云英云闪长岩(脉)	茅坪	茅坪		中粒角闪黑云英云闪长岩(脉)	茅坪		中细粒黑云英云闪长岩(脉)	
	堰湾	粗粒含角闪石英闪长岩		金盘寺	粗中粒含角闪黑云英闪长岩		金盘寺	粗中粒含角闪黑云英云闪长岩			金盘寺	粗中粒角闪黑云英云闪长岩		金盘寺	中粗粒角闪黑云英云闪长岩	842Ma[1]
	西店咀	角闪黑云英云闪长岩		三斗坪	中粒角闪黑云英云闪长岩		三斗坪	中粒角闪黑云英云闪长岩			三斗坪	中粒黑云角闪英云闪长岩		三斗坪	中粒黑云角闪英云闪长岩	863Ma[1] 838-844Ma[1]
				东家庙	中粗粒角闪黑云英云闪长岩											
	太平溪	中粗粒黑云角闪英云闪长岩		太平溪	粗中粒黑云角闪石英闪长岩		太平溪	中粗粒黑云角闪英云闪长岩			太平溪	中粗粒黑云角闪英云闪长岩		太平溪	中粗粒黑云角闪英云闪长岩	
	美人沱	中细粒石英闪长岩		中坝	中细粒石英闪长岩		中坝	中细粒石英闪长岩			中坝	中细粒石英闪长岩		中坝	中细粒石英闪长岩	
				文昌阁	细粒黑云角闪石英闪长岩											
			端坊溪	肚脐湾	粗粒角闪闪长岩	端坊溪	肚脐湾	粗粒角闪闪长岩	端坊溪	端坊溪	肚脐湾	变中粒辉长岩	端坊溪	肚脐湾	变中粒辉长岩	>860 Ma
	肖家猪	石英辉长岩		寨包	细中粒闪长岩		寨包	细中粒闪长岩			寨包	变中粒辉长岩		寨包	变中粒辉长岩	
				埂子口	中细粒角闪闪长岩		埂子口	中细粒角闪闪长岩			埂子口	变中细粒辉长岩		埂子口	变中细粒辉长岩	

注: *代表独立单元或侵入体；1:5万及1:25万区调地主调查资料用颜色区别表示。
湖北省地质矿产勘查开发局鄂西地质大队(1991)，1:5万新滩东半幅、莲沱西半幅、过河口东半幅、三斗坪西半幅区域地质调查报告说明书。
湖北省地质矿产勘查开发局鄂西地质大队，1994，1:5万大峡口幅、茅坪河幅、荷花店西半幅区域地质调查报告说明书。
湖北省地质矿产勘查开发局鄂西地质大队，1996，1:5万苟家垭幅、荷花东半幅、莲沱东半幅地质说明书。
湖北地质调查院(2006)，1:25万宜昌幅、建始幅区域地质调查报告；C武汉地质调查中心(2011)
湖北地质调查院(2006)，1:25万荆门市幅区域地质调查报告；湖北省地质调查院，2005，1:25万神农架林区幅区域地质调查报告。

[1] SHRIMP锆石U-Pb年龄，据Wei et al.，2012；
[2] SHRIMP锆石U-Pb年龄，据魏运许等，莲沱幅-分乡场幅-三斗坪幅-宜昌市幅1:5万区调报告
[3] 黑云母/角闪石40Ar/39Ar年龄，据李益，2007；
[4] ICP-MS锆石U-Pb年龄，据凌文黎等，2006；
[5] LA-ICP-MS锆石U-Pb年龄，据Zhang et al.，2007；
[6] SHRIMP锆石U-Pb年龄，据Zhang et al.，2007。

一、端坊溪超单元

端坊溪超单元分布于端坊溪—寨包一带，呈北西西向，主要由变辉长岩和角闪辉长岩组成，具中细粒等粒结构，块状构造，各单元具较弱的绿泥石化、绿帘石化、绢云母化等。根据其岩性、结构和接触关系等划分为两个岩浆侵入单元。

1. 垭子口中细粒辉长岩（$Pt_3\delta Y$）

1）地质特征

垭子口侵入单元体侵入小以村岩组，局部被黄陵庙超单元穿切，在黄陵庙超单元中见大量垭子口单元捕房体。

2）岩石特征

本侵入单元主要由变中细粒辉长岩组成，局部暗色矿物分布不均而显花斑状。岩石中偶见紫苏辉石、普通辉石残晶。岩石副矿物种类少，磁铁矿占据主导，次为黄铁矿、磷灰石。矿物含量分别为斜长石77%～78%、普通角闪石20%～21%、黑云母1%～2%，辉石1%左右。地球化学数据特征显示其原岩属深成岩浆岩。

该单元包体发育，主要岩石类型有斜长角闪岩、角闪石岩、黑云斜长片麻岩等。斜长角闪岩和斜长片麻岩包体特征与围岩崆岭群具相似性。包体与围岩呈渐变关系，此类包体应为深源岩浆熔融残留体。根据垭子口单元被黄陵庙超单元穿切的地质事实，推测该岩体形成时代应大于860Ma。

2. 寨包细中粒辉长岩（$Pt_3\delta Z$）

1）地质特征

寨包岩体侵入垭子口单元，接触界面清晰呈港湾状，向内倾斜，内接触带可见宽约1m的较密集叶理带。西北部被震旦系莲沱砂岩角度不整合覆盖。

2）岩石特征

本侵入单元主要由细中粒辉长岩构成，其中斜长石含量为59%～60%、角闪石为32%～33%、辉石为5%～6%、黑云母为1%～2%。岩石副矿物种类较少，磁铁矿占主导，次为黄铁矿、磷灰石等。本单元包体较少，主要为角闪岩，斜长角闪岩分布于内接触带附近。根据地质接触关系，本单元形成时代应略晚于垭子口中细粒辉长岩。

二、茅坪超单元

茅坪超单元位于黄陵穹隆西南部，分布于三斗坪—黄家冲一带，总体呈北北西—北西向展布，西北侧侵入庙湾岩组，南端被南华系莲沱组砂岩角度不整合覆盖，东侧被黄陵庙超单元呈斜切式穿切。茅坪超单元主要岩性为石英闪长岩、英云闪长岩，具细—粗粒不等粒结构，块状构造，主要造岩矿物为斜长石、角闪石、石英、黑云母等，属次铝质钙碱性中性岩类。

茅坪超单元中微粒包体较发育。根据岩性、矿物成分、结构构造、包体及接触关系等特征，将其划分为中坝中细粒石英闪长岩体（$Pt_3\delta oZ$）、太平溪中粗粒石英闪长岩体（$Pt_3\delta oT$）、三斗坪英云闪长岩体（$Pt_3\gamma o\beta S$）、金盘寺英云闪长岩体（$Pt_3\gamma o\beta J$）4个岩浆侵入单元（侵入岩体）。

1. 中坝中细粒石英闪长岩体(Pt₃δoZ)

1)地质特征

中坝岩体总体呈近南北—北东向弧形展布。西侧侵入崆岭群,南段被震旦系莲沱砂岩角度不整合覆盖,东侧与太平溪单元呈平行式侵入不整合接触,南东侧被三斗坪单元斜切式穿切。

2)岩石特征

主要岩性为中细粒石英闪长岩,其中矿物成分含量为:斜长石 $54\%\sim55\%$、普通角闪石 $32\%\sim33\%$、石英 $10\%\sim11\%$、黑云母 $2\%\sim3\%$。该岩石中副矿物类型较少,磁铁矿占主导,含少量锆石、磷灰石、黄铁矿等。

岩体中包体发育,类型较多,有细微粒闪长(玢岩)质、斜长角闪岩、(角闪)黑云斜长片麻岩等包体,后两类包体特征与崆岭群变质岩具相似性,且多产于崆岭群的内接触带附近。包体集中呈带状或孤立产出,与围岩呈截变或弥散状接触,偶见包体具黑云母环边。此外,还见有石英闪长质、灰绿色玢岩质包体。

根据侵入地质接触关系,形成时代应早于三斗坪单元,即早于 860 Ma,但晚于寨包岩体。

2. 太平溪中粗粒石英闪长岩体(Pt₃δoT)

1)地质特征

太平溪单元呈近南北—北北东向带状展布,南东侧被三斗坪单元穿切,北侧侵入崆岭群。

2)岩石特征

主要岩性为中粗粒石英闪长岩,各矿物含量分别为:斜长石 $64\%\sim66\%$、石英 $14\%\sim16\%$、普通角闪石 $11\%\sim13\%$ 和黑云母 $5\%\sim6\%$。岩石副矿物种类较少,磁铁矿占主导,磷灰石、褐帘石含量较高。

岩体中包体极发育,主要为闪长玢岩质包体,呈长条—透镜状产出,外形圆滑,多密集呈条带状产出,带宽一般为 3~5m 不等,顺叶理产出,其成分与中坝单元闪长(玢岩)质包体相近,仅斜长石斑晶含量达 $5\%\sim8\%$。

根据侵入地质接触关系,太平溪中粗粒石英闪长岩形成时代应早于三斗坪单元,即大于 860Ma,但晚于中坝岩体。

3. 三斗坪英云闪长岩体(Pt₃γoβS)

1) 地质特征

三斗坪单元分布于三斗坪—王良楚垭一带,呈近南北向展布。为茅坪超单元之主体,北部侵入崆岭群小以村岩组、庙湾岩组,南侧被南华系莲沱砂岩角度不整合覆盖,东侧被金盘寺英云闪长岩体(Pt₃γoβJ)、路溪坪斜长(奥长)花岗岩体(Pt₃γoL)穿切。

2)岩石特征

主要岩性为中粒黑云角闪英云(石英)闪长岩,岩石风化面呈灰褐色,新鲜面呈暗灰—黑白相间的斑杂色。以中粒结构为主,长英矿物粒径为 2~4mm,少量可达 5mm,块状构造。矿物成分由斜长石($55\%\sim65\%$)、石英($10\%\sim18\%$)、黑云母($12\%\sim20\%$)、普通角闪石($5\%\sim10\%$)等组成。常见副矿物为磁铁矿,次为磷灰石、钛铁矿、褐帘石、锆石等。锆石颜色较杂,以玫瑰色、浅黄色为主。地球化学数据特征显示三斗坪岩体属过铝质钙碱性花岗岩类。包体较发育,常见闪长(玢)岩、暗色闪长岩、斜长角闪岩包体。

三斗坪单元岩体侵入中—新元古代庙湾岩组Pt_2m,而被新元古代黄陵庙超单元花岗岩侵入。三斗坪单元中粒角闪黑云英云闪长岩的锆石SHRIMP U-Pb定年获得的同位素成岩年龄为863Ma(Wei et al,2012)。

4. 金盘寺英云闪长岩体($Pt_3\gamma o\beta J$)

1)地质特征

该岩体单元呈北北西向带状展布,西侧与三斗坪侵入体涌动接触,南侧被南华系沉积角度不整合覆盖,东侧被路溪坪单元侵入。

2)岩石特征

主要岩性为中粗粒角闪黑云英云闪长岩,中粗粒结构,块状构造。矿物成分为:斜长石(55%~62%)呈半自形板条状,粒径为2~5mm;石英(12%~20%);黑云母(12%~18%)呈鳞片、书页状,片径为2~5mm,大者7~10mm,多为集合体;普通角闪石(7%~12%)呈半自形长柱状,柱长多为3~6mm,少量可达8cm。常见副矿物为磁铁矿、磷灰石、锆石、褐帘石等。地球化学数据显示其为铝质钙碱性化岗岩类。岩体中常见闪长玢岩、斜长角闪岩等包体,多呈单体出现,包体外形圆滑,边缘偶见黑云母晕圈。

金盘寺英云闪长岩体($Pt_3\gamma o\beta J$)侵入于中元古代庙湾岩组Pt_2m和细中粒英云闪长岩,而被新元古代黄陵庙超单元系列花岗岩侵入。该岩体粗中粒角闪黑云英云闪长岩锆石SHRIMP U-Pb定年获得的同位素成岩年龄为842Ma(Wei et al,2012)。

三、黄陵庙超单元

黄陵庙超单元构成黄陵花岗岩岩基的主体部分,分布于鹰子咀—内口—古城坪等地,西侧侵入茅坪超单元,南端被南华系莲沱砂岩角度不整合覆盖。黄陵庙超单元总体具细—粗中粒等粒或连续不等粒结构,块状构造,各侵入体中包体类型单调,且零星出露的特征。根据岩石成分、结构、构造及接触关系等,黄陵庙超单元可划分为路溪坪斜长(奥长)花岗岩体($Pt_3\gamma oL$)、鹰子咀中粒花岗闪长岩体($Pt_3\gamma\delta Y$)、内口中粒斑状花岗闪长(二长花岗岩)($Pt_3\pi\gamma\delta N$)和茅坪沱中粒含斑花岗闪长(二长花岗岩)岩体($Pt_3\pi\gamma\delta M$)4个岩浆侵入单元。

1. 路溪坪斜长(奥长)花岗岩体($Pt_3\gamma oL$)

1)地质特征

路溪坪侵入单元呈北北西、北西向带状展布,该侵入体呈斜切式侵入茅坪超单元中的金盘寺粗中粒英云闪长岩体,并侵入于中—新元古代基性—超基性岩及变质地层中,东侧与鹰子咀中粒花岗闪长岩体多呈涌动接触,局部地方为脉动接触。葛后坪一带呈近南北向的带状,其北西侧与中粒花岗闪长岩呈涌动接触,其余地方被南华纪或震旦纪地层角度不整合覆盖。

2)岩石特征

主要为中细粒斜长(奥长)花岗岩(部分为英云闪长岩)。岩石风化面呈灰黄色,新鲜面呈灰色。矿物粒径多为1~2.5mm,造岩矿物为:斜长石(64%~68%),呈他形—半自形板条状,聚片双晶发育,偶见卡钠复合双晶,具环带状构造;石英(24%~30%);黑云母(4%~8%),多呈鳞片状,少量呈书页片状定向分布;角闪石(1%~3%),呈针柱状,钾长石(2%~5%)。副矿物有磁铁矿,少量独居石、石榴石、锆石等。具中细粒花岗结构,块状构造。锆石呈玫瑰—浅玫瑰色,环带构造较发育。地球化学数据特征显示其为铝过饱和钙碱性花岗岩类。岩体内偶见粗中粒(斑状中粒)黑云石英闪长岩及中细粒黑云英云闪长岩包体,其与崆岭群接触处见斜长角闪岩及黑云斜长片麻岩包体。

该岩体单元侵入中—新元古代庙湾岩组、中细粒英云闪长岩体,而被鹰子咀中粒花岗闪长岩体侵入。路溪坪单元中细粒斜长(奥长)花岗岩锆石 SHRIMP U－Pb 定年测得的同位素成岩年龄为 852Ma(Wei et al,2012)。

2. 鹰子咀中粒花岗闪长岩体($Pt_3\gamma\delta Y$)

1)地质特征

岩体分布于鹰子咀一带,空间上呈环状分布,东侧为北西向分布的 6 个小岩体,西侧为一呈北西向带状展布的大岩体。该类岩体侵入路溪坪中细粒斜长(奥长)花岗岩,被后期茅坪沱中粒少(斑状)斑花岗闪长岩涌动侵入,被内口中粒斑状花岗闪长岩脉动侵入。

2)岩石特征

主要为中粒花岗闪长岩,矿物粒径为 2～5mm,多为 3mm 左右,主要造岩矿物为斜长石(50%～55%),呈半自形板条状,聚片双晶发育,偶见卡钠复合双晶,部分岩石中斜长石晶体表面浑浊,呈黄褐色,见黏土化和绢云母化,并见白云母穿插交代斜长石现象;石英(25%～30%),呈他形粒状,局部由于构造作用有波状消光及重结晶现象;钾长石(8%～15%),呈他形粒状—半自形板状,具格子双晶,不均匀分布于岩石中,偶见条纹长石(正条纹长石);黑云母(4%～5%),呈鳞片状,少数为书页状,具浅黄—暗褐色多色性,在南沱附近的侵入体中,可见部分黑云母被白云母穿切交代,少量被绿泥石交代。副矿物以磁铁矿为主,约占总量的 98%,次为磷灰石、锆石及褐帘石。锆石颜色较杂,以淡玫瑰色、浅黄色为主,其次为淡紫色。常见闪长玢岩质、暗色粗粒闪长质包体。偶见斑状黑云石英闪长质、中细粒黑云英云闪长质包体,与崆岭群接触处可见有斜长角闪岩、片麻岩包体。地球化学数据显示其属铝过饱和型钙碱性花岗岩类。

鹰子咀中粒花岗闪长岩单元与路溪坪中粒斜长(奥长)花岗岩单元,以及茅坪沱中粒含斑花岗闪长岩体单元呈涌动接触,而被内口中粒斑状花岗闪长岩单元侵入。鹰子咀单元中粒花岗闪长岩锆石 SHRIMP U－Pb 定年获得的同位素成岩年龄为 850Ma(Wei et al,2012)。

3. 茅坪沱中粒含斑花岗闪长岩体($Pt_3\pi\gamma\delta M$)

1)地质特征

茅坪沱中粒含斑花岗闪长岩体单元分布于乐天溪附近的茅坪沱一带,其与鹰子咀侵入单元及内口侵入单元均呈涌动侵入接触。

2)岩石特征

主要为中粒少斑花岗闪长岩,岩石风化面呈灰黄色,新鲜面呈浅灰色。矿物粒径为 2～5mm,造岩矿物为斜长石(55%～60%)、石英(28%～35%)、钾长石(3%～8%)及少量的黑云母(3%～5%),副矿物以磁铁矿为主,其他副矿物含量低。具似斑状结构,块状构造。斑晶主要为石英聚晶和少量斜长石斑晶,钾长石斑晶少见,部分地方钾长石含量低,接近浅色英云闪长岩的成分。

茅坪沱单元以含斜长石和石英斑晶与鹰子咀中粒花岗闪长岩单元相区分,其与内口中粒斑状花岗闪长单元的区别是,内口中粒斑状花岗闪长岩以钾长石斑晶为主,斑晶含量大于10%,且钾长石斑晶较大,而茅坪沱中粒含斑花岗闪长岩体单元中的钾长石斑晶少,主要为石英聚斑晶。地球化学数据显示其属铝过饱和型钙碱性花岗岩类。茅坪沱单元中见有闪长玢岩质、暗色粗粒闪长质包体。偶见斑状黑云石英闪长质、中细粒黑云英云闪长质包体,与崆岭群接触处见斜长角闪岩、片麻岩包体。

茅坪沱单元侵入于中—新元古代庙湾岩组、细中粒英云闪长岩,并与鹰子咀中粒花岗闪长岩单元,以及内口中粒斑状花岗闪长岩单元呈涌动接触。茅坪沱中粒含斑花岗闪长岩单元锆石 SHRIMP U-Pb 获得的同位素成岩年龄为 844Ma(Wei et al,2012)。

4. 内口中粒斑状花岗闪长岩体(二长花岗岩体)($Pt_3 \pi \gamma \delta N$)

1)地质特征

内口单元主要分布于乐天溪—古城坪—钟鼓寨一带,其与茅坪沱侵入单元呈涌动侵入接触,与总溪仿侵入体呈脉动侵入接触。

2)岩石组合特征

主要为中粒斑状黑云花岗闪长岩,部分地方钾长石含量偏高,可定名为二长花岗岩,斑状结构,块状构造。矿物粒径为 2~5mm,岩石风化面呈灰黄色,新鲜面呈浅灰色。造岩矿物为斜长石(52%~55%)、石英(28%~33%)、钾长石(10%~20%)及少量黑云母(3%~5%),副矿物以磁铁矿为主,见少量褐帘石、榍石、锆石等。钾长石中常见明显环带状构造。岩体中零星见斑状黑云英云闪长质、斑状黑云石英闪长质、闪长玢岩质、黑云片岩等包体,一般呈次圆—次棱角状,中细粒黑云英云闪长质包体呈条带状产出,与围岩呈截变接触。地球化学数据显示其属铝过饱和型钙碱性花岗岩类。

内口中粒斑状花岗闪长岩(二长花岗岩)单元侵入鹰子咀中粒花岗闪长岩单元,部分地方可见其脉动侵入茅坪沱中粒含斑花岗闪长岩单元,中粒斑状黑云花岗闪长岩锆石 SHRIMP U-Pb 定年获得同位素成岩年龄为 835Ma(Wei et al,2012)。

四、大老岭超单元

大老岭超单元主要分布于黄陵花岗岩岩基西北部大老岭林场一带,包含 4 个岩浆侵入单元,西部被震旦系不整合覆盖,北、东、南三面侵入黄陵庙岩套和南部崆岭群,形成时代约为 795Ma(凌文黎等,2006)。

1. 凤凰坪二长闪长岩岩体

凤凰坪二长闪长岩岩体分布于该超单元东北缘,总体呈弧形。岩石特征为色率较高,中粒结构,块状构造(局部呈条带状),微具面状构造。

2. 田家坪似斑状角闪黑云二长花岗岩岩体

田家坪似斑状角闪黑云二长花岗岩岩体近东西向分布,以含大量粗大的钾长石斑晶及明显的角闪石区别于鼓浆坪单元,二者直接接触关系未能查明。两单元相比,田家坪单元的色率和角闪石含量较高,而 SiO_2 较低,按岩浆演化规律,田家坪单元应早于鼓浆坪单元。

3. 鼓浆坪二长花岗岩岩体

鼓浆坪二长花岗岩岩体为该超单元最大的岩体单元,主要分布于之子拐—大老岭林场场部—天柱山—长冲一线及其以西,与凤凰坪单元呈截切式侵入,有时也可见渐变过渡关系。

4. 马滑沟含石榴石二长花岗岩岩体

马滑沟含石榴石二长花岗岩岩体包括马滑沟、沙坪、龙潭寺等岩体,以及许多未圈入的岩脉状小岩体。本单元分别侵入于黄陵庙超单元和三斗坪超单元,未见与大老岭超单元其他单元相接触,根据结构、矿物成分特点,暂将其置于大老岭超单元的最晚单元。

第三节　新元古代中—基性岩墙(岩脉)群

中—基性岩墙群前人称其为晓峰岩套($Pt_3\delta\mu-\gamma\pi Q$),该类岩墙单个脉体的规模较小,数量多,且岩性变化大,脉岩十分发育,走向多为 NE$30°\sim 70°$。北、西、南分别侵入于路溪坪单元和内口单元,皆为斜切式、贯式接触(也称超动接触)。该岩墙群由大量密集的北东向陡立岩墙(脉)组成,单个脉体一般宽 $1\sim 10m$,沿走向长 $30\sim 70m$,多数倾向南东,少数倾向北西。形成时代为 $806\sim 797Ma$(Zhang et al,2008)。

七里峡岩墙群岩性较复杂,主要岩性为细粒闪长岩、闪长玢岩、石英闪长玢岩、石英二长闪长玢岩、斜长花岗斑岩等。该类岩脉与围岩具有清晰截然的边界,其相互之间侵入关系为斜长花岗斑岩脉侵入围岩,闪长玢岩脉侵入细粒闪长岩,石英闪长玢岩脉侵入闪长玢岩脉,石英二长闪长玢岩脉侵入闪长玢岩脉等。七里峡岩墙群的侵位顺序为细粒闪长岩→闪长玢岩→石英闪长玢岩→石英二长闪长玢岩→花岗斑岩。另外,还有少量微晶闪长岩脉及辉绿(玢)岩脉随机分布,产状与上述岩脉一致,并明显穿切上述岩脉。斜长花岗斑岩脉中还可见有暗色包体,形态多样,有圆形、树叶状、不规则状等,一般来说,包体越大者形态越不规则。

(1)细粒闪长岩脉。该类岩脉常被闪长玢岩脉侵入,界线截然,细粒闪长岩脉边部见 $1\sim 2mm$ 烘烤边,接触面产状为 $300°\angle 79°$。灰色,细粒结构,块状构造,主要矿物为斜长石、角闪石、黑云母及少量石英。斜长石呈他形、半自形粒状、板状,粒径为 $0.5\sim 2mm$;角闪石呈短柱状,粒径为 $1\sim 2mm$;黑云母呈细鳞片状。副矿物主要为磁铁矿及榍石等。

(2)闪长玢岩脉。为主要岩石类型,常侵入细粒闪长岩脉,被石英二长闪长玢岩脉侵入。深灰色,斑状结构,块状构造,主要矿物成分见表 3-3。斑晶主要由斜长石、角闪石组成,含少量黑云母。角闪石为自形柱状;斜长石多为自形板状,少数因熔蚀呈浑圆状,最大粒径为 $3\sim 5mm$,基质为隐晶质结构,约占总量的 70%。岩石副矿物为磁铁矿、磷灰石、锆石。

(3)石英闪长玢岩脉。灰色,斑状结构,块状构造,主要矿物成分见表 3-3。斑晶主要为钾长石,自形—半自形板状,为中长石,粒径为 $0.4mm\times 10mm\sim 1mm\times 4mm$,可见环带结构、卡斯巴双晶和聚片双晶,具绢云母化、绿帘石化,基质为细粒结构。副矿物为磷灰石、锆石、绿帘石、榍石等。

(4)石英二长闪长玢岩脉。常包裹细粒闪长岩脉、闪长玢岩脉。紫红色,斑晶结构,块状构造,斑晶为钾长石和斜长石,自形板状,粒径为 $3mm\times 2mm$,斜长石发育卡钠复合双晶,钾长石为卡斯巴双晶,基质为细粒结构。副矿物为磁铁矿、磷灰石。

(5)斜长花岗斑岩脉。常侵入于石英二长闪长玢岩脉。浅红—紫红色,斑晶结构,块状构造,主要矿物成分见表 3-3。斑晶为斜长石,自形板条状,少数因熔蚀呈浑圆状,粒径为 $4mm\times 3mm\sim 8mm\times 5mm$,发育聚片双晶,具环带结构;次为石英,自形或不规则粒状,粒径为 $2mm\times 1.5mm$。基质为石英、斜长石、黑云母,显微晶质—隐晶质结构。副矿物为磷灰石、金红石、锆石等。

表 3-3 七里峡岩墙(岩脉)群($Pt_3\delta\mu—\gamma\pi Q$)各岩石类型矿物含量表

(据1:5万莲沱幅、分乡场幅、三斗坪幅、宜昌市幅区调报告,2012)

单位名称	岩性	主要矿物含量(%)				
		钾长石	斜长石	石英	黑云母	角闪石
七里峡岩墙(岩脉)群	斜长花岗斑岩	2~3	60	30	1~2	
	石英二长闪长玢岩	10(斑晶)	12(斑晶)			
	石英闪长玢岩	5	30~40	15~20	3~5	5~10
	闪长玢岩		60	5	10	10~20
	细粒闪长岩		60	5	4~5	20

黄陵穹隆核部地区七里峡岩墙(岩脉)群具明显的优选方位,空间展布总体呈北东向和北西向,与围岩的接触界面陡立,并可见冷凝边等岩浆侵入构造,明显地受北东向和北西向两组断裂控制,属典型的岩墙扩张侵位,意味着该时期已转入伸展构造阶段,并有明显的抬升作用。

第四节 中—新元古代变镁铁—超镁铁质岩

20世纪60~70年代湖北省地矿局鄂西地质大队、宜昌地质矿产研究所(现为武汉地调中心)等单位对分布于太平溪、邓村一带的变镁铁—超镁铁质岩开展过铬铁矿的地质勘察找矿和研究工作,以及1:5万区域地质调查填图,并将其命名为庙湾组(岩组)。近年来,彭松柏等(2010)、Peng et al(2012)对变镁铁—超镁铁质岩的详细野外地质调查、岩相学、地球化学和构造变形特征的研究,提出变镁铁—超镁铁质岩实际上是一套中—新元古代蛇绿岩残片的新认识,其形成时代为1 120~974Ma,并将其命名为庙湾蛇绿岩。

中—新元古代变镁铁—超镁铁质岩主体分布于太平溪、小溪口一带,总体呈北西西向带状展布,也是中南地区出露最大的超镁铁质岩体(图 3-2)。变超镁铁质岩连续出露的最大长度达13km,宽度近2km,似层状的变镁铁质岩及变沉积岩则分布于变超镁铁质岩两侧。变超镁铁质岩以蛇纹岩、蛇纹石化纯橄岩、方辉橄榄岩为主。变镁铁质岩以似层状细粒斜长角闪岩为主,层状、块状变辉长岩岩体、岩脉和辉绿岩岩脉则分布于似层状细粒斜长角闪岩和蛇纹石化纯橄岩、方辉橄榄岩之间(图 3-3)。此外,与变超镁铁—镁铁质岩空间上紧密相伴的还有少量的透镜状薄层大理岩、石英岩等变沉积岩。

一、蛇纹石化方辉橄榄岩

蛇纹石化方辉橄榄岩呈透镜状岩块、岩片产出。岩石呈深灰黑色、灰绿色,他形—半自形柱状结构、网脉状结构,蛇纹石化强烈,矿物具定向排列,糜棱面理发育,块状构造。主要矿物为辉石(45%~50%)、橄榄石(35%~45%)、角闪石(3%~5%)、磁铁矿(1%~2%),以及少量铬铁矿蚀变矿物主要为滑石、蛇纹石和绿泥石。橄榄石呈半自形-自形柱状,粒径为3~5mm,多已被蛇纹石、滑石所取代,并常见包橄结构。辉石主要为斜方辉石,常蚀变为透辉石、

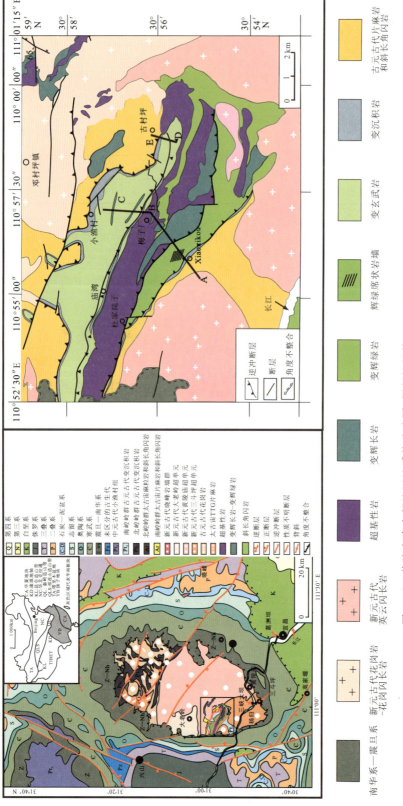

图 3-2 黄陵穹隆南部地区地质构造略图（据彭松柏等，2010；Peng et al.，2012 年修编）

角闪石主要由辉石退变而成,呈半自形柱—粒状,粒径为 5~10mm,长轴具定向分布特征。

二、蛇纹石化纯橄岩

蛇纹石化纯橄岩与蛇纹石化方辉橄榄岩紧密共生,呈透镜状岩块、岩片产出。岩石为深灰黑色、灰绿色,他形粒状结构,蛇纹石化强烈,矿物具定向排列,糜棱面理发育,常见有豆状、豆荚状铬铁矿(图 3-3),块状构造。主要矿物为橄榄石(30%~40%)、蛇纹石(50%~60%)、斜方辉石(2%~3%)、铬铁矿(1%~3%)。橄榄石呈他形粒状,晶体较粗,粒径可达 3~5mm,沿网状裂隙大多橄榄石蚀变为蛇纹石、滑石,呈残余孤岛状,蚀变较弱的部位可见橄榄石呈线状排列。斜方辉石为半自形—他形粒状,粒径大小为 1~3mm,几乎全被蛇纹石、透闪石、绿泥石交代呈假象,偶见柱状辉石被叶蛇纹石置换成绢石,局部可见透辉石穿插、包裹橄榄石。随交代变质作用增强,橄榄石向透辉石、蛇纹石、斜硅镁石、菱镁矿,特别是滑石转化,岩石颜色明显由深绿色变为灰黑色、灰绿色。

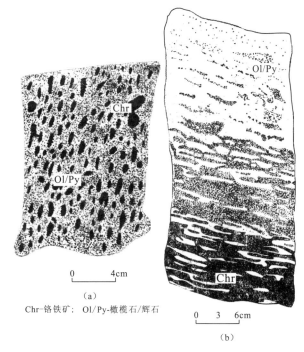

Chr-铬铁矿;Ol/Py-橄榄石/辉石

图 3-3　湖北太平溪地区铬铁矿结构构造

(a)流动豆状铬铁矿;(b)流变变形的块状到侵染状铬铁矿

(据湖北省地质科学研究所内部资料,1973)

三、变辉长岩

变辉长岩主要分布于蛇纹石化纯橄岩、方辉橄榄岩南侧,呈岩体、岩脉产出。岩石呈深灰色,变余堆晶结构,层状韵律构造、块状构造,部分发生强烈韧性变形具典型条带-眼球状构造。显微镜下可见变余辉长结构,主要矿物为镁普通角闪石(42%~48%)、基性斜长石(40%~45%)、辉石(2%~5%)、磁铁矿(1%~2%)。普通辉石一般为自形板柱状—板状,粒径一般为5~8mm,多退变为角闪石、纤闪石、绿帘石、绿泥石等,少数呈孤岛状残留,常包嵌自形柱状斜长石,有的呈半包嵌结构或熔蚀港湾状结构。基性斜长石呈柱状,自形程度较高,粒径比辉石略小,一般为 3~5mm,斜长石主要为拉长石。镁普通角闪石主要由辉石退变而成,呈半自形柱粒状,粒径一般为 2~3mm。

四、变辉绿岩

变辉绿岩分布于蛇纹石化纯橄岩、方辉橄榄岩的南侧,与变辉长岩密切共生,呈岩脉或岩墙产出。岩石为深灰绿色,变余辉长-辉绿结构,块状构造,部分强烈韧性变形的岩石具条纹状构造。主要矿物为镁普通角闪石(45%~50%)、基性斜长石(40%~45%)、辉石(2%~3%)、磁铁矿(1%~2%)。普通辉石一般为他形不规则状,粒径一般为 1~2mm,多退变为镁普通角闪石、绿帘石、绿泥石等,少数呈孤岛状残留。基性斜长石呈柱—粒状、自形—半自形,粒径一般为 0.5~1mm,主要为拉长石。

五、变玄武岩

变玄武岩主要分布于蛇纹石化纯橄岩、方辉橄榄岩、变辉长岩和变辉绿岩的南北两侧,似层状产出。岩石为深灰色,变余斑状结构,条纹—条带状构造,普遍经历了韧性变形变质作用。变余斑晶斜长石的粒度一般为 2~4mm,部分变余斑晶表现为镁普通角闪石斑晶、镁普通角闪石矿物集合体,但仍保留有辉石的镁形态特征。基质为阳起石、拉-培长石、绢云母,粒径一般为 0.1~0.3mm。基质主要矿物为镁普通角闪石(40%~45%)、基性斜长石(35%~40%)、透辉石(1%~2%)、石英(5%~10%)、绢云母(2%~3%)、磁铁矿(2%~3%)。镁普通角闪石呈短柱状,颗粒边缘多呈圆滑状,波状消光明显,偶见透辉石交代残晶保留短柱状辉石的外形。基性斜长石呈板状,多被绢云母、绿泥石呈假象交代,主要为拉-培长石。石英常呈透镜状和扁豆状,具定向排列,波状消光明显,亚晶粒发育。钠-更长石则呈微粒状、透镜状集合体相间分布,定向排列,显示变玄武岩经历了强烈的韧性剪切变形。

第四章 变质岩

黄陵穹隆地区的变质岩,主要为核部前寒武纪结晶基底中出露的区域变质岩,其次为接触热变质岩和动力变质岩。

第一节 古元古代区域高级变质岩

古元古代区域高级变质岩主要分布于野马洞岩组、黄凉河岩组、力耳坪岩组,以及古元古代基性—超基性岩和花岗岩中。根据变形变质条件、矿物结构构造差异,本区常见区域高级变质岩可分为八大类(表4-1)。

表4-1 黄陵穹隆北部区域变质岩主要岩石类型表

(据1:25万荆门幅区调报告修编,2006)

岩石分类		常见岩性	原岩特点
片岩类	富铝片岩类	含石墨红柱石十字石、矽线石二云石英片岩,二云片岩	黏土质粉砂岩,含有机质黏土岩
	云母(石英)片岩类	白云石英片岩,含榴二云石英片岩	泥砂质岩、石英砂岩或杂砂岩
	绿片岩类	绿泥角闪黑云片岩,含黝帘阳起-透闪片岩、绿帘角闪片岩	拉斑玄武岩
	石墨片岩类	石墨片岩,含石墨二云片岩	富有机质泥岩
片麻岩类	变粒岩(粒岩)类	黑云斜长变粒岩、角闪斜长变粒岩,含石榴石斜长变粒岩	长石砂岩、石英砂岩粉砂岩、英安质火山岩
	富铝片麻岩类	含石墨石榴石矽线石黑云斜长片麻岩,含石墨石榴石黑云斜长片麻岩	黏土质粉砂岩,含有机质黏土岩
	斜长片麻岩类	含榴黑云斜长片麻岩、角闪斜长片麻岩	英安质凝灰岩
	花岗质片麻岩类	英云闪长质片麻岩、奥长花岗质片麻岩、花岗闪长质片麻岩、二长花岗质片麻岩	英云闪长岩、奥长花岗岩、闪长岩、二长花岗岩
斜长角闪岩类		石榴斜长角闪岩、石英斜长角闪岩、黑云斜长角闪岩、斜长角闪岩	基性火山岩、辉绿岩、钙质沉积岩
石英岩类		角闪石英岩,含石榴石英岩、长石石英岩	石英砂岩
大理岩、钙硅酸盐岩类		透闪石大理岩、橄榄石大理岩、透闪石、透辉方柱石岩、透闪透辉岩	白云质灰岩、泥灰岩、钙质粉砂岩
变镁铁—超镁铁质岩类		(滑石化)蛇纹岩、透辉石岩、绿泥透闪片岩	辉长岩、辉石岩、辉绿岩、辉橄岩、橄榄岩
麻粒岩类	基性麻粒岩类	紫苏辉石麻粒岩、紫苏辉石斜长角闪岩,含紫苏辉石石榴石角闪斜长片麻岩等	基性岩(岩脉或夹层)
	泥质麻粒岩类	含刚玉矽线石片岩、榴线英岩等	泥质岩、黏土岩

一、片岩类

区域内片岩较发育,主要分布于黄凉河岩组。按矿物成分不同分为4类。

1. 云母(石英)片岩

云母(石英)片岩在黄凉河岩组中有少量分布。常见岩性有二云石英片岩,含榴二云石英片岩。岩石以云母和压扁的石英定向排列为特征,矿物成分以云母及石英为主,偶见矽线石或石榴石等特征矿物。副矿物以锆石、磷灰石、黄铁矿为主。

含矽线石二云石英片岩为鳞片粒状变晶结构,片状构造。矿物成分由石英(65%)、黑云母(7%)、白云母(25%)、矽线石(3%)组成。黑云母、白云母定向排列构成片理,黑云母析铁向白云母转变,石英呈晶粒分布于片状矿物间,矽线石呈毛发状、针状、束状,常被石英包裹,总体不均匀定向排列。原岩为石英杂砂岩。

2. 富铝片岩

富铝片岩分布于黄凉河岩组中,常见岩性为含石墨十字石(或矽线石、红柱石)二云片岩,含石墨十字石(或矽线石、红柱石)二云石英片岩。岩石呈浅灰—深灰色,具鳞片粒状变晶结构、变斑状结构,片状构造。矿物成分以黑云母、白云母、石英为主,普遍含不定量石墨、富铝矿物(红柱石、十字石、矽线石)及斜长石,不含或少含钾长石。原岩为黏土质粉砂岩、含有机质泥岩。

含石墨红柱石十字石二云片岩分布于黄凉河岩组。岩石呈深灰—灰色,鳞片细粒变斑状结构,片状构造,偶见条纹状构造。矿物成分由石英(20%~45%)、黑云母(20%~45%)、白云母(20%~30%)、斜长石(5%~20%)、红柱石(0.5%~8%)、十字石(0.1%~8%)、矽线石(0.1%~1%)组成,少数岩石不含矽线石、斜长石。

含石墨矽线石二云石英片岩分布于黄凉河岩组。岩石呈浅灰色,变斑状—鳞片粒状变晶结构,片状—条纹构造。矿物成分由石英(50%~55%)、白云母(5%~45%)、黑云母(5%~20%)、石墨(1%~5%)、矽线石(10%~20%)、石榴石(1%~3%)组成。斜长石或石英常聚集成条带或透镜体与暗色条带平行渐变,受混合岩化作用,其边缘发育蠕英结构。

3. 石墨片岩

石墨片岩分布于黄凉河岩组中。常见岩性为石墨片岩、石墨二云片岩,呈层状或透镜状与富铝片岩、大理岩伴生。岩石呈黑色,具鳞片变晶结构,片状构造。矿物成分以黑云母、白云母、石墨为主,含少量长石、石英及石榴石。其中石墨为20%~40%,局部高达60%以上,构成石墨矿床(如三岔垭、后山寺等地)。石墨经鉴定含有微古化石(宜昌地质大队,1987),表明属有机成因,因此原岩为有机质泥岩。

石墨二云片岩呈层状或透镜状,与富铝片岩共生,灰—亮灰色,鳞片变晶结构,片状构造。矿物成分由石墨(20%~45%)、白云母(5%~25%)、黑云母(10%~40%)、石英(2%~20%)组成,云母与石墨交生构成岩石片理。石墨晶片较大,石英晶粒细小,黄铁矿零星散布于岩石中,多已褐铁矿化。

4. 绿片岩

绿片岩主要分布于野马洞岩组中,力耳坪岩组零星见及。常见岩性为绿帘角闪片岩、绿泥角闪黑云片岩、含黝帘阳起-透闪片岩。矿物成分以阳起石-透闪石、绿泥石、角闪石、黑云母、斜长石为主,原岩为拉斑玄武岩。

绿帘角闪片岩:岩石具粒柱状变晶结构,片状构造。矿物成分为角闪石(50%~70%)、斜长石(10%~20%)、绿帘石(12%~25%),含少量黑云母、方解石、钛铁矿、榍石。角闪石呈淡绿色,均匀定向排列,其内部见及黑云母包体,边缘偶见无色角闪石冠状体。绿帘石呈细粒状伴随角闪石分布,斜长石分布于角闪石矿物间隙中,其牌号较低(An<8),为钠长石。钛铁矿或榍石一起零星分布,其内部见及较多钠长石、角闪石包体。原岩为基性岩。

绿泥角闪黑云片岩:岩石具粒柱状变晶结构,片状构造。矿物成分为角闪石(5%~10%)、斜长石(10%~20%)、黑云母(20%~45%)、绿泥石(1%~8%)、石英(1%~5%)。角闪石呈淡绿色,均匀定向排列,黑云母呈棕褐色伴随角闪石分布,斜长石零星分布于角闪石或黑云母矿物间隙中,且广泛绢云母化或钠长石化。淡绿色角闪石或棕褐色黑云母边缘大量见及退变的浅红色黑云母或黄绿色绿泥石。原岩为基性岩。

含黝帘阳起-透闪片岩:广泛分布于野马洞岩组,矿物成分由阳起-透闪石(57%~70%)、斜长石(20%~40%)、黝帘石(10%~20%)、绿泥石(1%~5%)组成,含少量黑云母及钛铁质矿物,岩石具粒柱状变晶结构,片状构造。黝帘石呈聚集状分布于阳起-透闪石间隙中,斜长石强烈绢云母化或钠长石化,仅保留板柱状晶形。原岩为基性岩。

二、变粒岩(粒岩)类

变粒岩分布于黄凉河组及野马洞组,前者常见岩性为黑云斜长变粒岩,后者常见岩性为角闪斜长变粒岩,均呈细粒均粒镶嵌变晶结构,块状—片麻状构造。矿物成分以角闪石、黑云母、斜长石、石英为主,含少量透辉石、铁铝榴石;副矿物为锆石、磷灰石、钛铁矿、赤铁矿、褐铁矿。锆石一般磨圆程度较高。原岩为长石砂岩及中酸性火山岩。

黑云斜长变粒岩分布于黄凉河组,呈厚层状与富铝片(麻)岩共生,矿物成分由斜长石(44%~60%)、石英(20%~30%)、黑云母(15%~25%)组成,含不定量石榴石、石墨。斜长石多绢云母化或帘石化,石榴石和黑云母变缘多被绿泥石交代。原岩为长石砂岩。

角闪斜长变粒岩分布于野马洞岩组,夹于斜长石片麻岩中或与斜长角闪岩互层。矿物成分以斜长石(30%~50%)、石英(15%~40%)、角闪石(10%~15%)、黑云母(5%~10%)为主,含不定量的阳起石-透闪石、绿帘石,角闪石以蓝绿色为特征,其边缘常被透闪石或黑云母交代,斜长石多绢云母化或帘石化。原岩为英安质凝灰岩。

三、片麻岩类

区域内片麻岩较发育,可划分为正片麻岩和副片麻岩两类。副片麻岩主要分布于黄凉河岩组、野马洞岩组中,正片麻岩则分布于东冲河片麻杂岩、巴山寺片麻杂岩和晒家冲片麻岩中。按矿物成分不同可分为富铝片麻岩、斜长片麻岩、花岗质片麻岩。

1. 富铝片麻岩

富铝片麻岩分布于黄凉河组,一般为细粒鳞片变晶结构,片麻状构造,棕红色黑云母含量较高(20%~30%),经常有石榴石变斑晶(有时高达10%~20%)和细针柱状矽线石(有时超过10%~15%),长英质矿物为更长石和含量不定的石英、钾长石。此外还常有1%~3%的石墨鳞片。最常见的岩石类型为含石墨矽线石榴石黑云斜长片麻岩和含石墨黑云斜长片麻岩等。在上述岩层中有若干云母片岩夹层,一般为较深色细鳞片变晶结构,黑云母和白云母共占40%～50%,其余以石英为主,含有少量酸性斜长石,部分含红柱石、石榴石、十字石等变斑晶,最常见的是含石墨红柱石石榴石二云片岩和红柱石十字石二云片岩。此外还常见含石墨较高的二云片岩和作为矿石的(黑云)石墨片岩,它们一般为极细粒(0.02～0.03mm)鳞片结构和近似千枚状构造。原岩为黏土质粉砂岩、含有机质泥岩。

含石墨黑云斜长片麻岩:矿物成分由石英(10%～27%)、斜长石(25%～55%)、黑云母(7%～15%)、石墨(3%～7%)组成。石英常呈不等粒压扁形态,内部破碎细粒化,后经重结晶彼此镶嵌排列,斜长石表现为绢云母化、细粒化,黑云母呈褐红—浅黄色多色性,并伴有铁质析出,石墨呈条带伴随黑云母定向分布。

含石墨石榴石矽线石黑云斜长片麻岩:矿物成分由石英(1%～23%)、斜长石(25%～50%)、黑云母(7%～25%)、矽线石(2%～21%)、石榴石(5%～20%)组成。矽线石呈毛发状和棱柱状两种形态,前者常与黑云母呈反应边关系,后者与黑云母平衡接触。

含石墨二云斜长片麻岩:岩石呈鳞片粒状变晶结构,片麻—条带状构造。矿物成分由石英(30%～57%)、斜长石(30%～36%)、黑云母(15%～25%)、白云母(10%～30%)、石墨(<5%)组成。黑云母常不均匀退变为白云母。

含榴红柱石十字石黑云斜长片麻岩:岩石呈鳞片粒状或斑状变晶结构,片麻—条带状构造。矿物成分由石英(30%)、斜长石(28%)、黑云母(25%)、白云母(5%)、红柱石(5%)、十字石(3%～5%)、石榴石(<5%)组成,含零星石墨、锆石、磷灰石、黄铁矿、电气石等。长英质矿物多聚集呈条带或透镜体顺片麻理分布,且见较多云母和石墨包体。

2. 斜长片麻岩

斜长片麻岩分布于黄凉河组及野马洞组,前者常见岩性为含榴黑云斜长片麻岩,矿物成分以黑云母及长英质矿物为主,有的含少量石榴石,总体以鳞片粒状变晶结构为主,部分地方保留较好的变余砂状结构。原岩为长石石英砂岩。后者常见岩性为角闪斜长片麻岩,黑云角闪斜长片麻岩,据岩石化学成分恢复原岩为英安质火山凝灰岩。

含榴黑云斜长片麻岩分布于黄凉河组,矿物成分由石英(30%～35%)、斜长石(30%～45%)、石榴石(10%～15%)、黑云母(5%～20%)组成,含少量绿帘石和钛铁矿。石榴石呈压扁透镜状,并沿裂隙被绿泥石交代成网状外观;斜长石强烈绢云母化,仅保留粒状残晶;黑云母强烈绿泥石化,仅在核部保留红色残晶。原岩为长石石英砂岩。

角闪斜长片麻岩分布于野马洞组,常与斜长角闪岩互层。矿物成分以斜长石(30%～56%)、石英(15%～30%)、角闪石(3%～36%)、黑云母(5%～10%)为主。矿物均平衡接触。受混合岩化作用,其边缘发育蠕英结构。原岩为英安质火山凝灰岩。

3. 花岗质岩片麻岩

花岗质岩片麻岩为英云闪长质—奥长花岗质—二长花岗质片麻岩,与围岩呈侵入接触,宏观上具花岗岩外貌,大量见及部分熔融的暗色残留体。有关描述见岩浆岩部分。

四、斜长角闪岩类

斜长角闪岩类分布于黄凉河岩组、力耳坪岩组及野马洞岩组中,常见岩性有3种。

1. 石英斜长角闪岩

石英斜长角闪岩呈薄层状或夹层状产出,夹于黄凉河岩组富铝片麻岩及野马洞组中,区域上零星分布。岩石呈粗粒柱状变晶结构,芝麻点状或片状构造。矿物成分以石英(10%~20%)、角闪石(30%~45%)、斜长石(20%~40%)为特征,含不等量的石榴石、黑云母、透辉石。角闪石呈粒柱状,浅绿色,具浅绿—浅黄绿多色性;斜长石呈粒状,表面绢云母化、绿泥石化明显;石英呈不等粒状分布于斜长石和角闪石间隙中。

2. 石榴斜长角闪岩

石榴斜长角闪岩分布于野马洞组及力耳坪岩组,前者呈大小不等包体分布于东冲河片麻杂岩中,多与片麻岩和变粒岩互层,后者岩性单一,厚度变化大。矿物成分以角闪石(45%~60%)、石榴石(5%~15%)、斜长石(15%~40%)为特征,具细—中粒变晶结构,条纹—芝麻点状构造,混合岩化强烈,角闪石以蓝绿色为主。原岩为基性火山凝灰岩。

3. 黑云斜长角闪岩

黑云斜长角闪岩呈岩墙状产出特点,为核桃园基性—超基性岩的组成部分,镜下可见及单斜辉石残余及变辉绿结构,块状构造,边缘具片理化。粒度中部粗大、边缘细小。副矿物为榍石、磁铁矿、钛铁矿、磷灰石。原岩为辉绿岩及辉长辉绿岩。岩石化学成分显示斜长角闪岩类以基性岩为主,部分为钙质沉积岩。

五、石英岩类

该岩类主要以透镜状产于黄凉河岩组富铝岩和含石墨片(麻)岩中,常见角闪石英岩,含石榴石英岩和长石石英岩,均以致密块状、石英含量大于 80%为特征,同时含有一定的石榴石、斜长石、石墨、角闪石。副矿物为锆石、磷灰石、磁铁矿。原岩为石英砂岩。

长石石英岩:常与富铝片(麻)岩共生,他形粒状变晶结构,块状构造。矿物成分由石英(68%~88%)、长石(10%~25%)组成,含少量石墨、黑云母、白云母。长石以斜长石为主,含少量钾长石(微斜条纹长石),石英呈不等粒状,内部见黑云母包体。

含石榴石英岩:常与榴线英岩共生,呈褐红—灰白色,细—粗粒斑状变晶结构,偶见变砂屑结构,块状—斑杂状构造。矿物成分为石英(80%~85%)、石榴石(10%~15%)、角闪石(5%~10%),含不等量磁铁矿。石榴石呈变斑晶,内部裂隙发育,并见角闪石包体,磁铁矿呈零星条纹形态,与围岩片理一致。

六、大理岩及钙硅酸盐岩类

该岩类主要分布于黄凉河岩组,呈透镜状或夹层状产出。

1. 大理岩

大理岩中常见透闪石大理岩、橄榄石大理岩,矿物成分以白云石、透辉石、方解石为主,含有不等量透辉石、钙铝榴石、方柱石、橄榄石及石墨鳞片,常与石英岩、石墨片岩及富铝岩石相伴生。副矿物较少,以锆石、磁铁矿、帘石类为主。原岩应为含泥质白云质灰岩。

透闪石大理岩:岩石呈白色,细粒变晶结构,块状构造,矿物成分由白云石(30%)、方解石(60%)、透闪石(10%)组成。矿物均平衡接触。

橄榄石大理岩：岩石呈淡黄—灰白色，细粒变晶结构，块状构造，矿物成分由白云石（40%～60%）、方解石（10%～20%）、橄榄石（10%～25%）组成，含少量金云母、钙铝榴石、透辉石。橄榄石与方解石、白云石平衡接触，且多遭蛇纹石化。

2. 钙硅酸盐岩

该岩常见透辉方柱石岩、透闪岩、透闪透辉岩、斜长透辉石。岩石呈灰白色，细粒变晶结构，块状构造。矿物成分以钙镁硅酸矿物（如透辉石、方柱石、透闪石、黝帘石）为主，含不等量斜长石、石英、石墨。原岩为白云质灰岩、钙质粉砂岩。

透辉方柱石岩：岩石呈灰白色，粗粒变晶结构，块状构造。矿物成分为透辉石（38%～42%）、方柱石（50%～55%），含少量斜长石及副矿物。

透闪岩：岩石呈淡绿色，粗粒变晶结构，块状构造。矿物成分由透闪石（85%）、白云石（10%）组成，含少量橄榄石及斜长石。

透闪透辉岩：岩石呈深绿色，粗粒变晶结构，块状构造。矿物成分由透闪石（5%～48%）、透辉石（50%～69%）组成，含少量石英及云母。

七、变镁铁—超镁铁质岩类

该岩类主要分布于超基性岩体，在野马洞岩组中亦有分布，常见岩性为绿泥透闪片岩、透辉石岩、（滑石化）蛇纹岩，原岩为辉长岩、橄榄岩、辉橄岩。

八、麻粒岩类

该岩类主要为基性麻粒岩、泥质麻粒岩（榴线英岩类）。

1. 泥质麻粒岩（广义榴线英岩类）

我们把含大量矽线石、石榴石、石英的岩石（狭义榴线英岩），及其与之类似的高铝岩石统称为榴线英岩。Al_2O_3 含量一般为 $22.2\%\sim29.2\%$，属典型孔兹岩系。分布于黄凉河岩组，常见岩石类型为含刚玉石榴石矽线片（麻）岩或片麻岩，含矽线石十字石红柱石蓝晶石石榴片岩、榴线英岩。它们均以夹层状或透镜状产于富铝片岩或片麻岩中，常与石英岩共生。具片麻状—块状—斑杂状构造。原岩可能为铝质—硅质胶结的高岭石黏土岩。

含刚玉石榴石矽线片（麻）岩：呈灰白色，纤维—斑状变晶结构，片状或片麻状构造。矿物成分由矽线石（20%～40%）、斜长石（25%～45%）、石榴石（5%～10%）、黑云母（2%～3%）、刚玉（5%～10%）组成，含少量锆石、金红石副矿物。矽线石呈棱柱状集合体顺片理展布。

含矽线石十字石红柱石蓝晶石石榴石片岩：呈灰白色，斑状变晶结构，片状构造。矿物成分由矽线石（8%）、十字石（5%）、红柱石（5%）蓝晶石（11%）、石榴石（45%）、石英（14%）、白云母（8%）、黑云母（2%）组成，含少量锆石、钛铁矿、磁铁矿等副矿物。

榴线英岩（狭义）：呈淡褐色，纤维状—斑状结构，斑杂—块状构造。矿物成分由石英（10%～40%）、矽线石（10%～38%）、十字石（0～5%）、红柱石（0～5%）、石榴石（25%～60%）、斜长石（0～2%）、黑云母（2%～3%）组成，副矿物含量极少。

2. 基性麻粒岩

基性麻粒岩主要分布于秦家坪—周家河—坦荡河一线，二郎庙、李家屋场亦有分布。常呈透镜状夹于黄凉河岩组角闪岩相变质岩中。常见以下几种岩性。

含紫苏辉石斜长角闪岩：岩石呈暗灰色，具中—细粒变晶结构，条纹—芝麻点状构造，由角闪石（40%～62%）、紫苏辉石（2%～7%）、斜长石（25%～44%）、石英（3%～4%）、石榴石（1%～4%）组成。紫苏辉石呈粒状、淡绿—淡红色。见少量角闪石呈细粒残留于紫苏辉石中。

紫苏辉石麻粒岩：暗褐色，具粗粒变晶结构，斑杂状构造，由紫苏辉石（36%～60%）、石榴石（1%～34%）、石英（<1%）组成。石榴石多呈断续条纹分布，似麻粒结构，见紫苏辉石被透闪石交代保持假象。

紫苏辉石黑云斜长片麻岩：呈灰白色，细粒斑状结构，条带状构造，由黑云母（<15%）、斜长石（55%）、石英（5%）、紫苏辉石（5%～10%）、石榴石（15%）组成。紫苏辉石见角闪石反应边。矿物成分以出现紫苏辉石、石榴石为特征，含有或不含石英，原生可能为基性岩。

总体上，基性麻粒岩常退变为斜长角闪岩，局部过渡为黑云斜长片麻岩，原岩应属基性岩类。

第二节　接触变质岩

本区接触变质岩主要为接触交代变质矽卡岩，见于松树坪和刘家湾两地，位于黄陵花岗岩岩基路溪坪单元与小以村组二段大理岩的接触带上，可见矽卡岩型铜钼矿化。

1. 透辉石矽卡岩

透辉石矽卡岩由透辉石（90%）、石英（0～5%）、阳起石、方解石组成，含微量辉钼矿、黄铜矿、磁铁矿等金属矿物。透辉石多被纤闪石化及绿泥石化。

2. 透辉石英矽卡岩

透辉石英矽卡岩主要由石英（75%～80%）、透辉石（约15%）、斜长石（约5%）、石榴石、绿泥石、黑云母组成。石英呈他形粒状，其间常见透辉石呈粒状和柱状集合体分布。

3. 石榴绿帘透辉矽卡岩

石榴绿帘透辉矽卡岩由透辉石与绿帘石（70%～75%）、石榴石（约15%）、黄铁矿、榍石组成。透辉石、帘石多呈他形粒状，少数呈短柱状产出，石榴石呈粒状集合体不均匀产出。

4. 石英绿帘透辉矽卡岩

石英绿帘透辉矽卡岩由透辉石与绿帘石（二者约50%）、石英（40%～45%）、阳起石、榍石、磷灰石、黄铁矿等组成。透辉石及帘石呈半自形短柱状和他形粒状产出，石英呈他形粒状集合体，聚斑较均匀分布。

第三节　动力变质岩

区内在长期演化历史中，经历了不同时期韧性和脆韧性再造事件及脆性破坏和改造事件，形成了各种各样的动力变质岩，区域上呈线状或带状分布，其宽度及延伸长度变化较大，根据动力变质成因及环境可划分为韧性动力变质岩、脆-韧性动力变质岩及脆性动力变质岩三大类（表4-2）。

表 4-2 动力变质岩分类表

类型	常见岩石	主要特征	形成环境
脆性构造变质岩	断层角砾岩、碎裂岩化岩、碎斑岩、碎粒岩、碎粉岩	发育碎裂结构,块状构造,见"砾包砾"多期活动现象,伴生擦痕残理及牵引褶曲	水热蚀变
脆-韧性构造变质岩	云英质构造片岩、长英质构造片岩	宏观上呈叶片状、瓦片状构造,伴生长英质拉伸线理、绢云母条纹线理,见塑性变形"云母鱼"及剪切-压溶裂隙脆性变形	低绿片岩相
韧性构造变质岩	糜棱岩化岩、初糜棱岩、糜棱岩、超糜棱岩、变晶糜棱岩	具典型糜棱结构,流动构造,发育各种塑性运动学标志,伴生角闪石生长线理、黑云母条纹线理	绿片岩相—角闪岩相
	构造片麻岩	呈强直片麻状黑、白相间的条带状,见有变余糜棱结构,及重结晶的长英质矩形条带,伴生角闪石生长线理	角闪岩相

一、韧性构造变质岩

黄陵穹隆北部高级变质岩-花岗片麻岩区,以及黄陵穹隆南部蛇绿混杂岩区中韧性变形动力变质岩普遍发育,主要岩石类型有构造片麻岩、糜棱岩及变晶糜棱岩。

1. 构造片麻岩

构造片麻岩露头上呈强直片麻理外观。以长英质构造片麻岩常见,长英质矿物强烈压扁拉长重结晶形成矩形状条带、针柱状角闪石及黑云母鳞片沿片麻理定向排列,见及变形分异的长英质脉体不对称褶曲,显示运动学标志。多形成于角闪岩-麻粒岩相变质环境。

2. 糜棱岩

糜棱岩露头与显微尺度均以典型糜棱结构及流动构造为特征。常见长英质糜棱岩、斜长角闪质糜棱岩,按糜棱碎斑含量可进一步划分为糜棱化岩、初糜棱岩、糜棱岩、超糜棱岩,糜棱残斑以钾长石、斜长石、石英、角闪石为主。糜棱岩常发育多种显微运动学标志,如 S-C 组构,"σ"型旋转残斑,不对称压力影和长石、云母的书斜构造等,露头上常伴生角闪石生长线理、黑云母条纹线理,多显示低角闪岩相-高绿片岩相变质环境。

(1)糜棱岩化岩。是糜棱岩中变形程度较低的一种岩石类型,具糜棱结构,长英质矿物边缘出现亚颗粒化,石英出现流动构造及波状消光,残斑系中斜长石机械双晶发育,黑云母解理纹出现轻微扭折,常见岩石类型有糜棱岩化二长花岗岩、糜棱岩化粒岩。

(2)初糜棱岩。基质含量为 5%~10%,流动构造明显,石英具波状消光,斜长石双晶发生弯曲,黑云母解理纹弯曲变形,偶见核幔结构,常见岩石为长英质初糜棱岩和基性初糜棱岩。

长英质初糜棱岩:表现为长英质矿物受糜棱岩化作用发生破碎、拉长,定向排列,粒径为 1~2mm,具糜棱结构,长石呈碎裂状随定向拉长呈透镜状,石英则广泛出现波(带)状消光、亚颗粒、拔丝构造等。

斜长角闪质初糜棱岩：表现为岩石结构、构造遭破坏，转变为糜棱结构，流状（条带状）构造，岩石中碎斑含量占 50%～80%，主要为绿帘石，常呈透镜状集合体，并发生"σ"型旋转效应。基质钠长石、透闪-阳起石等。

(3) 糜棱岩。糜棱岩在本区北东向或北西西向剪切带中较发育。岩石遭受强烈糜棱岩化作用，韧性基质含量大于 50%，碎斑以斜长石、钾长石为主。长石残斑呈眼球状、透镜状，石英呈拉长状，可见石英丝带及波状消光，石英重结晶明显，部分地方可见"σ"型和"δ"型长石旋转残斑，部分长石残斑显微破碎具明显书斜构造，黑云母在应力作用下形成"云母鱼"，局部地方可见黑云母退变为绿泥石，依据"σ"型及"δ"型旋转残斑、书斜构造、"云母鱼"及糜棱岩中的"S-C"组构可判别剪切带的剪切特点。区内常见的糜棱岩有花岗质糜棱岩、云英质糜棱岩。

3. 变晶糜棱岩

变晶糜棱岩分布于野马洞一带变质杂岩中，属地壳中深构造层次塑性变形的产物。岩石多经历了明显的静态重结晶作用，发育明显的变余糜棱结构和长英质矩形多晶条带，依糜棱岩化差异，可分为变晶初糜棱岩和变晶糜棱岩两类。

(1) 变晶初糜棱岩。该类岩石均在应力作用下发生塑性流变，再经静态重结晶而形成。变余碎斑较多，塑性变形程度因矿物不同而存在显著差异，石英强烈塑性变形，而长石类矿物轻度塑性变形，呈透镜状或压扁粒状，斜长石机械双晶发育。主要岩石类型为花岗质变晶初糜棱岩。

(2) 变晶糜棱岩。岩石具较强烈的糜棱岩化作用特征定向构造及条带状构造发育，黑云母弯曲变形，可见"云母鱼"，部分黑云母见退变现象，偶见长石残斑。残斑呈眼球状、透镜状，部分残斑具旋转迹象，岩石重结晶明显，韧性基质颗粒加大，石英呈多晶条带，在碎斑附近，石英条带弯曲，显示变余糜棱结构。长石类矿物颗粒均已亚颗粒化，并在剪切应力作用下呈定向排列，经静态重结晶作用，颗粒间呈"三连点"镶嵌排列，在部分岩石中可见磷灰石呈链状排列现象，区内常见岩石为花岗质变晶糜棱岩。

二、脆-韧性构造变质岩

该岩主要为构造片岩，沿脆韧性剪切带分布，有的单独呈线状产出，有的叠加于早期韧性剪切带上，常见二云石英构造片岩、绢云石英构造片岩及绿泥绢云构造片岩。露头上常见一组不连续劈理与区域片（麻）理不一致，并伴生长英矿物拉长线理、黑云母或白云母条纹线理，显微镜下见有"云母鱼"、压力影及剪切压溶现象，多为低绿片岩变质环境。

(1) 二云石英构造片岩。发育条带状构造，条带由云母和长英质矿物相见排列而成。长英质矿物强烈压扁定向，且具波状消光，云母矿物呈透镜状或"云母鱼"，且解理弯曲，裂隙发育，裂隙内有炭质颗粒充填。

(2) 绿泥绢云构造片岩。发育强烈叶理构造，矿物干涉色极不均匀，且具波状消光，云母和绿泥石矿物被拉成丝带状，其矿物边缘呈不规则状或锯齿状，内部解理弯曲，沿解理有石英脉贯入。

三、脆性构造变质岩

脆性动力变质岩多沿晚期脆性断裂分布，主要为中新生代以来黄陵穹隆构造隆升事件的产物，使先存的变质岩、沉积岩及花岗岩受到破坏和改造，形成不同形态碎裂岩，包括断层角砾岩、碎裂岩、碎斑岩、碎粒岩和碎粉岩，常发生硅化、绢云母化等热蚀变现象。在区域性大断裂带中常见及碎裂岩包裹糜棱岩，甚至碎裂岩包裹碎裂岩现象，如断层角砾岩包裹碎斑岩、碎斑岩包裹碎粒岩，即"砾包砾"现象，显示断裂多期活动特征。

1. 断层角砾岩

具砾状结构，角砾大于 2mm，碎基含量小于 30%。按角砾形态分为张性角砾岩、压性角砾岩。

（1）张性角砾岩。角砾碎块多呈棱角状，大小混杂，排列紊乱。胶结物为钙质、泥质、铁质、硅质，其本身破碎物亦可作为充填物。

（2）压性角砾岩。角砾碎块为扁豆状、次圆—浑圆状。角砾悬殊不大，碎基增多，次生胶结物相对少，且常具定向排列趋势。

2. 碎裂岩

碎裂岩具碎裂结构，位移不大，碎块间可大致拼接。碎块间充填物为泥质、铁质、硅质，含量小于 50%。

3. 碎斑岩

碎斑岩具碎斑结构，即由破裂作用产生的碎粒、碎粉物质包围残留碎斑，碎斑多于碎基。碎斑大都经位移、转动，但在不同程度上保存了原岩性质和结构。碎斑中常见边缘粒化及撕裂现象，还可见到变形纹、扭折带等塑性变形现象。

4. 碎粒岩

碎粒岩具碎粒结构，大部分矿物破碎为碎粒、碎粉，原岩结构难以辨认，碎斑较少，碎粒较少，且均匀趋于圆化，其中可见塑性变形现象。

第五章 地质构造

华南扬子克拉通前南华纪基底的形成和大地构造演化问题,一直受到国内外地质学者的高度关注,但扬子克拉通大部分地区被南华纪以来沉积覆盖,其前南华纪基底组成、结构及构造演化特征主要是依据深部地球物理资料和出露极少的前南华纪基底(如黄陵穹隆核部地区)研究推测分析得出的。一般认为,扬子克拉通内可能普遍存在前南华纪太古宙结晶基底,并由若干微型古陆核增生拼贴形成(花友仁等,1995;袁学诚等,1995;白瑾等,1996;Zheng et al,2006)。

近年来,随着扬子克拉通核部黄陵背斜南部中元古代末—新元古代早期1.1~0.98Ga庙湾蛇绿岩的发现和识别(彭松柏等,2010;Peng et al,2012)、扬子克拉通内前南华纪基底深部隐伏新元古代,或古元古代俯冲带的发现(董树文等,2012;Dong et al,2013),以及扬子克拉通黄陵穹隆北部前南华纪基底古元古代2.1~1.85Ga构造变质与裂解作用事件(凌文黎等,2000;熊庆等,2008;彭敏等,2009;Peng et al,2011;Yin et al,2013)的确认表明,扬子克拉通前南华纪基底不仅存在新元古代俯冲-碰撞造山的地质记录(Zhang et al,2009;Qiu et al,2011;Peng et al,2012;Wei et al,2012;Bader et al,2013),而且还存在古元古代俯冲-碰撞造山构造变质与裂解作用的重要记录。这些新发现和新成果表明,扬子克拉通前南华纪基底是由若干古地块或地体经多期俯冲-碰撞造山拼贴增生形成的,而且最早的俯冲-碰撞造山作用可追溯到古元古代。

扬子克拉通黄陵地区区域构造演化大体可划分为前南华纪基底与盖层演化两个大的演化阶段。其中前南华纪基底经历了两期重要的俯冲-碰撞造山事件,新元古代晚期碰撞造山拼贴最终形成扬子克拉通基底基本轮廓进入稳定沉积盖层演化阶段,晚中生代开始受太平洋板块俯冲与青藏高原隆升影响以陆内挤压-伸展演化为特征。现将不同地质构造演化阶段的主要地质构造特征简述如下。

第一节 太古宙花岗片麻岩构造

太古宙花岗片麻岩(TTG)主要分布于黄陵穹隆北部地区,具有中深层塑性流变特征,与上覆盖层具有明显不同的变形变质特点。近东西向塑性流变褶皱构造发育,岩石普遍遭受角闪岩相区域变质作用,同时伴随区域性构造面理、片麻理的形成。主要表现如下。

(1)太古宙花岗质片麻岩(TTG)中普遍发育透入性韧性剪切片麻理、构造片麻理,长英质或花岗质脉体常形成剪切不对称褶皱,两翼紧闭(图版Ⅰ-1)。由于后期构造改造,该期面理常发生变形变位,恢复其原始产状为200°~240°∠30°~50°。强烈的剪切拉伸,部分褶皱被拉断,形成转折端显著加厚的无根褶皱。东冲河片麻杂岩中的斜长角闪岩包体或脉体常形成构造透镜体和石香肠构造,透镜体长轴方向与片麻理平行。

(2)太古宙花岗质片麻岩(TTG)中韧性剪切面理、构造片麻理面常发育有部分熔融形成的长英质脉体,脉体常平行于新生面理断续发育,与暗色矿物组成的条纹相间排列,构成条纹状、条带状构造,宽一般几毫米至几厘米不等。脉体在韧性剪切变形过程中常形成片内无根褶皱、石香肠或构造透镜体。片麻理表现为角闪石、黑云母的定向排列。该期构造面理由于后期构造的改造而发生变形或被置换,仅在弱应变域中有少量残留。

总之,该期韧性剪切构造面理、片麻理可能主要发生在太古宙,为地壳在高地温梯度背景下塑性变形的产物,受后期构造叠加、改造,该期构造形迹仅在弱应变域中残留。

第二节 古元古代造山带构造

古元古代造山带构造主要记录于黄凉河岩组、力耳坪岩组等,包括与造山作用相关的一系列构造变形:韧性剪切带、北北东—北东向褶皱、北东向片麻理及晚期造山后伸展滑脱构造。最近,我们对黄陵北部前南华纪基底的研究表明,扬子克拉通内黄陵背斜北部水月寺、雾渡河、巴山寺、殷家坪一带前南华纪基底区域地质构造,从西向东可划分为3个不同的地质构造单元:西部水月寺微陆块、东部巴山寺微陆块,以及其间的崆岭变质杂岩系,即古元古代崆岭混杂岩带。

近年来,在前人研究成果的基础上,我们对扬子克拉通内黄陵背斜北部水月寺、雾渡河、巴山寺、殷家坪一带前南华纪基底的野外地质调查和研究表明,其从西向东可划分为3个不同的地质构造单元:西部水月寺微陆块、东部巴山寺微陆块,以及其间的崆岭变质杂岩系(即古元古代崆岭混杂岩带)。西部水月寺微陆块主要由中太古代2.95~2.90Ga的东冲河TTG片麻岩(高山等,1990,2001;Qiu et al,2000;Zhang et al,2006;魏君奇等,2009),以及分布于其中大小不等的中太古代3.05~3.0Ga斜长角闪岩包体组成(富公勤等,1993;魏君奇等,2012,2013)。而东部巴山寺微陆块主要由古元古代2.33~2.17Ga的花岗片麻杂岩(黑云斜长花岗质片麻岩、黑云二长花岗质片麻岩等),以及其中发育的斜长角闪岩、黑云斜长片麻岩等包体组成(姜继圣,1986;李福喜,1987)。新的研究表明,巴山寺微陆块不仅存在古元古代2.33~2.17Ga的花岗片麻岩,而且还存在新太古代2.7~2.6Ga的A型花岗片麻岩(Chen et al,2013),以及华南目前最老的古太古代3.45~3.30Ga的TTG片麻岩(Guo et al,2014)。

因此,黄陵背斜北部地区的东部巴山寺微陆块主体无论是形成于古元古代、新太古代,还是古太古代,它与西部中太古代水月寺微陆块的形成时代和演化历史明显不同,这表明西部水月寺微陆块与东部巴山寺微陆块之间应存在一条连接两者的碰撞造山拼贴带,即古元古代俯冲-碰撞造山形成的崆岭混杂岩带,但混杂岩带中岩块(岩片)与基质结构组成、时空分布,以及成因演化特征尚待进一步深入研究。

一、韧性剪切变形构造

研究区内几个重要的岩性分界面是这期韧性剪切带发育的基础,如黄凉河岩组与东冲河片麻杂岩之间的分界面、黄凉河岩组与力耳坪岩组之间的分界面,其在黄凉河岩组和力耳坪岩组内部亦较为发育。韧性剪切变形构造以原生层理或能干性差异较大的岩性分界面为变形面,主要表现为韧性剪切变形带,带中以发育大量剪切无根褶皱、黏滞型石香肠和构造透镜体为特征。

区调资料显示,黄凉河林场一带,黄凉河岩组与东冲河片麻杂岩的接触面呈半环状,片麻理向南东(外)倾斜。沿接触面还发育宽约20m的近东西向韧性剪切带,由宽约3m的初糜岩带和宽约4m的剪切褶皱带组成,发育花岗质、黑云斜长质糜棱岩,拉伸线理和旋转碎斑显示早期右行顺层推覆和晚期右行顺层滑覆(图5-1)。黄凉河岩组与东冲河片麻杂岩接触面发育的顺层韧性剪切带成型于古元古代末,可能早期产状为近水平,后期受圈椅埫花岗岩浆底辟上侵改造而产状陡立(据熊成云,2004)。

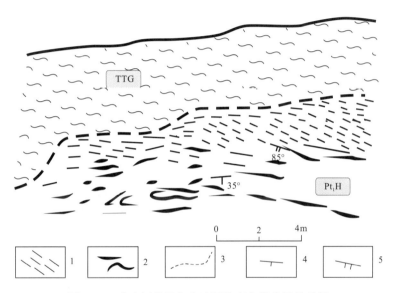

图5-1 黄凉河岩组与东冲河片麻杂岩接触关系图
(据熊成云,2004)
1.糜棱岩带;2.长英质条带;3.岩性界线;4.片麻理产状;5.糜棱面理产状

黄凉河岩组和力耳坪岩组中还广泛发育石香肠构造、构造透镜体、斜长石旋转残斑和S-C组构等,多产于顺层韧性剪切带之中,表明岩石遭受较强烈的垂向压扁作用(图版Ⅰ-2、图版Ⅰ-3)。宏观上在黄陵基底二廊庙、覃家河等地,见大量的大理岩构造透镜体,透镜体长轴方向与片麻理平行,区域上断续分布,经历过强烈的构造置换,总体显示地层展布方向为北北东—北东向。

二、透入性片麻理构造

黄陵穹隆北部地区的变质岩系广泛发育北东向的透入性新生片麻(片)理(130°～180°∠40°),其与韧性剪切带同步形成。黄凉河岩组和力耳坪岩组中的构造变形面理主要是沿原生层理(S_0)面发育而成,表现为片麻岩、大理岩和斜长角闪岩之间明显的岩性界面,而在单一的岩性层内部,它已被强烈发育的韧性构造片麻理(或片理)所置换。片麻理广泛发育于黑云斜长片麻岩、斜长角闪片麻岩、二云斜长片麻岩等岩石中,由斜长石、角闪石、黑云母和石英等矿物的平行定向排列组成,外貌呈条带状(图版Ⅰ-4)。而片理主要发育于大理岩和斜长角闪岩中,由方解石或角闪石等矿物的平行定向排列组成,形成条纹状或纹带状构造。

区域性片麻理受后期韧性剪切带的影响,在雾渡河断裂带以北,片麻理构造走向由北向南(殷家坪—二郎庙—马粮坪),由北东向过渡为北东东向、近东西向,甚至是北西向,形成向南东凸出的弧形构造,面理倾角一般小于50°。而雾渡河断裂带以南,面理走向为近东西—北西西向,面理倾角变化较大,一般大于50°,这可能是新元古代黄陵花岗岩岩基底辟侵位与该期构造变形共同作用的结果。

三、北北东—北东向褶皱构造

黄陵穹隆北部高级变质岩区雾渡河-殷家坪段地质剖面上露头尺度北北东—北东向褶皱较为常见。在区域尺度上,北东向褶皱包括圈椅埫穹状复背形、巴山寺复向形、白竹坪背形构造较为突出(图5-2)。圈椅埫穹状复背形轴向 NE30°,南东翼次级褶皱发育。巴山寺复向形构造形迹总体呈 NE25°的"S"形,向北西倒转由巴山寺、横登向形及官庙背形组成,北西翼可见三期叠加褶皱。白竹坪背形轴迹为 NE 25°～30°,向北西倒转,轴部基本被巴山寺片麻杂岩侵位占据。

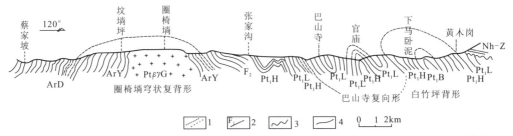

图 5-2 黄陵穹隆北部地质构造剖面示意图

(据熊成云,2004)

四、伸展变形构造

1. 基性辉绿岩墙(岩脉)

黄陵穹隆北部变质基底中常见基性辉绿岩脉呈岩墙产出,辉绿岩岩脉走向以北北西向、北东向为主,倾角接近于90°,其与围岩呈明显侵入关系,边部偶见冷凝边结构。部分岩脉中含有片麻岩围岩包体(图版Ⅰ-5)。这些基性岩脉宽0.4～3m,少数在10m以上,岩性主要为辉绿岩或辉绿-辉长岩,无明显变质变形特征。大部分辉绿岩脉受后期构造作用,发育两组相互近垂直的节理,致使岩体破碎不堪(图版Ⅰ-6)。根据野外测得的40条基性岩脉产状的统计分析,发现主要有两组优选方位:NW330°～340°、NE40°～50°。大量发育的基性岩脉反映其形成于伸展构造环境。

2. 伸展滑脱构造

黄陵穹隆北部沿雾渡河—殷家坪公路剖面的花岗片麻杂岩中常见有大量的低角度顺层滑

脱构造。野外构造形迹呈现"Z"字形特征,为露头尺度的伸展拆离(图版Ⅱ-1、图版Ⅱ-2)。结合前人研究,其可能为造山后地壳隆升伸展变形作用体制下的产物。

第三节 中—新元古代蛇绿混杂岩带构造

黄陵穹隆地区的中—新元古代蛇绿岩混杂岩带以分布于太平溪、邓村之间的庙湾蛇绿混杂岩为代表。这套蛇绿混杂岩经历了强烈韧性和脆性变形变质作用,叠加褶皱发育。蛇绿岩混杂岩总体走向呈北西西向,倾角近直立,倾向总体以向北倾斜为主,呈平行带状产出(图5-3)。

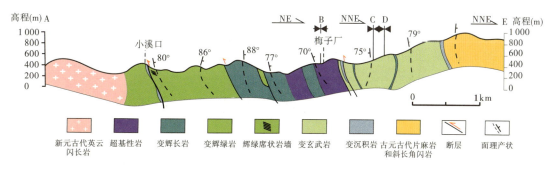

图5-3 黄陵穹隆南部庙湾蛇绿岩地质剖面图
(据彭松柏等,2010;Peng et al,2012修编)

一、韧性剪切变形构造

韧性剪切变形构造主要出露于梅子厂、茅垭一带,其与区域性的片(麻)理一起构成庙湾蛇绿混杂岩的早期变形特征,使混杂岩带内各岩石单元遭受了高角闪岩相区域变形变质作用。早期经历韧性剪切变形的蛇纹石化橄榄岩、方辉橄榄岩,后期又遭受伸展构造作用的改造形成破碎带(图版Ⅱ-3),以及蛇纹石化橄榄岩、方辉橄榄岩的透镜体。构造破碎带产状进行的测量统计发现,其优选方位为65°∠75°。早期韧性剪切作用使层状玄武岩中形成大量构造分异脉体,以及新生透入性面理(图版Ⅱ-4)。这些透入性的韧性变形面理主要表现为角闪石和斜长石的定向排列。统计结果显示,其面理产状优选方位为47°∠79°。

二、变辉绿-辉长岩侵入构造

辉绿-辉长岩侵入构造主要出露于小溪口漫水桥、院子坟和古村坪一带,表现为变辉绿岩侵入变辉长岩中,两者变形程度较弱,并经历了角闪岩相的退变质作用,受后期构造变形改造微弱,野外可见其清楚的侵入接触关系(图版Ⅱ-5),以及辉绿岩侵入辉长岩中形成的冷凝边构造,其边部由于温度骤降结晶时间较短,斜长石等矿物粒度较小,远离两者接触边界变辉绿岩结晶颗粒较粗(图版Ⅱ-6)。

三、变辉绿岩席状岩墙

变辉绿岩席状岩墙仅见于小溪口一带,长度约450m,岩脉宽度从几厘米至几米不等,但大多数宽30~50cm。岩性主要为变辉绿岩,其次为变辉长岩、变斜长花岗岩脉。岩墙走向为北西西向,倾角为70°~80°,经历了强变形作用和变质作用,变质程度达角闪岩相。席状岩墙中辉绿岩脉大多具双向冷凝边结构,少量见有单向冷凝边(图版Ⅲ-1,图版Ⅲ-2),这也是形成于洋底扩张环境的重要证据(Deng et al,2012)。

四、逆冲断层构造

该构造主要出露于小溪口一带,位于庙湾蛇绿混杂岩南侧,发育在云母片岩和变质砂岩中。断层总体走向为北西西向,倾角普遍大于60°(图版Ⅲ-3,图版Ⅲ-4)。断层接触面发育的"阶步"构造和牵引构造显示其为逆冲断层。断层带内及附近岩石蚀变强烈,主要表现为绿帘石化和云母片化。断层两侧岩层可见次级褶皱变形、节理和顺层片理化等构造变形现象。

第四节　中—新生代伸展变质核杂岩构造

黄陵穹隆轴向北北东向,长短轴之比约1/2,周缘被仙女山断裂、天阳坪断裂、通城河断裂和新华断裂围限。从区域上看,黄陵穹隆紧邻江汉盆地,东西两侧分别是荆门—当阳盆地与秭归盆地,黄陵穹隆和周缘盆地构成明显的隆起-坳陷相互对应的构造。江麟生等(2002)认为黄陵穹隆基底和沉积盖层的变形具有变质核杂岩的特点。野外观察和构造几何学的分析研究表明,黄陵穹隆的两翼西陡东缓,构成不对称背形的穹隆构造,详见图5-4(王军等,2010;Ji et al,2013)。

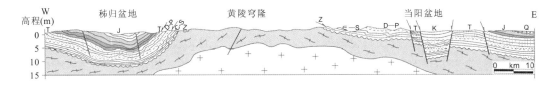

图5-4　黄陵穹隆地质构造剖面图
(据Ji et al, 2013)

关于黄陵穹隆形成的时间历来就有争议,有些观点认为穹隆在新元古代就已经成形,抑或是早古生代、早中生代及晚中生代成形或发展(江麟生等,2002;李益龙等,2007)。但野外观察与研究表明,黄陵穹隆西部的晚侏罗世地层明显地卷入了变形,同样穹隆西南和东南两翼发育的早白垩世沉积盆地明显不整合于现今观察到的黄陵穹隆之上。大量热年代学的研究也显示,黄陵穹隆的隆升主要发生在160~110Ma之间(沈传波等,2009;刘海军等,2009;Ji et al,2013),并且新生代时期黄陵穹隆仍处于隆升阶段(郑月蓉等,2010;葛肖虹等,2010)。因此,黄陵穹隆伸展构造主要形成于晚侏罗世—白垩纪之间,这与中国东部中—新生代岩石圈伸展减薄的构造动力学背景是一致的。

黄陵穹隆中—新生代伸展构造主要以盖层岩石中顺层滑脱褶皱、拉断碎裂透镜体、高角度正断层发育为特征,局部伴生有小规模的滑覆逆冲断层。而且在早三叠世薄层灰岩、志留纪龙马溪组页岩、奥陶纪灰岩、寒武纪炭质灰岩,特别是震旦纪陡山沱组薄层灰岩中广泛发育伸展拉断形成的岩石构造透镜体,具垂向缩短伸展滑脱的明显特征(图版Ⅲ-5、图版Ⅲ-6)。因此,黄陵穹隆中—新生代发育形成的伸展构造实际上也可以称之为伸展变质核杂岩构造(江麟生等,2002;Davis G A 和郑亚东,2002;葛肖虹等,2010)。

第五节 主要大型韧-脆性断裂构造

断裂构造在黄陵穹隆核部及周缘地区广泛发育,包括韧性剪切带和脆性断裂等,主要有近东西向、北西向和北东向3组断裂带,但以北西向韧-脆性断裂带最为突出。近东西向韧性剪切带主要有核北部水月寺 白竹坪等断裂带,以推—滑覆为特征,一般先推后滑。北东向韧性剪切带规模较小,以走滑兼逆冲为特点。北西向韧-脆性剪切断裂带最为发育,以雾渡河、板仓河、邓村—小溪口韧-脆性断裂带为代表,而且晚期脆性断裂活动常叠加在早期韧性剪切活动带的基础上,一般先左行逆冲,后右行下滑,具有活动周期长和多期次构造叠加的特点,也是区内主要金矿控矿构造(熊成云等,1998)。主要断裂构造基本特征简述如下。

一、北北西向仙女山断裂带

该断裂带位于黄陵穹隆西南,几乎斜切了测区内各主要东西向褶皱,为一系列羽状排列断层组成的断裂带。长80km,总体走向NW20°,倾向南西,倾角为40°~60°,切穿古生界—白垩系地层(图5-5),局部地区可见古生代地层逆冲推覆于白垩系地层之上。断裂带挤压现象明显,断层角砾岩发育,角砾成棱角状,大小混杂,一般为1~5cm,具张性角砾岩性质,其间也穿插有挤压性质的糜棱岩带和构造透镜体。带内方解石细脉纵横交错,断面擦痕发育,多呈水平状,少数倾角在10°左右。断层两旁地层错动,可见大量牵引构造。

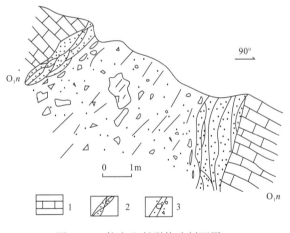

图5-5 仙女山断裂构造剖面图
(据王辉、金红林,2010)
1. 南津关组灰岩;2. 挤压透镜体;3. 破碎带

断裂活动性明显,沿断裂,呈负地形线状排列,断层带内可见尚未胶结的断层泥与断层角砾,两侧河谷变化明显,现代崩塌,滑坡发育,比较著名的有1985年新滩巨型复式滑坡。沿断裂大震不多,微震不断,但由于地质情况复杂,导致该断裂沿线各种地质灾害十分发育。

二、近南北向九畹溪断裂带

该断裂带位于黄陵穹隆西侧,总体走向北北西向,西南端与仙女山断裂接合,可能为仙女山断裂派生构造，出露长度在15km左右。展布方向NE20°，倾向以西为主，倾角陡立，大多70°以上，局部地区可见断裂面近于直立，地表可见其切穿第四系中晚期全新统地层。断裂具明显的活动性，沿断裂带，负地貌发育，两侧水系变化明显，具有一定程度的微震活动，地表变形监测显示该断裂带存在差异性活动。

三、北西向板仓河断裂带

板仓河断裂带为区域性大断裂，总体走向NW310°左右，自上牵羊河，经板仓河至洪家坪，沿北西、南东两端延伸出测区，长16.95km。断层面主体为倾向北东—北北东，倾角为60°～78°，在板仓河、孙家河一带断面倾向南西，倾角为50°～70°。断层破碎带宽一般小于30m，局部达55m，变质基底区主要由不同期次碎粉岩、碎粒岩、碎斑岩、断层（角）砾岩、碎裂花岗岩、碎裂闪长岩等组成，且大多呈构造透镜体产出，断层（角）砾成分可见花岗质糜棱岩、糜棱岩化花岗岩，断层带及其两侧的劈理带发育，产状与断层近于一致。盖层区断层破碎带早期发育大量韧性剪切构造透镜体，透镜体由灰质构造砾岩构成，晚期发育构造角砾岩，也显示出早期韧性剪切挤压、晚期脆性拉张继承性构造活动的特征。

四、北西向雾渡河断裂带

雾渡河断裂带为区域性大断裂，走向NW320°～330°，穿切实习区北部，沿观音堂—雾渡河—花庙一带展布，出露长37km，分别沿北西、南东方向延伸进入沉积盖层。断层主要穿切变质岩系，部分区段穿切岔路口超单元和震旦纪地层。区域上断层总体倾向以北东为主，基底区以倾向南西为主，倾角一般为62°～87°，断裂破碎带在前寒武纪基底区宽大于50m，主要由不同期次碎粉岩、碎粒岩、碎斑岩、糜棱质断层砾岩及断层角砾岩组成，盖层区破碎带宽为10～20m，主要由断层角砾岩、碎粉岩等组成，是一条大型的典型韧-脆性长期活动断裂带。

断层破碎带常见一系列大致平行的次级断裂面、劈理面，或平直或呈舒缓波状，具多期活动特征。早期属韧性剪切变形断裂带，晚期以脆性变形活动为特征，其中脆性变形活动的早中期以逆冲-平移为主，晚期为平移正断层。基底区断层破碎带具硅化，帘石化，褐铁矿化，黄铁矿化，Pb、Zn矿化等，常见后期辉绿（玢）岩脉、闪长（玢）岩脉、花岗岩脉、黑云二长花岗岩脉沿破碎带分布。断层两侧区域性片理走向异同，常见红色花岗质脉体顺围岩片理分布，说明该断层至少形成于新元古代早中期。

该断裂带也是本区金、辉钼矿、磁铁矿、稀有放射性矿产重要的导矿和控矿构造，其中黄铁矿化与其中晚期张扭性活动密切相关，金矿主要产于断层带旁侧的北北西向—北西向次级断裂带中。显生宙燕山期具继承性脆性断裂活动，切入盖层。该断层在航片上呈一线性影像，地貌多表现为负地形（垭口、平直的水沟等），且观音堂—茅坪河—岔路口一带断层三角面十分发育。根据1:20万区调资料等，该断层晚期脆性，活动切割白垩系，说明其活动时间至少一直持续到白垩纪之后。

第六节 区域地质构造演化

黄陵穹隆地区地处扬子克拉通北部，出露了华南最古老的太古宙片麻杂岩（TTG）及古元古代麻粒岩相高级变质岩系,是研究扬子克拉通前南华纪早期演化、前寒武纪哥伦比亚(Columbia)、罗迪尼亚(Rodinia)超大陆重建的重要窗口,经历和记录了多期重要的俯冲/增生碰撞造山拼贴事件。特别是黄陵穹隆核部结晶基底前南华纪变质岩浆杂岩系,比较完整地记录了太古宙古陆壳的生长、古元古代俯冲-碰撞造山(高压麻粒岩等)、中—新元古代俯冲-碰撞造山和裂解(蛇绿岩、花岗杂岩等),以及中—新生代黄陵穹隆隆升伸展减薄等地质事件的重要证据。本区区域地质构造演化大体可划分为基底和盖层两大重要构造演化阶段。现简述如下。

一、基底构造演化阶段

1. 太古宙古陆核(微陆块)形成

扬子克拉通黄陵穹隆核部太古宙陆壳以花岗-绿岩地体古陆核(微陆块)的形成为特点,太古宙东冲河花岗片麻岩系(TTG)、野马洞岩组斜长角闪岩是其主要物质记录。太古宙花岗片麻岩(TTG)的侵位时代为 3 450~2 900Ma(高山等,1990;Gao et al,2011),是早期古陆形成演化和生长的重要产物。

2. 古元古代俯冲/增生碰撞造山拼合

古元古代早期,黄陵穹隆北部以形成于大陆边缘沉积组合:石英岩、铁质岩和片岩组成的苏必利尔型铁建造(BIFs),以成熟度较高的陆源碎屑黏土岩、粉砂岩夹碳酸盐岩、硅质岩、含炭质泥岩及碎屑碳酸盐建造(即孔兹岩系建造)为特征,火山作用十分微弱。古元古代晚期,黄陵穹隆北部地区进入碰撞造山构造演化阶段,以形成 2~1.95Ga 的北北东—北东向角闪岩相-高压麻粒岩相构造变质带和后造山伸展体制下的 A 型花岗岩、次火山岩-火山岩、基性岩脉(约 1.85Ga)为特征。这表明黄陵穹隆北部在 2.0~1.85Ga 发生了一次重要的从俯冲-碰撞造山到造山后伸展垮塌的构造地质事件,这可能与全球哥伦比亚超大陆聚合与裂解作用事件有关(凌文黎,1998;Zhang et al,2006b;Wu et al,2009;Cen et al,2012;Yin et al,2013;熊庆等,2008;Peng et al,2012)。

3. 中—新元古代俯冲-碰撞造山拼合

黄陵穹隆南部中—新元古代庙湾蛇绿混杂岩(1 100~974Ma)的发现,表明扬子克拉通基底是由不同性质地块或地体经新元古代俯冲-碰撞拼合造山(即格林威尔运动)才最终固结形成扬子克拉通基底的基本轮廓(彭松柏等,2010;Peng et al,2012)。新元古代早期(960~870Ma)神农架岛弧与扬子陆块发生俯冲-碰撞造山拼贴,并导致庙湾蛇绿混杂岩的构造侵位。新元古代晚期(860~790Ma)形成与俯冲-碰撞造山伸展垮塌构造环境有关的埃达克质/岛弧火山质花岗岩,即黄陵花岗杂岩体(Zhang et al,2008;Wei et al,2012)。大约790Ma,扬子克拉通及本区基底构造演化阶段结束,构造运动以差异升降为主,进入稳定盖层沉积演化阶段。

二、盖层构造演化阶段

1. 南华纪—早中生代海相稳定沉积

扬子克拉通该时期在隆升剥蚀的基础上沉积了一套曲流河-河口三角洲分支河道陆源碎屑沉积物,随后沉积了南沱期大陆冰川沉积物,这也是全球"雪球地球"事件的重要地质记录。陡山沱期之后开始连续沉积了一套盆地边缘相至局限海台地相黑色页岩、碳酸盐岩沉积为主的稳定克拉通海相沉积盖层,直到早中生代晚三叠世受印支期运动影响开始出现构造抬升(沈传波等,2009)。

2. 晚中生代—新生代陆内挤压-伸展

晚中生代以来中国东部及黄陵穹隆地区进入新的陆内挤压-伸展构造演化期,特别是受早白垩世燕山期运动以来岩石圈强烈伸展减薄构造作用的影响,发生了强烈构造隆升作用形成黄陵穹隆的基本雏形,在盖层沉积地层中形成平卧褶皱、高角度伸展脆性正断层,盖层沉积地层与基底接触带则发育有低角度顺层滑脱劈理、韧性剪切断层(沈传波等,2009;刘海军等,2009;Ji et al,2013),并伴有较强烈的热液成矿活动,奠定了黄陵穹隆变质核杂岩构造的基本轮廓。

中国东部及黄陵穹隆地区新生代主要受喜马拉雅运动青藏高原隆升和太平洋板块俯冲作用的控制和影响,主要表现为挤压-伸展构造体制联合作用下的间歇性构造隆升(陈文等,2006;李海兵等,2008;郑月蓉等,2010;葛肖虹等,2010),长江三峡地区河流下切侵蚀作用强烈,形成多级构造阶地、山高谷深、坡陡崖悬和岩溶发育的地形地貌景观,以及频发的滑坡、岩崩地质灾害(谢明,1990;李长安等,1999)。

第二篇　野外地质基本工作方法

第六章　野外基本装备的使用

第一节　罗盘的基本结构及使用方法

地质罗盘(简称罗盘)是地质工作者野外地质工作中必备的工具,借助它可以测量方位、地形坡度、地层产状,确定地质点等,因此每一个地质工作者都应熟练地掌握罗盘的使用方法。

一、罗盘的结构及功能

罗盘的式样很多,但结构基本是一致的。我们常用的罗盘是由八角罗盘,由磁针、刻度盘、瞄准器、水准器等组成(图6-1)。它们的主要功能如下。

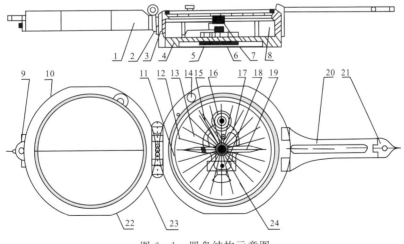

图6-1　罗盘结构示意图

1.上盖;2.联结合页;3.外壳;4.底盘;5.手把;6.顶针;7.玛瑙轴承;8.压圈;9.小瞄准器;10.反光镜;11.磁偏校正螺丝;12.圆刻度盘;13.方向盘;14.制动螺丝;15.杠杆;16.圆水准器;17.测斜器;18.长水准器;19.磁针;20.长瞄准器;21.短瞄准器;22.半圆刻度盘;23.椭圆孔;24.中线

(1)磁针。为一根两端尖的磁性钢针,安装在底盘中心的顶针上,可自由转动,用来指示南北方向。由于我国位于北半球,磁针两端所受磁场吸引力不等,为求磁针受力的平衡,生产商在磁针的指南针一端绕上若干圈铜丝,用来调节磁针受力的平衡,同时也可以借此来标记磁针的南、北针。

(2)圆刻度盘。也称水平刻度盘,用来读方位角。在测量时,由于地形地物是搬不动的,而测量操作时磁针也始终指向南北,测量者只能转动罗盘,当罗盘向东转时,磁针相对向西偏转,故罗盘刻度盘度数的标注按逆时针方向刻注度数,这样就可以从刻度盘上直接读出实际的地理方位。

(3)半圆刻度盘。也称竖直刻度盘,刻在罗盘的方向盘上,用来测量倾角和坡度角。半圆刻度盘以水平为0°,以垂直为90°。

(4)长瞄准器和短瞄准器。在测量方位角时用来瞄准所测物体,使被测物体、长瞄准器或短瞄准器和观察者三点在一条直线上。

(5)反光镜、椭圆孔和中线。反光镜起映像作用,椭圆孔和中线用以瞄准被测物和控制罗盘,以控制测量的精度。

(6)圆水准器和长水准器。前者用来保持罗盘水平,后者用来指示测斜器保持铅直位置。

(7)制动螺丝。起固定磁针作用,以保护顶针,减少磨损。

(8)磁偏角矫正螺丝。用来转动刻度盘,校正磁偏角。

二、罗盘的使用方法

1. 校正磁偏角

由于地球的磁南北极(或磁子午线)与地理的南北极(或真子午线)不相重合,产生磁子午线与真子午线相交,其交角称为该地的磁偏角(图6-2)。地球表面各地的磁偏角都不一样。我国大部分地区的磁偏角都是向西偏,只有极少数地区(如新疆)是东偏,秭归的磁偏角大概为西偏3°。用罗盘测出的方位角是磁方位角,而地形图采用的是地理坐标,为了能够从罗盘上

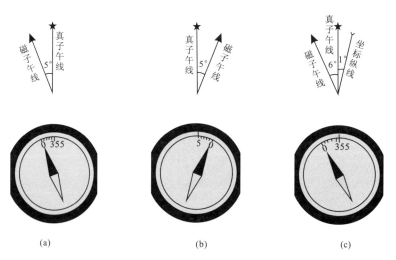

图6-2 罗盘磁偏角的校正图

(a)磁偏角西偏5°;(b)磁偏角东偏5°;(c)秭归的磁偏角

直接读出地理方位角,在一个地区工作前,先要根据地形图提供的磁偏角对罗盘进行校正。磁偏角的校正方法如图 6-2 所示,如果磁偏角向西偏时,用小刀或螺丝刀按顺时针方向转动磁偏角校正螺丝,使圆刻度盘向逆时针方向转动磁偏角度数即可。若地形图上提供了真子午线收敛角(即图面坐标纵线与真子午线的夹角),则在校正时再加上这个角(图 6-2)。

2. 测量方位角

测量方位角的步骤是:打开罗盘盖,旋松制动螺丝,让磁针自由转动;手握罗盘,并置于胸前,保持罗盘水平;罗盘长瞄准器对准物体;转动反光镜,使物体和长瞄准器都映入反光镜,并从反光镜观察到物体、长瞄准器上的短瞄准器的尖端与反光镜中线重合,此时须稳定姿势等待磁针稳定即可读数;按下制动螺丝,读取方位角数据。

3. 面状、线状的产状要素测量

野外我们常用罗盘测量各种面状和线状构造。面状有包括岩层的层面、节理面、褶皱的轴面等。面状构造的产状要素主要有走向、倾向和倾角,如图 6-3 所示。线状主要包括褶皱的枢纽、断层面上的擦痕等。线状构造的产状要素主要有侧伏向、侧伏角、倾伏向、倾伏角,如图 6-4 所示。

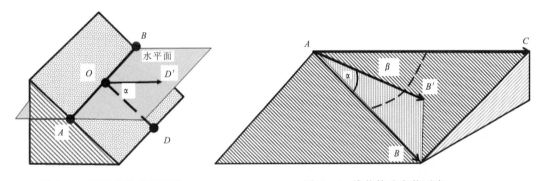

图 6-3 面状构造产状要素
OA、OB 为走向;OD′为倾向;α 为倾角

图 6-4 线状构造产状要素
AC 为侧伏向;β 为侧伏角;AB′为倾伏向;α 为倾伏角

面状构造的产状测量,以岩层层面的产状测量为例。测量走向时,将罗盘的南北向边与岩层面紧贴,然后慢慢转动罗盘,使圆水准器气泡居中,磁针停止摆动,这时磁针所指度数即为岩层走向。测量倾向时,将罗盘上盖或与上盖靠近的底盘东西向边与岩层面紧贴,然后慢慢转动罗盘,使圆水准器气泡居中,磁针停止摆动,这时磁针所指度数即为岩层倾向。当测量完倾向后,马上把罗盘转动 90°放置,使罗盘的长边紧靠岩层面,转动罗盘底盘面的手把,使罗盘水准器(长水准器)气泡居中,这时测斜器上的游标所指的半圆盘上的度数即为倾角度数,如图 6-5(a)所示。当需要测岩层的下层面时,其磁针度数方向要与测岩层上层面时相反,倾角测量方法和上层面相同,如图 6-5(b)、(c)所示。由于走向与倾向的度数差为 90°,因此在实际操作时只需要测量倾向和倾角即可。若被测岩层的层面凹凸不平时,可以把野簿置于岩层面上,当作平均岩层面以提高测量的准确度和代表性。

线状构造的产状测量以断层面上的擦痕为例。断层擦痕一定出现在断层面上,断层面走向线与擦痕所夹锐角一端所指的方向为侧伏向,如图 6-4 中的 AC 所指方向。侧伏向 AC 与

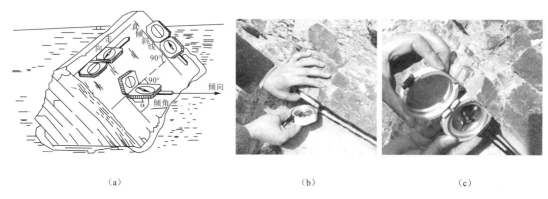

图 6-5 岩层产状要素测量图
(a)岩层上层面产状测量方法;(b)、(c)岩层下层面产状测量方法

擦痕 AB 之间的夹角则为侧伏角,如图 6-4 中的 β。擦痕 AB 的水平投影 AB' 所指的方向则为倾伏向,擦痕 AB 与倾伏向线 AB' 之间的夹角则为倾伏角,如图 6-4 中的 α。

4.测量地形的坡度

地形的坡度是指地形起伏面与水平面的夹角。测量坡度的方法是:在测量坡度区段的两端各站一人手握直立张开的罗盘;长瞄准器指向测量者的眼睛(图 6-6),视线从长瞄准器通过反光镜的椭圆小孔,瞄准被测人的头部,并使短瞄准器尖端与椭圆孔中线重合;转动底盘面上的手把,使罗盘水准器(长水准器)气泡居中,这时测斜器上的游标所指的半圆盘上的度数即为地形的角度数。除此之外,罗盘还可用于草测地形图和制作路线地质图。

图 6-6 坡度测量的方法

第二节 地形图的使用方法

一、地形图的特征

地形图是按一定比例,将地形起伏状态、水系、交通网、居民点及地形、地物的分布位置,以规定的符号绘制在平面上的一种图件。地形图按比例尺可分为大比例尺(大于 1∶5 万)、中比例尺(1∶5 万~1∶25 万)和小比例尺(小于 1∶25 万)3 类。地形图是国家机密图件,必须依照国家有关的法律法规进行使用和保管。地形图是野外地质工作者的向导和最终地质成果的载体。因此,开展野外工作之前必须先阅读地形图,熟悉工作区的地形,以便制定出合理可行的野外工作方案,取得最佳的工作效果。

地形图上地形的起伏变化通常用等高线来表示。等高线具有以下几个特点:①同线等高;②自行封闭;③同一地形图内,相邻两根等高线之间始终存在一个恒定垂直高差值,即等高距。因此,等高线不能相交,不能合并(除悬崖、峭壁外)。地形图中不同地形等高线所表示的疏密和弯曲样式不同。图6-7是一些典型地形的等高线表示方法。

图6-7 地形与地形图比较识别
(a)山峰、山谷、山脊、鞍部、绝壁、山坡及河谷的地形；(b)地形图

(1)山峰。山峰等高线表现为一组近似于同心状的闭合曲线,且等高线的高程注记从里向外数据依次递减。

(2)盆地(洼地)。盆地(洼地)等高线表现为一组近似于同心状的闭合曲线,且等高线的高程注记从里向外数据依次递增。

(3)山脊、山谷(河谷)和山坡。山脊等高线表现为一组向递减方向凸出的曲线,每一条等高线改变方向处的连线就是山脊线。山谷与河谷的等高线表现为一组向递增方向凸出的曲线,曲线改变方向处的连线就是山谷线。山谷和山脊之间的侧面就是山坡,等高线表现为一组近于平行的曲线。

(4)鞍部。两山头之间的低洼处,形似马鞍,称为"鞍部",其等高线特征是一组双曲线。

(5)绝壁。从实际地形来看,它是近于直立的垂直面,由于不同高程的等高线经垂直投影后合而为一,故只能用规定的绝壁符号表示。

(6)陡坡和缓坡。陡坡等高线距较密集,而缓坡则相反,等高线距较稀疏。

二、地形图的阅读

地形图是野外作业必备的基础资料,用好地形图首先要读懂地形图上的内容。读地形图的目的是为了了解和熟悉工作区的山川地貌和道路村庄的分布情况,以便制订适合该地区野外地质工作的计划和路线,保证野外地质工作的安全和质量,取得最大的工作效果。读地形图的一般顺序是先图框外,后图框内,步骤如下。

(1)图名。位于图幅的正上方,采用国内统一分幅编号,以图区内重要城、镇的地名来命名。

(2)比例尺。在图名下方,用数字和线条两种方式表示,根据比例尺可以确定地形图的精度、等高距及工作区面积。

(3)图例。在图框的右侧,用不同符号表示不同地物或特殊标志,应注意图中主要河流、公路、铁路、山峰、陡崖的分布位置。

（4）磁偏角。不同地区具有不同的磁偏角，位于图框的左下角，开始使用罗盘前必须进行磁偏角校正。

（5）高程。从一点到大地水准面的铅直距离，称为该点的绝对高程或海拔。通过等高线的分布特点了解工作区的地形、地貌特征。

（6）时间。制图时间一般标注在图框外的右下角，通常制图时间越接近读图时间，图件的精度越高，越接近实际变化的地形。

三、地形图的应用

地形图在野外地质工作中主要起到以下几个方面的作用。

路线布置：野外地质观察路线的布置既要考虑到地质内容，也要考虑地形情况。地形的陡缓将直接影响地质露头的好坏和徒步穿越的可能性和安全性。沿陡壁、河谷、公路旁常常有较好的露头，通常是开展野外地质工作理想的地方。尽管如此，还是应当尽量从它们的旁边选择地质露头好又便于步行、省力的观察路线。

图上定点：在进行野外地质工作时，除了对野外观察的地质现象进行尽量详尽的文字描述外，还要记录观察点的位置，并直接标注在地形图上，这种操作就叫定地质点。在野外确定地质点是科学地质工作程序中最基础的工作，失去地质点支撑的地质记录将毫无价值。在野外地质工作中常用定点方法有两种：地形地物定点法和后方交会定点法。

（1）地形地物定点法。是根据观察点与地形图上标注的特殊地形、地物的相对位置关系确定观察点位置的方法。该方法简单、准确、便捷，是野外地质工作常用的定点法。

（2）后方交会定点法。常用于观察点附近没有明显和特殊地形地物标志的时候，观察者首先瞭望可以搜索到的所有明显标识物所（如山头、三角点、建筑物等），然后在图上读出标识物所在图中的位置，选择其中两个易于测量和作图的标识物 A、B 及其在地形图上的位置 A'、B'，用罗盘测出标识物 A、B 的方位角 α 和 β，在地形图上分别以 A'、B' 点为原点，坐标纵线为一边用量角器量出 α 和 β 角并作直线相交，交点即为观察者所在的位置（图 6-8）。

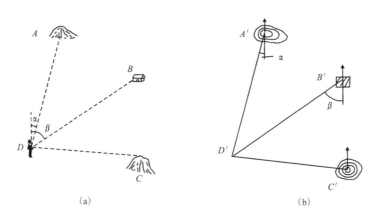

图 6-8 后方交会定点法示意图
(a)实际地形；(b)地形图

利用地形图制作地形剖面:在野外路线地质工作中,为了形象地表达观察到的地质内容,常常要作一些信手地质剖面图。制作这类图件可以在地形图上读出预定的地质路线,按照设定的比例尺在野外记录簿方格纸页上作出"图切"地形剖面,作为野外观察和修正的基础图形。在野外作业中,再根据实际地形做出修正并把观察到的地质内容对应地绘制到地形剖面图上,就制作成功了一幅信手地质剖面图。

编绘地质图:有关利用地形图作为地理底图编绘地质图的知识将在后续课程和野外地质实践教学中学习和训练。

第三节 野外记录簿的格式与要求

一、野外地质记录及文字描述

1. 野外记录簿的构成和使用规范

野外记录簿是野外地质工作中规定用来承载原始地质资料的最重要载体,地质工作人员将所观察到的各种地质现象客观、准确、清楚地记录在专用的野外记录簿上。野外记录的质量直接关系到地质工作成果的质量,也直接反映了地质工作人员的科学态度和工作作风。

野外记录簿(简称野簿)是由主管部门专门提供的只作为野外作业时使用的记录簿,有50页本和100页本两种基本规格。野簿的内封皮是责任栏目,每一本野簿在开始使用前都应按要求明确无误地填写内封皮上的各个栏目,既明确使用人的责任,同时也为查找提供方便。野簿的第1页、第2页为目录页,目录页通常可随着野外工作的进展,边记录、边编写目录,也可以在该野簿使用完毕后一次编写。野簿的第3~50页或第3~100页为记录页。野簿结尾附有常用三角函数表、常用计算公式和倾角换算表。中国地质大学(武汉)统一制定的野簿记录页划分为文字描述页和方格坐标纸页(图6-9)。

文字描述页有4个功能区。

页眉区:位于文字描述页上方,专用于记录工作当日地点、日期和天气情况。

左批注栏:位于文字描述页左侧的竖直通栏,常用于编录当日目录或注释。

文字记录栏:位于文字描述页中部,记录描述正文。

右批注栏:位于文字描述页的右侧,专用于补充、修订或更正描述正文之用。

方格坐标纸页的用途主要用于野外绘制各种图件,以便配合和补充文字描述,能更客观地全面反映观察到的地质现象。

野外记录笔通常要求用2H型号的铅笔书写,在野外记录过程中,必须先仔细观察后再做记录,做到边观察、边测量、边记录。野外少记或者回到室内后凭印象补记,或者不用规定的铅笔记录都是不符合要求的。野外记录簿在项目工作结束后,应及时上缴档案部门保管,不得涂改、缺页,更不能遗失。

2. 文字记录格式

野簿上的文字记录是野外地质工作记录的原始资料,它不仅是本期地质工作记录者本人要经常查阅的基础资料,同时也是地质工作一切结论的最原始的证据。野外地质记录即使在

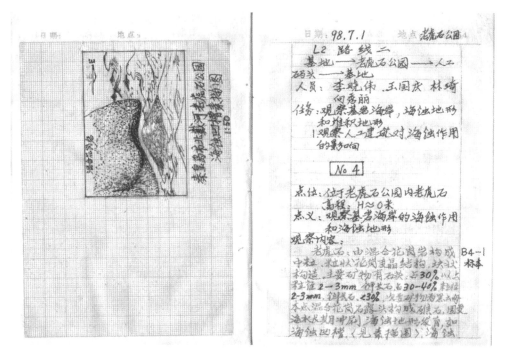

图6-9 野外记录簿中文字记录页和左边方格纸页的构成

野外工作结束乃至在野簿归档以后还会持续提供给他人审阅或查对。因此,野簿的记录一定要遵循一定的格式和规范。现将常用的野外记录格式简要介绍如下。

1)文字记录的开启部分

(1)每天的野外作业开始前应在当日记录的首页页眉区填写当日的日期、天气及作业地点。

(2)在文字描述区第一行依次写明路线号、路线编码号、路线或剖面名称。

(3)另起一行写明路线或剖面经过的主要地点,注意在这里所列举的地点一般应当是在地形图上已经被标出地名的地点。

(4)另起一行写明参与当日工作的技术人员,明确责任。

(5)另起一行记录当日野外作业的任务。

2)定点描述内容

观察点是野外进行详细观察的地点。通常选择重要地质界线的出露点,如地层、构造、地貌等界线出露点。利用地形、地物或后方交会法在地形图上确定地质点的位置,并用直径2mm的小圆圈清晰地标注在地形图上,同时将地质点序号标注在小圆圈旁边。完成以上工作程序后即可进行以下文字描述操作。

(1)地质点编号:另起一行在行内居中画一个长方形框,在框内记录地质点号。

(2)点位:另起一行简述确定该地质点的依据。

(3)点义:另起一行简述定点观察的地质意义。

(4)观察内容:另起一行首先将沿途所观察到的各种地质现象及其变化特征客观、准确、清楚地记录在野簿上,然后再记录本点所见各种地质现象。

3)各类数据记录格式

野簿记录规定各类实测的产状数据和野外发现的生物化石名称都必须另起一行单独记录。采集的各类标本的编号可单独记录一行,也可标注在右侧的批注栏内。

4)补充与修正

野外地质记录在离开记录的地质点后,记录正文是不能涂改的。如若在后来的室内研究中有新的资料需要对野外记录给予补充或修正时,补充或修正的内容可批注在左侧或右侧的批注栏中。

二、地质素描图

野外地质现象具有鲜明的个性,复杂的地质作用使得我们在野外几乎找不到两个几何形状完全一致的地质现象。正因为如此,我们才能感觉到地质工作的无穷魅力和永无止境的探索欲望。地质现象的几何形状是不可能通过"文字描述—阅读—理解—重新绘制"这样简单的程序克隆出来的,它只能通过实地照相或绘画的方式记录下来。因此,在野外地质作业时,为了清晰、形象地把观察到的地质现象表示出来,常常采用照相或绘制各种图件来补充描述。野外绘制的图件由于受到条件的限制,通常是先用铅笔简单勾画和突出地质现象基本特征的素描图件,因而常称为"地质素描图"。

地质素描图与照片有明显的区别,照片反映地质现象的优越性在于真实,但照片无法实现突出地质现象主体图形的有效提取。地质素描图与照片不同,它是通过使用一些特定的符号和代号实现有效地质信息的提取,所以地质素描图较之照片更为简洁、直观、明了、形象地描述地质现象的作用,是照片所不能替代的。地质素描图的种类有很多,比较常用的种类有景观素描图、断面素描图、结构或构造示意图、平面示意图和信手地质剖面图等。无论何种素描图,它们都必须具备以下基本内容:图名、比例尺、方位、图例和绘制地质内容的图形部分。要求图面内容正确、结构合理、线条均匀清晰、整洁美观。地质素描图的图面结构布局比较灵活,应以主题突出、结构合理美观为主,不必拘泥于一种固定的格式。现将绘图的基本技巧简述如下。

1. 绘图步骤

1)取景

取景的作用是协助提取地质现象,引导正确地布局。对于初学者取景还可以帮助初学者正确地把地质现象变化的要点投影到坐标方格纸上。野外作业随身携带可以作为取景器的工具很多,如直尺、卷尺、铅笔、地质锤,甚至我们的手都可以方便地用来做取景器。

2)测量方位

用罗盘的长边平行于所绘画面的主体地质现象或地貌的延伸方向即可量出素描图的方位。

3)绘图

地质素描图应绘制在野簿坐标方格纸页上。绘图之前应根据绘制地质现象的复杂程度确定图面的大小,一般原则是在清楚、美观地表达全部地质内容的前提下,尽可能地确定一个相对小的图面范围。初学者可能比较难以掌握,但只要多练习就会熟能生巧。地质素描图可以是有框素描图,也可以是无框素描图或是半框素描图,采取何种形式以绘制人的审美情趣而定,并无定式。为了能够简便易行地获取一份素描图,建议采用如下程序。

(1)根据取景把地质现象变化的要点投影到坐标方格纸上。
(2)连接相关要点勾绘图形轮廓。
(3)重点表示需要突出的地质现象的点或线。
(4)填绘特定的符号和代号。
(5)图面修饰,使素描图更清晰美观。
(6)估算比例尺,标出方位、图名、图例和地物名称。

选择合适的位置书写图名和绘制图例,一个完整的图名应冠以素描图所在地的县/市、乡/镇、行政村和地形地物名称,便于他人查对和使用。

4)估算比例尺

地质素描图通常不能在事先确定比例尺的情况下绘制,它的比例尺是在素描图绘制完成后根据图面大小与露头的实际大小估算出来的。估算的方法大致有两种:第一种方法适用于可以用尺子直接度量的小型露头,可根据丈量所绘现象某部位的长度与图形中相应部位所占坐标方格纸的多少直接换算出素描图的比例尺;第二种方法适用于不能直接迅速丈量的大型地质现象出露区,其方法是首先在地形图上将所绘素描图的位置,用直尺根据方位截取所绘现象某部位的长度,按照地形图的比例尺换算出实际长度,再与素描图中相应部位所占坐标方格纸的多少来比较换算出素描图的比例尺。

2. 地质素描图类型

1)断面素描图

断面素描图是以特定的符号和代号为主要构件的一种相对简约的地质素描图。这类图件比较适合于绘图基础相对较弱的作画者。制作这类图件的原则是把所要表达的地质现象水平投影到平行于素描图方位的理想铅垂面上。制作时只要把相邻地质体的界线勾绘清晰,充填上特定的符号和代号,估算出比例尺,标出方位、图名、图例和地物名称即可完成。断面素描图简洁明了、重点突出、无干扰因素且简便易行,在地质素描绘画中,是应用最广泛的一类。

2)景观素描图

以铅笔线条为主要表现手法画出相邻地质体的三度空间关系的地质素描图称为景观素描图。景观素描图具有明显的立体感,与绘画的地质体有较好的镜相关系,便于识别,比较适用于宏观地质现象的素描图制作。绘制景观素描图的难度明显大于断面素描图,需要由简入繁,循序渐进,只要多加练习就能取得理想的效果。图6-10是四川省××县××乡鲜水河河漫图。

3)平面示意图

平面示意图是把地质现象垂直投影到水平面而绘制的素描图。平面示意图旨在表示地质内容的相对位置关系,图6-11是秦皇岛市北戴河老虎石连岛沙坝平面示意图。平面示意图的做法比较简单,首先,按需要表达的地质内容选取绘图范围,根据需要表达的地质内容及复杂程度确定图面的相对大小,用取景方法正确地把地质现象变化的要点投影到坐标方格纸上;然后,连接相关点勾绘地质界线,填绘特定的符号和代号或注释,估算比例尺,标出方位、图名、图例和地物名称。

4)信手地质剖面图

信手地质剖面图是把路线地质观察所收集到的地层、构造及地层接触关系等地质现象实

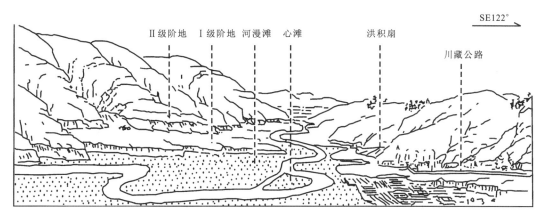

图 6-10 四川省××县××乡鲜水河河漫滩与河谷的景观素描图
(据李尚宽,1982)

事求是地反映在地形剖面图上构成的图件。由于剖面图上表达地质内容的相对距离是根据目估、步测或图切度量的方法获取的,而非实地测量数据,故称为信手地质剖面图。信手地质剖面图中的地质内容必须真实可靠,可以适度地简化复杂的地质现象,突出主体内容,删除次要信息,使图面地质内容更清晰明确。但不可虚构,更不能画蛇添足。

信手地质剖面图的制作步骤如下。

(1)在地形图上读出预定的地质路线,按照设定的比例尺在野外记录簿方格纸页上作出图切地形剖面,作为野外观察和修正的基础图形。

(2)根据沿途观察及步测或目测,按比例尺标出地层界线、断层和重要地质界线的分界点。根据剖面图方位和产状用量角器画出地层、断层和其他必须表示的地质界线,界线长度一般为 1.5~2.0cm。

(3)平行地层界线填绘地层的岩性花纹(长度一般为 1~1.5cm)、岩层序号和地层代号。

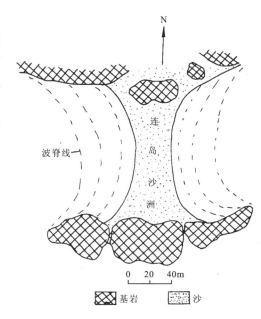

图 6-11 秦皇岛市北戴河老虎石连岛沙坝平面示意图(据原武汉地质学院普地教研室,1985)

(4)将测量的产状和采集的标本标注在剖面图上,其位置分别与测量或采集地点相对应。

(5)标注比例尺、剖面图方位、图名、图例和地物名称。图 6-12 是××市××镇王庄—凤凰岭的信手地质剖面图。

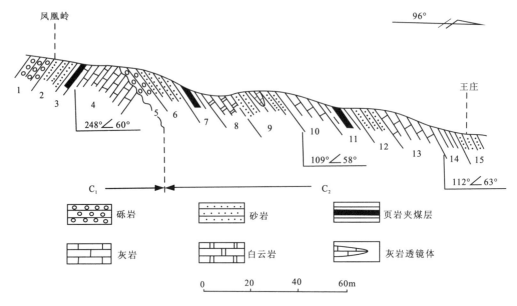

图 6-12　××市××镇王庄—凤凰岭信手地质剖面图

(据杨丙中等,1984)

第七章 地层的观察与描述

野外工作开始时,首先应概略地了解研究地区岩石地层露头的情况,在此基础上,选择露头完好、构造简单、地层倾角适中、岩性具有代表性、化石丰富,以及地形较好的剖面作为系统研究的地层剖面。再根据地层的岩性特征、沉积韵律、化石组合和接触关系等划分"组""段"等地层单位,并对各地层单位开展详细的研究。

第一节 地层的观察与描述

一、地层的观察与描述

层状或似层状的岩石(沉积岩、火山岩及其变质岩)泛称岩层,它可以由一层或一组岩层组成。例如,灰岩层、砂岩夹泥岩层等。岩层具有特定的岩性内容及一定的空间形态和分布范围,并能与相邻区岩层区分。

地层是具有某种共同特征或属性的岩石体,能够以明显界面或经研究后推论的某些解释性界面与相邻岩层和岩石体相区分。简言之,地层是具有时代含义的一层或一组岩层。在野外对沉积岩的观察,即使进行了岩性观察,仍不能称其为地层,只有通过对沉积岩中所含的化石等进行了年代对比、划分,得出该沉积岩的时代归属和层序后才能称其为地层。

地层首先观察的是岩层中各类单层的颜色、成分、结构(包括颗粒的粒度、分选和磨圆)及单层厚度(表 7-1)等,正确识别和描述各类单层的岩性。然后观察地层中各类单层的组合方式。这种组合方式现在被称为地层结构或基本层序。地层结构可简单地分为均质型结构和非均质型结构两类(表 7-2)。

表 7-1 地层单层厚度分类表

类别	厚度(cm)
块状	>300
巨厚层	100~300
厚层	50~100
中层	10~50
薄层	1~10
微薄层	0.5~1

表 7-2 地层结构类型简表

地层结构		层状地层	非层状地层
简单型	均质型	均一式	斜列式
	非均质型	互层式	叠积式
		夹层式	
		有序多层式	
		无序多层式	嵌入式等
复合型		上述各简单型结构之复合	

如果地层序列中单层的岩性、结构基本相同,且单层厚度相差不大,通常称为均一式结构,如灰白色厚层细粒石英砂岩。如果地层序列由两类单层规则或不规则交互组成,则称为互层式结构,如黑色薄层硅质岩与灰黑色页岩互层。地层序列中如果以一种类型的单层为主,间夹有另外一种类型的单层,称为夹层式结构,如灰白色厚层中粒石英砂岩夹灰白色薄层粉砂岩、灰黄色厚层灰岩夹灰黄色薄层泥灰岩。

地层序列常常由3种或3种以上特征不一的单层组成,其组合方式部分很有规律,如各种旋回沉积序列,称为有序多层式。部分组合方式没有一定的规律,则称为无序多层式,如非旋回沉积。通常用图示更能反映地层结构或基本层序。因此,野外必须对地层结构进行详细的观察、测量、素描或照相。通过对上述地层结果的识别,给岩层以正确的定名,并能识别出地层序列中各部分的差异,进而对地层进行划分。

二、古生物化石的观察与采集

古生物化石是进行生物地层、年代地层和生态地层划分对比的依据,也是进行沉积相分析的重要基础资料。因此,野外地层工作必须尽可能多地收集各类古生物化石资料,一般应注意以下几点。

(1)首先对露头上的古生物化石进行系统观察和描述,初步确定主要类别,对时代意义强的化石类别,如菊石、笔石等需仔细观察描述,并对单位面积内的化石类别进行统计,以确定其分异度、优势度和相对丰度。

(2)观察描述化石的保存状况,包括保存位置、分选性及排列方向,确定是原地埋藏还是异地埋藏。

(3)在对化石进行系统观察之后,逐层采集化石,也可边观察、边采集,采集时应尽量多采,从数量上足以达到鉴定种的目的,对一些新类型和具特殊意义的化石(能反映系统演化等)应尽量多采。采集时不仅采集大化石,还需采集各类微体化石。化石采集时须及时编录,其内容包括采集位置及编号等。

(4)如地层内保存有大量个体大小不同的化石时,应当收集自幼年期至成年期一系列反映个体演化发育的标本。

(5)为了避免损坏化石标本,化石采集后必须立即用软纸或棉花包装好并妥善装箱。

三、地层接触关系及识别标志

地层之间的接触关系类型复杂。一般可分为整合接触、非整合接触、假整合(或平行不整合)接触、角度不整合接触。野外观察的重点是这些接触界面及界面上、下地层的差异。

不整合界面是一个岩性突变面,上、下地层的岩相及古生物组合演化是不连续的或间断的。通常在界面上发育有古风化壳、底砾岩和规模较大的冲刷面。假整合(或平行不整合)上、下地层产状一致,部分界面平直,部分界面起伏不平,多为古岩溶面(图7-1)。角度

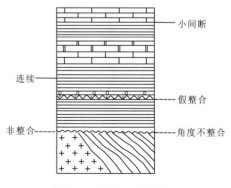

图7-1 不整合类别图

不整合界面上、下地层产状不一,通常上、下地层的构造式样及变质程度有较大的差别。非整合面是沉积盖层与下伏岩浆岩或深变质岩之间的分隔界面,代表了古老基底经历了长期的暴露、风化和剥蚀之后接受再沉积的历史。

对不整合观察不能只限于局部点,需要在大范围内追溯其分布范围和类型变化情况。因为同一次构造运动造成的不整合在不同地区表现不一,有的地方表现为角度不整合,有的则为微角度不整合或过渡到平行不整合,甚至某些地区为整合接触。因此,观察时需要注意这种变化关系,不要看到一种接触关系就在更大区域上牵强地推广。

第二节 地层的划分与对比

地球表层或岩石圈的演化历史只能通过其形成的原始(原生)地质记录反映出来,这些原始地质记录主要保存于不同地质历史阶段的岩层中。在长期的地质历史演化中,这些地层被赋予了许多特征,即物质属性。这些物质属性包括岩层的物理属性(岩性特征、磁性特征、电性特征等)、生物属性(生物类别、丰度、分异性、生态特征等)、化学属性(地球化学特征、同位素年龄等)、宏观属性(接触关系、旋回特征、事件特征、变形和变质特征等)。地层的物质属性正是划分和建立地层单位的基础。根据不同的物质属性,可以划分出不同的地层单位系统。地层对比是将不同地区的地层进行物理属性、生物属性等的比较,找出相当层。目前,地层划分方法主要有岩石地层、生物地层、构造运动面、同位素地质测年和古地磁方法。下面简单介绍最常用的地层划分方法:岩石地层学方法、生物地层学方法。

一、岩石地层学方法

岩石地层学划分方法是利用沉积岩岩性以及岩性组合特征的不同,对地层进行划分和对比的方法。岩石地层学方法主要有岩性法、标志层法和沉积旋回法。

1. 岩性法

岩性法是指将出露地层按不同的岩性及岩性组合特征把岩石地层划分成一个个地层单位,并确定其新老关系的方法。

2. 标志层法

标志层法是指利用标志层来划分和对比地层的方法。所谓标志层是指某些层位稳定,岩性特征突出的岩层或矿层。

3. 沉积旋回法

由于沉积环境多次有规律的重复变化,造成沉积物的岩性特征发生相应的重复变化现象。当沉积环境中的水体由浅变深时,相应沉积物的粒度也会由大到小发生变化,例如,下部的粗砂岩变为上部的细砂岩系列。

二、生物地层学方法

任一古生物在其发生、发展直至灭绝的过程中均占有一定的时限及区域,部分保存于相应的地层中成为化石。由于生物的演化遵循从低级到高级的演化规律,同时生物在演化过程中具有明显的阶段性。因此,可以根据地层中的古生物化石对地层进行划分,并主要依据"标准化石"进行大范围的地层对比。例如早古生代地层中以海生无脊椎动物为其特征等。

三、岩石地层单位的建立

在地层物质属性(包括岩性及岩性组合、古生物化石、接触关系等)观察描述和研究的基础上,建立地层单位和确定地层系统是地层学的中心任务。由于地层的物质属性不同,地层划分的依据不一,所建立的地层单位也不一样。常见的地层单位有岩石地层单位、年代地层单位、生物地层单位、磁性地层单位、生态地层单位、地震地层单位、构造地层单位,其中以前3种最为重要(表7-3)。野外能确定和建立的地层单位主要是岩石地层单位,也是实际应用最广的地层单位。岩石地层单位包括群、组、段、层4级单位,其中组是最常用的基本地层单位。

组是指具有相对一致的岩性和具有一定结构类型的地层体。组可以由一种单一的岩性组成,也可以由两种岩性的岩层互层或夹层组成,或由岩性相近、成因相关的多种岩性的岩层组合而成,或为一套岩性复杂的岩层,但可与相邻岩性简单的地层单位相区分。组的顶、底界清楚,可以是不整合界面,也可以是整合界面,但组内不能有不整合界面。此外,组的厚度一般为几十至几百米,要求可以在区域地质图(1:5万~1:25万)上表达出来,同时组也应有一定的分布范围。

表7-3 岩石地层单位、生物地层单位和年代地层单位特征比较表

特征 \ 地层单位类型	岩石地层单位	生物地层单位	年代地层单位
划分依据	岩性	生物化石	岩石形成年代
地层单位术语及级别	群 组 段 层 已成体系,有大小级别	生物带:组合带、延限带、顶峰带、谱系带及其他各种生物带 未成体系,无大小级别	宇 界 系 统 阶 时带 已成体系,有大小级别之分
使用范围	地方性	区域性或全球性	全球性

群比组高一级,为岩性相近、成因相关、地层结构类似的组的联合。段比组低一级,根据岩性、地层结构、地层成因的差别可以将组分为段。层是最小一级的岩石地层单位,野外实测地层剖面一般要划分到层,它是岩性相同或相近的岩层组合,或相同地层结构的组合。

野外地层工作中,一般通过实测剖面分层建组,然后经过区域地质填图验证地层划分的正确性。同时研究地层的古生物化石及其他地层属性,建立起相应的地层单位,如生物地层单位和年代地层单位,并加以对比,这样一个地区的地层系统就建立起来了。

第八章　沉积岩的观察与描述

第一节　沉积岩概述

三大岩类岩石的观察、描述和鉴定是从事野外地质工作的基础。在野外实际观察中,应选择露头较好的地点进行观察,并遵循下列基本步骤。

(1)根据矿物成分和共生组合特点,以及特征的结构与构造,并结合岩石产状特征,将所观察的岩石区分大类,即属于岩浆岩(侵入岩、火山岩)、沉积岩、变质岩中的哪一类。

(2)在大类区分的基础上,进一步根据各类岩石的鉴定要点、命名方法对岩石进行鉴定和命名,并详细描述和记录岩性特征。

(3)在较大范围露头内,观察和测量重要的、有意义的结构构造,如花岗岩体的流面和流线构造、沉积岩的波痕和层理构造、变质岩的面理等;观察和测量具有特殊意义的物质成分,如斑晶、包体、砾石等。

(4)观察和测量岩石的产状,如岩石产出的位置、形态、规模和大小、与周围岩石的关系、岩体内部的分带性等。

(5)根据研究程度不同和内容的需要,采集标本和样品。一般应尽量采集新鲜岩石,应注意样品代表性、数量是否充足,及时编写号码,并在地质图、剖面图中标注采样位置。

沉积岩的研究多与地层研究同时进行,即在测制地层剖面时,不仅要从地层学的角度出发进行观察研究和收集资料,而且同时也要从沉积岩石学和沉积学的角度出发,充分收集岩石的物质成分、结构、化石、各种包裹体,以及纵向上的韵律形式、接触关系、水平方向上的变化和过渡关系等资料,保证满足沉积岩石学和沉积学研究的需要。野外分析样品的采集是根据研究任务和室内分析的需要有目的地进行,在主要剖面上要系统采样,一般剖面上可以重点采样。

沉积岩野外观察主要包括7个方面的内容:岩性、颜色、结构、构造、层厚、沉积岩整体形态、化石特征。其中后5项尤其需在野外露头上观察,仅观察手标本是不全面的。如碎屑岩中的砾岩,其磨圆度和分选程度,需通过较大范围的观察才具有代表性。沉积构造有特别重要的意义,如反映地层上、下关系的层面构造,提供古水流方向的各种构造,均需重点观察和测量。确定沉积岩体整体形态需沿露头追溯。此外,还要注意寻找化石,并观察收集化石种类、产出层位和保存情况等方面的资料。

一、沉积岩的颜色

沉积岩的颜色是沉积岩层的特殊标志。它不仅是沉积岩的表象,而且还反映了组成岩石的物质成分和气候、介质等方面的重要特征。因此,对颜色成因的研究有助于了解沉积岩和沉积矿产的形成环境及其形成后的变化。沉积岩中常见有 3 种不同成因的颜色：继承色、自生色和次生色。

(1)继承色。碎屑物质固有的颜色，主要取决于他生陆源继承矿物的颜色。如肉红色长石碎屑为主时岩石呈红色，主要由石英碎屑组成的岩石呈灰色。

(2)自生色。沉积岩形成早期阶段出现的新生矿物的颜色。这种颜色多是化学沉积和生物化学沉积的特点，如石灰岩的灰白色、含海绿石岩石的绿色等。

(3)次生色。沉积岩形成以后受到次生变化而产生的次生矿物的颜色。这种颜色多半是由氧化作用或还原作用、水化作用或脱水作用以及各种化合物带入或带出等引起的。

岩石颜色的命名原则有 3 种：标准色谱法、双名法、类比法。

(1)标准色谱法。当岩石具有某一单独颜色时，可采用标准色谱红、橙、黄、绿、青、蓝、紫等给予命名，如红色长石石英细砂岩。为了表示颜色的浓淡程度，可以在颜色前加上深、浅等，例如，深灰色灰岩等。

(2)双名法。当岩石具有两种颜色时，可采用双名法，次要颜色放前，主要颜色放后，如黄绿色、紫红色等。

(3)类比法。当岩石的颜色接近大家常见的某一物品的颜色时，可采用类比法，如烟灰色、砖红色等。

二、沉积岩的成分

沉积岩的物质成分根据其成因分为继承组成部分、同生组成部分和成岩后生组成部分 3 个组成部分。

(1)继承组成部分。它是原来已存在的岩石经物理风化破碎的产物，或是火山喷发的碎屑物质，或是内碎屑以及少量宇宙尘经过水、冰、风等地质营力搬运沉积下来。如砂岩中的石英、长石，凝灰岩中的晶屑、岩屑，竹叶状石灰岩中的竹叶状砾石等。几种母岩风化后常见的碎屑矿物见表 8-1。

沉积岩中继承组分的研究，有助于了解沉积岩形成时盆地周围所发生的地质作用、沉积物的来源、剥蚀区的古地理、古气候变化的特征等地质问题。

(2)同生组成部分。指由真溶液中或胶体溶液中沉积的矿物，或部分由于生物的生化作用的产物，如各种盐类矿物，沉积黏土，铝、铁、锰、磷的氧化物及硫化物，海绿石以及生物礁和叠层石等。

同生组成部分在沉积岩中主要以 3 种方式存在：①在化学沉积或生物化学沉积的岩石中作为主要造岩组分；②在碎屑岩中作为胶结物；③在岩石中呈单个矿物体或结核。这些矿物是在一定的物理化学条件下沉积形成的。因此，详细研究沉积岩中的同生矿物及其结构特征能了解沉积盆地中介质的物理化学条件，恢复沉积区的古地理和古气候特征。

(3)成岩后生组成部分。是沉积物沉积以后在成岩作用阶段或后生作用阶段中所产生的新矿物，或由于某些物质重新分配与聚集而形成的细脉、变晶、结核等。在后生作用中所形成的新矿物的共同特点是：呈晶体状、嵌入物状、细脉状、覆被状、薄膜状和裂隙上的斑点状，其分布特征是不平行于层面或层理，如后生结核呈穿切层理的树枝状或不规则的扁豆状等。

表 8-1　各种母岩风化后的主要碎屑矿物组合表

母岩	碎屑矿物组合
酸性岩浆岩	磷灰石　角闪石　锆石(自形)　黑云母　石英(具气液包裹体)　磁铁矿　独居石　榍石　微斜长石
基性岩浆岩	辉石　紫苏辉石　钛铁矿　磁铁矿　板钛矿　斜长石　铬铁矿　蛇纹石　白钛矿　橄榄石　锐钛矿　金红石
沉积岩	石英(保留再生长大)　锆石(混圆形)　燧石　白钛矿　金红石　重晶石　电气石(混圆形)　海绿石　石英岩屑(沉积的)
低级变质岩	板岩、千枚岩岩屑　石英和石英岩屑(具波状消光)　黑云母　白云母　绿泥石(碎屑的)　白钛矿　电气石(自形,浅棕色,具炭质包裹体)
高级变质岩	石榴石　黝帘石　红柱石　角闪石　十字石　石英(波状消光)　蓝晶石　绿帘石　矽线石　白云母　黑云母　磁铁矿　酸性斜长石
伟晶岩	萤石　白云母　锡石　电气石　独居石　石榴石　黄玉　钠长石　微斜长石

注:带点的为较常见的矿物或岩屑;据"野外地质工作参考资料"编写组,1978。

三、沉积岩的构造

沉积岩的构造是指沉积岩中各组成部分的空间分布和排列方式。沉积岩的构造类型很多,成因也很复杂,既有原生的又有次生的,既有机械的又有生物和化学的。沉积岩的构造主要包括层理构造、层面构造、生物构造等。

1. 层理构造

层理构造是沉积岩中最重要的构造之一,层理的基本组成包括纹层(细层)、层系和层系组(图 8-1)。层理也是重要的指相标志,不同沉积环境条件下,介质运动特点各不相同,所形成的层理形状和类型也不相同,因而可以通过对层理的形状、类型等特点判断沉积岩形成时的沉积环境与介质运动特征。层理通常可以划分为水平层理、板状交错层理(图 8-2)、波状层理等几种类型。常见层理如图 8-3 所示。

2. 层面构造

层面构造主要包括波痕(图 8-4)、冲刷痕、压刻痕(图 8-5)及各种暴露标志。波痕是指流水、波浪或风作用于非黏性沉积物表面留下的波状起伏的痕迹。按其成因可分为流水波痕、浪成波痕及风成波痕。水能量加强,常在水下沉积物,尤其是泥质沉积物表面形成冲蚀的槽状痕迹,称为冲刷痕,冲刷形成的沟槽被沉积物充填后则形成槽模和沟模。沉积物中携带的粗粒物质(如砾石、生物介壳)在下伏沉积物顶面刻划出各种痕迹,称为刻压痕。冲刷痕和刻压痕是重力流沉积中常见的沉积构造。暴露构造是指沉积物间歇暴露于大气中时在沉积物表面形成的沉积构造,如泥裂、雨痕、雹痕、食盐假晶及足迹。通常能反映沉积盆地间歇性暴露环境,如潮上带、湖滨环境等。

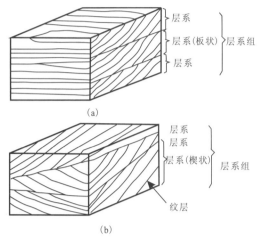

图 8-1 层理的基本术语图示

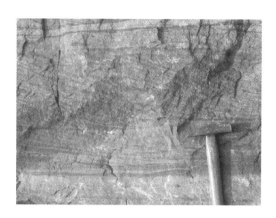

图 8-2 莲沱组板状交错斜层理

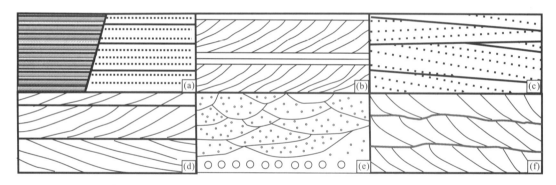

图 8-3 水平层理、平行层理和交错层理
(a)水平层理(左)和平行层理(右);(b)板状交错层理;(c)楔状交错层理(冲洗交错层理);(d)鱼骨状交错层理;(e)槽状交错层理;(f)波状交错层理

图 8-4 陡山沱组泥灰岩中的波痕构造

图 8-5 陡山沱组中的压膜构造

3. 化学及生物成因构造

化学及生物成因构造类型繁多,常见的有鸟眼构造和叠层状构造。鸟眼构造指白云岩或灰岩中大小约 1mm 的蠕虫状或不规则状亮晶方解石充填体,一般认为鸟眼构造形成于潮坪环境,由藻类腐殖留下孔隙或者气泡,经亮晶方解石和石膏填充而成。叠层构造是地质历史时期中一种常见的生物成因构造,以藻纹层和沉积纹层交替出现为特征,其形态多样,多形成于潮坪环境(图 8-6)。

图 8-6 灯影组中的叠层石构造

四、沉积岩的相分析

沉积岩都是在某一特定沉积环境下形成的,所谓的沉积环境是指特定自然气候、生物、物理、化学条件下形成特定沉积物的场所(自然地理单元)。例如河流环境、湖泊环境、浅海环境等。沉积岩的相是指沉积环境中岩性特征、古生物特征的总和,它是沉积环境的物质表现。沉积相中岩性特征包括沉积物的成分、粒度、分选、磨圆、层理等。为了更好地反映岩相与环境的关系,常综合命名沉积相,例如浅海砂岩相,以示与河流砂岩相区别。

沉积岩的相分析是指根据岩层的岩性组合特点、岩石结构、构造及生物特征等,推论其形成环境条件的方法。因此,沉积岩进行相分析的关键是必须综合分析各种特点,才能得出正确的结论。如粉砂质泥岩中的泥裂构造,单独来看,泥裂构造只能表示沉积岩当初暂时暴露这样一个特性,而满足这个特性的沉积环境可以是滨海环境中的泥坪相、河流环境的河漫滩相。如何判定具体属于哪个环境,则要进行综合分析。首先,对具有泥裂构造的岩性组合特点进行观察。如果是滨海环境,其岩性组合一般为砂岩、泥岩、灰岩等互层,且横向上厚度、岩性稳定;如果是河流环境,其岩性组合一般为砂岩、泥岩等互层,但是横向上砂岩呈透镜状。此外,也可以根据岩层中所含化石是否为陆相组合或海相组合等特征加以识别和判定。

五、沉积岩的主要类型

野外通常采用成分-结构分类方案,不涉及成因(表 8-2)。首先按沉积岩的主要成分组成划分大类,然后对常见的陆源碎屑岩和碳酸盐岩类,再按结构划分基本的岩石类型。

表 8-2 沉积岩野外分类方案
(据朱勤文,1989)

主要成分	陆源碎屑物		碳酸盐		其他生物-化学岩、化学岩
岩类	陆源碎屑岩		碳酸盐岩		
结构及岩石类型	结构(粒径)	岩石类型	结构	岩石类型	
	砾状结构 (>2mm)	砾岩	粒屑结构	粒屑灰岩	硅质岩　蒸发岩 磷质岩　铜质岩 铁质岩　煤 铝质岩　油页岩 锰质岩
	砂状结构 (0.05~2mm)	砂岩	结晶结构	结晶灰岩 白云岩	
	粉砂状结构 (0.005~0.05mm)	粉砂岩	生物骨架结构	生物骨架灰岩	
	泥质结构 (<0.005mm)	泥质岩			

第二节 陆源碎屑岩的观察与描述

一、陆源碎屑岩的分类命名

碎屑岩包括 4 种基本组成部分,即碎屑颗粒、杂基、胶结物和孔隙。碎屑颗粒的大小(粒级)和成分决定了岩石的基本特征,为碎屑岩分类的主要依据。根据碎屑粒级的不同,可以把碎屑岩分为砾岩、砂岩、粉砂岩和泥质岩四大类。

(1)砾岩。直径大于 2mm 的碎屑称为砾。砾的含量大于 30% 的碎屑岩称为砾岩,表 8-3 列出了砾岩的主要类型。砾的成分有单成分和复成分之分。砾岩的命名原则:颜色+填隙物和(或)胶结物+砾石成分+基本名称。如:灰色黏土质石英质粗砾岩。

(2)砂岩。砂岩是粒径为 0.05~2mm 的砂级碎屑占 50% 以上的碎屑岩。按碎屑的粒级范围可进一步分为粗砂岩 1~2mm、中砂岩 0.05~1mm、细砂岩 0.05~0.5mm。主要类型见表 8-4。如果岩屑含量较多,这种砂岩又被一些学者称为硬砂岩或杂砂岩。砂岩的命名原则:颜色+胶结物+粒级+岩石基本名称。如:灰色黏土质中粒长石砂岩。

(3)粉砂岩。粒径在 0.005~0.05mm 的碎屑占 50% 以上的碎屑岩叫粉砂岩。粉砂岩中矿物成分较简单,以石英为主,常有丰富的白云母及其他黏土矿物。命名原则:颜色+粉砂岩。

表 8-3　砾岩的分类
（据朱勤文，1989）

结构	砾石含量	岩石类型（基本名称）
巨砾结构：>250mm	>30%	巨砾砾岩
粗粒结构：50～250mm		粗砾砾岩
中粒结构：5～50mm		中砾砾岩
细粒结构：2～5mm		细砾砾岩

表 8-4　砂岩的主要类型

砂屑的成分		岩石类型（基本名称）
石英(Q)	长石(F)和岩屑(R)相对含量	
>95%		石英砂岩
75%～95%	F(5%～25%)>R	长石石英砂岩
	F<R(5%～25%)	石英长石砂岩
<75%	F(>25%)>R	长石砂岩
	F<R(>25%)	岩屑砂岩

(4)泥质岩。泥质岩又叫黏土岩，指粒径小于 0.005mm 的碎屑含量占 50% 以上的碎屑岩，其主要成分为黏土矿物，其次是粉砂级的碎屑和自生的非黏土矿物。命名原则：颜色＋泥质（黏土）岩。

二、陆源碎屑岩的成分

(1)砾岩。对砾岩的研究应先对砾石的成分进行观察，了解组成砾岩中的砾石成分特点，并对砾石的岩石类型进行统计研究，划分出砾石中三大岩类的数量比，进而了解物源区三大岩类的分布状况。

(2)砂岩。野外用放大镜观察，可确定砂岩的主要物质组分和类型。对于砂岩一定要在野外判别是单矿物质的石英砂岩，还是复成分的长石石英砂岩、岩屑砂岩或杂砂岩等。另外，要注重观察砂岩在垂向上的成分变化、横向上的厚度变化等。

三、陆源碎屑岩的结构

陆源碎屑岩的结构可以反映当时沉积环境运动介质状态，其中分选和磨圆是反映运动介质是否稳定和碎屑物搬运距离的重要参数。

1. 分选

分选是指碎屑岩中同一粒级碎屑物所占的百分比，分选度分为好（同一粒级碎屑含量大于75%）、较好（同一粒级碎屑含量 75%～50%）、较差（同一粒级碎屑含量 50%～25%）、差（同一粒级碎屑含量小于 25%）4 个级别。分选的好、差可以反映碎屑物在沉积时介质运动是否稳定。例如，河流上、中、下游不同河段，其河水的流速变化率由高到低，所形成的沉积物其分选也相应地由差变好。

2. 磨圆

磨圆是指碎屑岩中碎屑颗粒趋向于圆化的程度。磨圆度可分为圆状、次圆状、次棱角状和棱角状。磨圆可以反映碎屑物的搬运距离的长短,搬运距离越大,碎屑颗粒碰撞的次数越多,碎屑颗粒越接近圆状。另外磨圆也可以反映搬运介质类型和沉积环境特征。例如,搬运介质为气态的风、液态的水和固态的冰时,因密度不同,同等速度下,沉积物的磨圆度通常由圆状依次变为棱角状。不同的环境,介质的运动状态也不同。例如,滨海环境下的砾石因长期受到海浪的冲击,砾石多为圆状—次圆状,而冲—洪积扇中的砾石多为快速堆积,磨圆多为次棱角状—棱角状。

四、陆源碎屑岩的构造

碎屑岩的构造类型繁多,在进行观察时应着重对具有判别岩层顶底、古流向及其他具有指向意义的标志进行详细观察研究。

1. 顶底面标志

碎屑岩中示顶标志主要有泥裂、雨痕、雹痕、波痕、部分层理等。例如,泥裂的开口端指向岩层的顶面,闭合端指向岩层的底面;板状斜层理的发散端为上、收敛端为下(图8-7)。

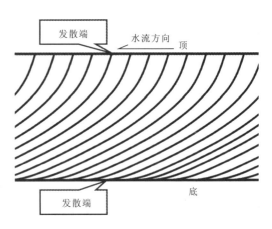

图8-7 板状斜层理顶底识别

2. 古水流方向标志

判断碎屑岩沉积时的古流向,是碎屑岩构造观察的重要目的之一。在进行碎屑岩构造观察研究时,重点找寻能判别古流向的标志。碎屑岩中主要能判别古流向的构造标志有层理标志、波痕标志、砾岩中砾石排列方式等。例如,河流沉积的砾岩中砾石如存在叠瓦状构造,其砾石的倒伏方向为当时的水流方向。为了较准确地判别古流向,通常要对叠瓦状砾石进行统计测量。

第三节 碳酸盐岩的观察与描述

一、碳酸盐岩的分类命名

碳酸盐岩主要是由方解石和白云石等自生碳酸盐矿物(含量大于50%)组成的沉积岩。主要有两大类:以方解石为主的石灰岩和以白云石为主的白云岩。组成碳酸盐岩的矿物主要有3类:自生碳酸盐矿物、非碳酸盐矿物和陆源矿物。此外,岩石中含有机质,其中石灰岩常含生物化石。

碳酸盐岩的颜色多样,有的洁白如玉,有的呈各种灰—黑色,也有的为黄色、红色、褐色。这主要取决于主要矿物和次要矿物的相对含量以及色素成分的含量,碳酸盐矿物颗粒和晶粒的粒度也有较大影响。

碳酸盐岩的结构主要有3类:粒屑结构、生物骨架结构和结晶结构。它们反映了不同的成因,是碳酸盐岩的主要鉴定特征,也是分类命名的主要依据。

碳酸盐岩的沉积构造类型很多,既有与流水作用有关的类似于陆源碎屑岩的各种层理和层面构造,如斜层理、波痕等,也有类似于黏土岩与气候密切相关的各种层面构造,如泥裂、雨痕、雹痕、晶痕等原生构造,还常见缝合线构造。反映碳酸盐岩特色的,并与生物活动密切相关的原生沉积构造,除生痕构造外,常见的还有藻叠层构造和生物礁构造。

碳酸盐岩的成因很复杂,一般认为碳酸盐矿物的沉淀主要是生物化学作用的结果。富含钙镁组分的真溶液被搬运至海洋,由于生物活动等因素导致介质变为碱性,促使碳酸钙沉淀。碳酸盐岩主要形成于清洁、温暖的浅海水域中。

碳酸盐岩的分类方案很多,这里只介绍适用于野外鉴定的简要分类。首先,以方解石为主要矿物的碳酸盐岩称石灰岩,以白云石为主要矿物的碳酸盐岩称白云岩。石灰岩与白云岩之间存在一系列过渡类型,按方解石和白云石的相对含量划分(图8-8)。

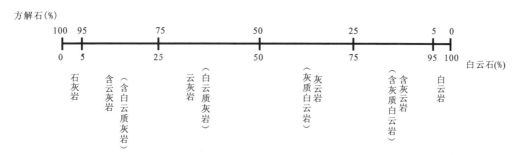

图 8-8 白云岩与石灰岩之间过渡类型的划分

(据朱勤文,1989)

石灰岩的进一步分类命名以结构和成因为依据,野外限于肉眼鉴定,粒屑及泥晶和亮晶的含量不能划分过细(表8-5)。

碳酸盐岩的命名原则是:颜色+结构+基本名称。

表 8-5 石灰岩野外鉴定分类表

(据朱勤文,1989)

成因							化学-生物化学	生物成因
结构		粒屑结构					结晶结构	生物骨架结构
岩石\填隙物	粒屑	磨蚀颗粒	加积-凝聚颗粒				晶粒	生物骨架
		内碎屑	生物屑	鲕粒	团粒	藻粒		
<50%		内碎屑灰岩	生物屑灰岩	鲕粒灰岩	团粒灰岩	藻粒灰岩	结晶灰岩 石灰华— 石钟乳	藻叠层灰岩 礁灰岩
>50%	泥晶>亮晶	内碎屑亮晶灰岩	生物屑亮晶灰岩	鲕粒亮泥晶灰岩	团粒亮泥晶灰岩	藻粒亮泥晶灰岩		
	泥晶	内碎屑泥晶灰岩	生物屑泥晶灰岩	鲕粒泥晶灰岩	团粒泥晶灰岩	藻粒泥晶灰岩		

二、碳酸盐岩的观察要点

碳酸盐岩的突出特征是加稀盐酸起泡,多数富含生物化石,而且粒度较细。野外观察和肉眼鉴定时应使用放大镜,并配备5%的稀盐酸。一般先根据结构和成分与其他沉积岩区别,再进一步区分石灰岩和白云岩。

1. 颜色

注意分别观察新鲜面和风化面的颜色。石灰岩新鲜面可呈多种颜色,主要取决于所含混入物的成分以及结晶颗粒的大小。石灰岩多呈暗色,如褐色、黑色、深灰色等;白云岩多呈浅色,如浅黄色、浅灰色、灰白色等。

2. 结构

碳酸盐岩结构类型很多,而且对岩石类型的划分和成因分析均有重要意义。一般具各种粒屑结构(内碎屑结构、生物碎屑结构、鲕粒结构等)的碳酸盐岩多为石灰岩。生物骨架结构则是石灰岩所特有的,具结晶结构者则可能是石灰岩和白云岩。

3. 构造

除观察层理、层面构造及层厚外,还应注意其他特殊构造,如藻叠层构造、生物礁构造、燧石条带和燧石结核等,还应注意其与上、下地层及周围岩石的关系。

4. 滴加稀盐酸

注意滴加稀盐酸(5%)后起泡的情况,可以区别白云岩与石灰岩,并可判断石灰岩中可能的混入物。碳酸盐岩岩石新鲜面上滴加稀盐酸:纯白云岩不起泡;起泡强烈而迅速的为纯石灰岩;起泡呈中等强度的则含有混入物,如白云质、硅质等;起泡弱的混入物含量较高,如白云质灰岩或灰质白云岩;如果起泡后留下泥质痕迹则表明含有泥质。

5. 生物化石

应注意化石的种类、含量、完整程度等,这对于沉积环境的分析和地层时代的确定均具有重要意义。应系统采集化石标本。

三、常见碳酸盐岩的观察研究

1. 含非生物屑颗粒碳酸盐岩的研究

(1)含内碎屑碳酸盐岩的观察研究。研究内容主要包括内碎屑(砾屑、砂屑与团块)的含量、形状、大小、成分与内部构造、磨圆度、分选度、排列方式、有无氧化圈,填隙物的性质及特点,伴生的颗粒及特点,岩层内的粒度分布特点,层理类型及横向展布特点,岩层上、下接触界面形态等。

(2)含鲕碳酸盐岩的观察研究。研究内容主要包括鲕粒的含量、形状、大小,填隙物的性质及特点,伴生的颗粒类型及特点,发育何种类型沉积构造及横向变化和层序特征等。尤其要注意鲕粒内部构造的观察:是同心鲕、放射鲕、表鲕、结晶鲕、空心鲕,还是其他类型的鲕。此外,对同心鲕应观察鲕粒包壳厚度及圈层数,与核心的直径大小。

(3)含球粒或类球粒碳酸盐岩的观察研究。球粒和类球粒是直径0.1~0.5mm的球状、椭球状、杆状碳酸盐矿物颗粒,主要在局限环境中出现(但可搬运至相邻环境中)。由于其粒径太小,野外观察其特征比较困难,特别是要把压紧的球粒与泥晶基质分开也不太容易。因此,野外一般只要能用放大镜辨认出是含球粒的某类碳酸盐岩即可。

2. 含生物屑及生物化石碳酸盐岩的研究

(1)化石组合的识别。①估量不同化石或生物屑类型在岩层内或层面上的相对丰度,确定化石组合的成分;②剖面上存在几种化石组合,各组合是否与不同的岩相有关;③研究化石及生物屑的再搬运程度,化石组合是否代表该区生活的生物群落;④化石组合有几个种属占优势,它们是广盐性还是狭盐性生物,所有各类生物是否都有相似的生活方式,深海类型占多少,内栖生物是否缺乏,垂向上生物类型变化或缺乏的原因是什么。

(2)生物骨骸的成岩作用。①骨骸是否被交代了(如白云岩化、硅化、赤铁矿化、黄铁矿化等);②是否有骨骸溶去后留下的铸型;③化石是否优先产在结核中;④化石是原形的还是压实过的。

(3)化石或生物屑在岩石中的分布情况。原地生长的生物:①成礁生物是否为群体生物,描述其生长形式,垂向上有无变化,生物间有无相互作用(如交叉、包壳生长),是否构成礁的骨架,有无原生孔洞(或被沉积物和/或胶结物充填)和礁的特征(不成层的块状外观等);②如不成礁,则确定是表栖还是内栖生物,表栖生物化石有无反映当时水流的优选方位(如有应测量),化石有无包壳,底质是否为硬底。

非原地生长的生物:①化石或生物屑是呈囊状、透镜状或侧向延展的层状分布还是在岩层中均匀分布;②破碎的和完整的化石各占多少,是否保存有微细骨骼构造(如贝壳上的壳针),观察化石的分选性和磨圆度,有无粒序层理、交错层理、冲刷基底和底面构造;③化石是否有优选方位,如果有要测量;④化石和生物屑是否有钻孔和包壳;⑤注意生物扰动程度和出现的各种痕迹化石。

3. 隐藻类构造的研究

常见的隐藻构造类型有层纹状、波状、半球状、球状(核形石,如图 8-9)、柱状及分枝状等类型。隐藻构造的不同类型对沉积环境具有重要的意义。如图 8-10 是河北抚宁柳江盆地下古生界地层中所发育的隐藻构造类型及沉积环境分析。

野外观察研究应注意区别:①藻纹层与无机纹层,纹层常出现微波状起伏,藻纹层厚度不均,间隔常有变化,此外,藻纹层中或其间还发育鸟眼(窗格)构造、帐篷构造及扁平砾石等,这些是无机纹层所不具有或不发育的;②叠层石与纹层状钙结壳有时外貌也很相似,此外对含核形石碳酸盐岩的调查研究要注意核形石的含量、形态、大小、

图 8-9 天河板组中的核形石

同心圈层数及包裹情况(全包裹、半包裹、紊乱状包裹或向柱状及分枝状过渡),核形石在垂向上是否具有粒序性,核心是生物屑还是其他成分,核心是否偏离,伴生的颗粒类型及特点,填隙物的性质及特点,层序及横向展布特征等,并注意不要把核形石与渗流豆石相混淆。核形石与

渗流豆石均有同心圈层构造,外貌有时相似,但核形石具有某些特殊的包裹形式(如不完全包裹、紊乱状包裹等),纹层不光滑,宽窄不一,其中常出现微体化石及生物屑,核心成分多样。

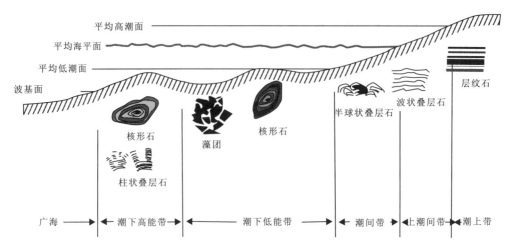

图 8-10　受沉积环境控制的隐藻构造
(据王英华等,1989;转引自魏家庸等,1991)

4. 礁灰岩的研究

(1)生物及生态。造架生物、包覆生物、附礁生物类型,各类生物的含量、分布及保存状态(均匀与否、完整或破碎),生物的原生状态和形态(球、块、枝状或板状等),生物的共生关系及底栖生物与基底的关系。

(2)岩石结构构造。颗粒含量及排列、支撑类型(颗粒支撑或基质支撑)、孔洞特征、沉积岩脉及内沉积物发育情况、示顶底构造、包覆构造及层理特征、岩石的重结晶以及白云岩化等。

在对上述诸项内容展开研究时尚需要考虑到礁灰岩的主要类型及其特点,即①礁屑粒泥灰岩:岩石中骨架生物屑有10%以上大于2mm,并被基质支撑;②礁碎块灰岩:岩石主要是由粗碎屑礁块组成,碎屑支撑;③障积灰岩:含有丰富的原地生长枝状化石的泥晶灰岩;④包黏灰岩:含有原地的板状或纹层状化石,这种化石是在沉积期间于沉积物上形成结壳,将沉积物包黏在一起而形成的岩石;⑤骨架灰岩:由原地生长造架生物构成格架,格架间隙为灰泥及亮晶充填形成的岩石。

上述①、②为异地礁灰岩,主要堆积于礁翼部,实际上是礁核的塌积;③、④、⑤为原地礁灰岩,是礁的核心部分。

5. 结晶碳酸盐岩的研究

观察研究内容主要包括晶粒大小、层理构造、颗粒类型、化石种类及特点,层序横向变化等特征。如为白云岩,最好还能判别它是原生还是次生的。

第四节 硅质岩的观察与描述

硅质岩是指由化学作用、生物作用和生物化学作用以及某些火山作用所形成的富含二氧化硅(一般大于70%)的岩石,包括盆地内经机械破碎再沉积的硅质岩。但陆源石英碎屑经搬运沉积而形成的石英砂岩和沉积石英岩,尽管它们的二氧化硅含量有时可达95%以上,但不属于此列。

一、硅质岩分类

根据成因可把硅质岩分成生物或生物化学成因和非生物成因硅质岩两大类。
(1)生物或生物化学成因的,包括硅藻土、放射虫岩、海绵岩、板状硅藻土、蛋白土。
(2)非生物成因的,包括碧玉岩、燧石岩、硅华等,它们可以是化学沉淀的,也可以是次生交代的,或与火山作用有关的。

二、硅质岩的观察要点

由于硅质岩常由极细小的矿物质点或微体生物与超微体生物集合而成,其结构、构造在宏观上肉眼观察并不十分清楚,因此,采样必须借助室内显微镜与电子显微镜才能详细研究。硅质岩的野外观察研究除要注意其宏观特征与物理性质,如颜色、产状、硬度、相对密度以及微孔构造等外,还应查明其层序特征、空间分布情况。必要时采取化学分析和微量元素分析样品等。

1. 燧石岩的观察

燧石岩成分主要为玉髓和自生石英,年代较新者可由蛋白石组成。按产状可分为两个亚类:结核状燧石、层状燧石。

(1)结核状燧石。常呈不规则的结核状或不规则的条带状产于碳酸盐岩或黏土岩中,而且常沿一定层位分布。在野外调查研究中应对结核的产状、与围岩的层理关系进行具体描述。一般结核的产出形态多种多样,或顺层分布连成串珠状或结核层(图8-11),在结核层间有时可见斜交围岩层理或垂直层理分布的串珠状燧石结核或燧石岩管相连,构成三度空间的网格状分布,

图8-11 吴家坪组中的网状燧石结核

层内微细层理可以绕过结核,也可被结核切断。在调查中应采集一些岩石薄片,在偏光镜及电镜下进行微观研究。

(2)层状燧石。层厚一般为数毫米,大多呈规则的薄层状,有时则呈规则的条带状或大透镜体产出,可与浅水碳酸盐岩、页岩以及砂岩共生,亦可与深水的黑色页岩、远洋石灰岩或蛇绿岩等共生。虽然层状燧石的单层厚度往往很小,但与共生岩石一起可形成相当厚的沉积,有时

可形成明显的韵律互层,并在区域范围上有一定的稳定性。薄层状硅质岩除上述与泥质岩、喷发岩共生外,也常与深水浊流沉积的碎屑岩相伴产出。

2. 硅藻土的观察

硅藻土主要由硅藻和少量硅质放射虫等组成,因其具有特殊的微孔结构而在工业上有着广泛的用途,所以要把它当作一种极为有用的矿产来调查研究。

硅藻土主要产于第三纪(古近纪+新近纪)、第四纪海相或湖相沉积中,个别出现在白垩纪地层中,质纯者呈白色,一般不显层理,外貌似土,结构疏松,质软而轻(相对密度仅 0.4~0.9),吸水性强,有时具水平层理。其物化性质主要受硅藻结构及所含杂质——黏土矿物、石英、长石、云母碎屑与有机质、铁质的影响。因此,野外调查研究时还必须采集研究硅藻微孔结构和有关物化性质的样品。

第九章 岩浆岩的观察与描述

岩浆岩按侵入到地壳之中或是由火山作用喷出地表,可分为侵入作用和喷出作用,相应地形成侵入岩(岩浆在地下深处结晶而成的)和喷出岩(又称火山岩,岩浆经火山口喷出到地表后冷凝而成)。喷出作用又可分为熔岩流的喷溢作用和火山碎屑的爆发作用,相应地形成熔岩和火山碎屑岩。另外,与火山作用同时形成的未喷出地表而产于近地表部位的岩石,称次(潜)火山岩。通常所说的火山岩包括熔岩、火山碎屑岩和潜火山岩。岩浆岩的野外观察研究,主要包括矿物成分、结构、构造、产状、相、分类命名等内容。

第一节 岩浆岩的矿物成分

岩浆岩的矿物成分受控于岩浆的化学成分和结晶条件,它不仅是岩石分类命名的主要依据,而且也是理解岩石的化学成分、成因及成矿作用的基础。

一、岩浆岩的矿物类型

1. 根据矿物形成与岩浆作用的关系划分

(1)原生矿物。直接从岩浆中结晶形成的矿物,如角闪石、长石等。原生矿物内部成分和结构的变化是岩浆成分演变、形成条件和岩浆房内部过程变化的重要记录。

(2)岩浆期后矿物。是在岩浆完全结晶后形成的矿物。岩浆期后矿物可分两大类:一是充填于气孔和岩脉中的热液矿物,如气孔中充填的沸石;二是由于氧化、水化等作用而取代原生矿物的次生矿物,如由辉石、角闪石或黑云母转变而来的绿泥石、纤闪石。

(3)岩浆期前矿物(也称他生矿物)。是来自岩浆系统以外、在岩浆结晶之前就已形成的矿物,如直接来自地下深部的捕虏晶。部分也可能是岩浆与围岩或捕虏体反应而形成的矿物,例如,很多起源于变质沉积岩的过铝质花岗岩类岩石中,有时能见到形态浑圆的锆石,其年龄比岩浆结晶年龄老,这样的锆石就是从岩浆源区继承下来的矿物,称为继承锆石或残留锆石。他生矿物的识别,对于认识岩浆与围岩的相互作用和鉴别深部物质组成具有重要意义。

2. 根据矿物相对含量(体积分数)及在分类命名中的作用划分

(1)主要矿物。指在岩石中含量较多,并决定岩石大类名称的矿物。例如,花岗岩的主要矿物是石英、斜长石和钾长石,若无石英和斜长石,岩石则为正长岩类,而缺少石英和钾长石则为闪长岩类。

(2)次要矿物。指在岩石中含量较少,其存在与否不影响岩石大类名称的矿物,可用它来进一步确定岩石的种属。例如,闪长岩中若存在次要矿物黑云母,可称为黑云母闪长岩。

(3)副矿物。指在岩石中含量一般小于1%的矿物。如花岗岩中的锆石、磷灰石、绿帘石（岩浆成因的）、电气石、榍石、堇青石等。如果某些副矿物的存在对划分岩石单元、确定岩石形成条件和含矿性有指示意义，也可以将副矿物名称作为前缀加在基本的岩石名称之前，如绿帘石花岗闪长岩。

主要矿物、次要矿物和副矿物是构成岩石的主要组分，称为造岩矿物。造岩矿物一般都是原生矿物，但有些副矿物可能属于他生矿物。在岩相学观察中，除了要描述主要矿物、次要矿物和副矿物外，还要注意观察其中的岩浆期后矿物的类型、特征和含量。此外，有些矿物对划分岩石类型具有标型意义，称为特征矿物，如过铝质花岗岩中的堇青石、石榴石等。

3. 根据实际矿物的种类划分

(1)长英质矿物。长石（斜长石、碱性长石）、似长石、石英、白云母等的总称。由于这些矿物颜色较浅，所以也称浅色矿物或淡色矿物。

(2)镁铁质矿物。橄榄石、辉石（单斜辉石、斜方辉石）、角闪石、黑云母和不透明矿物等的总称。这类矿物的颜色一般较深，所以又称暗色矿物。镁铁质矿物在岩石中的体积百分含量称为色率。岩石的色率是岩浆岩鉴定和分类（特别是肉眼鉴定侵入岩）的重要标志，例如，可根据色率将岩浆岩划分为超镁铁质岩（色率大于90）、镁铁质岩（色率为90～50）、中性岩（色率为50～15）及长英质岩（色率小于15）。

需要指出的是，岩石的整体颜色不仅与暗色矿物含量有关，还与暗色矿物的粒度有关。粒度越细，使岩石呈现较深甚至很暗的颜色，这时岩石整体颜色并非与暗色矿物实际含量成正比。

4. 根据矿物的化学成分特点划分

(1)硅铝矿物。指SiO_2和Al_2O_3含量高而FeO、Fe_2O_3和MgO等组分含量很低的矿物，包括石英、长石、似长石和浅色云母（如白云母）。这类矿物在手标本上一般呈无色、白色或很淡的颜色。由一种或多种硅铝矿物（标准矿物）作为主要组分的岩石就叫作硅铝质岩石。

(2)铁镁矿物。指FeO、Fe_2O_3、MgO含量较高而SiO_2含量较低的矿物，包括大部分橄榄石族、辉石族、角闪石族和暗色云母（如黑云母）。这类矿物在手标本上呈黑色、暗绿色、绿色等较深的颜色。由一种或多种铁镁矿物作为主要组分的岩石就叫作铁镁质岩石。

二、岩浆岩的常见造岩矿物

岩浆岩中的造岩矿物主要是Mg、Fe、Ca、Na、K的硅酸盐和铝硅酸盐，Fe、Ti氧化物，以及石英及其同质多象变体。常见的矿物有20多种，其中最主要的有橄榄石族、辉石族、角闪石族、云母族（黑云母、白云母）、长石族（斜长石、碱性长石）、石英族和似长石族等，它们在岩石分类命名中起了重要作用。

第二节 岩浆岩的结构、构造

一、岩浆岩的结构

岩浆岩的结构是指组成岩石的物质的结晶程度、颗粒大小、颗粒形态、颗粒取向及颗粒之间的相互关系。结构一般是在手标本或显微镜尺度上观察。由于肉眼鉴定岩石的限制性,一般只能观察部分结构特征,如结晶程度和颗粒大小等。这里主要介绍侵入岩和熔岩的野外常见结构。

根据矿物结晶程度,可分为以下 3 种结构。

(1)全晶质结构。岩石完全由结晶的矿物组成,不含玻璃质。这是岩浆在缓慢冷却条件下(如在地下深处)结晶形成的,一般为侵入岩所具有。

全晶质结构包括显晶质结构和隐晶质结构。显晶质结构在肉眼或放大镜下可分辨出矿物颗粒界线,粒径一般大于 1mm,属于侵入岩的结构。而隐晶质结构只有在显微镜下才能分辨出矿物颗粒界线,粒径一般小于 0.2mm,见于喷出岩和部分浅成岩中。

(2)半晶质结构。岩石由一部分结晶质矿物和一部分玻璃质组成,见于火山熔岩和部分浅成岩中。

(3)玻璃质结构。岩石几乎全部由未结晶的火山玻璃组成,是岩浆在快速冷却(淬火)条件下(如喷出地表)形成的,见于火山熔岩和部分浅成、超浅成侵入岩边缘体(冷凝边等)。

需要注意的是,在手标本上,隐晶质结构与玻璃质结构有时不易区分,但前者光泽较暗淡,呈瓷状断口,粗糙具砂感,用小刀刻划不易崩裂;而后者的特征是岩石表面光滑,呈玻璃光泽,贝壳状断口,质脆,用小刀刻划时易崩裂。

依据矿物颗粒粒径的绝对大小,可划分为显晶质结构和隐晶质结构。

(1)显晶质结构。根据矿物颗粒的粒径大小可进一步分为细粒结构($d=0.2\sim 2$mm)、中粒结构($d=2\sim 5$mm)、粗粒结构($d=5\sim 25$mm)和伟晶结构($d>25$mm)。另外,$d>1$cm 的矿物,也可称为巨晶。

(2)隐晶质结构。可进一步分为微粒结构($d<0.2$mm,在显微镜下才可看见矿物晶体)和显微隐晶质结构(晶体太小,在显微镜下也不易分清颗粒边界)。

根据矿物颗粒的相对大小,可分为以下几种。

(1)等粒结构。岩石中同种主要矿物颗粒的大小大致相等。

(2)不等粒结构。岩石中同种主要矿物颗粒大小不等,连续跨过几个粒级。

(3)斑状结构。岩石中的矿物颗粒分为大小截然不同的两群,大者称为斑晶,细小的部分称为基质,基质为隐晶质或玻璃质。斑状结构常见于浅成岩和喷出岩中。斑晶和基质形成于不同世代,斑晶为地下较深处早结晶的产物。

(4)似斑状结构。由大小明显不同的两群矿物颗粒组成,但基质为显晶质。似斑状结构多见于较深的侵入岩中,斑晶与基质基本上为同一世代的产物,但结晶先后不同。

二、岩浆岩的构造

岩浆岩的构造是指组成岩石的不同矿物集合体之间,或矿物集合体与其他组成部分之间的排列、充填方式等所表现出来的特点。主要是在露头尺度(部分为手标本尺度上)的性质,例如层理构造。

1. 侵入岩的构造

(1)块状构造。岩石的各部分在矿物成分与结构上都是均匀分布的,无定向性。这是最常见的构造。

(2)带状构造。表现为岩石中不同颜色、粒度的矿物相间排列,成带出现。主要发育在基性、超基性岩中。

(3)斑杂构造。在岩石的不同部位,其成分、颜色、结构差别很大,使整个岩石显示出杂乱无章的斑驳外貌。

(4)面状和线状构造。以往将岩浆岩中的片状、板状矿物及扁平状包体(包括捕虏体、析离体和其他微粒包体等)等的平行排列的现象称为流面构造(或简称为面理),而将柱状、针状矿物及长条状析离体、捕虏体的定向排列的现象称为流线构造(或简称为线理)。由于这种构造既可能与岩浆流动有关,也可能与岩体侵位时岩浆与围岩间挤压作用有关,故这里笼统称为面状和线状构造。这些构造在岩体的边缘和顶部较清楚,向岩体内部逐渐消失,面状构造一般平行于接触带,而线状构造与岩浆流动方向或拉伸方向一致。

2. 喷出岩的构造

(1)气孔和杏仁构造。是喷出岩中常见的构造,主要见于熔岩层的顶部(底部较少)。在冷凝的熔岩流中,尚未逸出的气体上升汇集于岩流顶部,随着气体逸出,岩流冷凝后留下的成群孔洞,即形成气孔构造。气孔的形状有圆形、椭圆形、云朵状、倒水滴状、管状、串珠状以及不规则状等。

熔岩流的顶部和底部,气孔的形态和排列方向都可能有所不同。一般顶部气孔多而圆,底部气孔少而不规则,有时沿熔岩流流动方向被拉长或弯曲成管状,中部气孔很少,多为致密层。气孔的形态还与岩浆黏度有关,基性岩浆黏度较小,故基性熔岩中的气孔多呈形态较规则的圆形、椭圆形,并且气孔内壁较光滑;而黏度较大的酸性岩浆形成的熔岩中的气孔,多为不规则状,内壁也不平整。

当气孔被岩浆期后矿物充填后,即形成杏仁构造。杏仁体多具有圆滑的轮廓,是方解石、沸石、玉髓、石英、绿泥石等一种或几种次生矿物的集合体。

(2)流纹构造。是由不同颜色和成分的条带、条纹定向排列及拉长的气孔等表现出来的一种流动构造,反映熔岩流流动状态,是酸性喷出岩中最常见的构造。在浅成侵入岩体、次火山岩体边缘及一些岩脉的两侧也可见到。

(3)枕状构造。是海相玄武岩熔岩流中相对多见的一种构造,在陆地的湖河相环境中同样可以形成。水下熔岩喷发进入到水体中后,遇水淬冷,形态转变成椭球状、袋状、面包状或枕状,固结后成为枕状体。独立的(个别相连)枕状体被沉积物、火山物质及玻璃质胶结,形成枕状构造,代表了海底及水下喷发。每个岩枕大小不等,一般顶面上凸,底面较平,外部为玻璃质壳,向内逐渐为显晶质,气孔或杏仁体呈同心层状分布,具放射状或同心圆状裂缝。

(4)柱状节理构造。熔岩由规则的多边形柱体组成,它是在熔浆均匀而缓慢地冷却收缩条件下形成,刚固结的岩石中产生垂直收缩方向的张性裂隙,形成垂直于接触面的柱状张节理。这是喷出岩中的原生节理构造,多见于厚层状基性熔岩中,但中酸性熔岩及不同成分的次火山岩、浅成岩和熔结凝灰岩中都能见到。

第三节 岩浆岩的产状和相

地球深部炽热的岩浆,由于其密度小于周围介质,又处在其挥发分及地质应力的作用下,故可沿构造脆弱带上升到地壳上部或喷出地表,在其上升、运移、侵位过程中,由于环境的改变,岩浆的成分和物理化学状态都可能不断地发生变化,最后冷凝、结晶形成岩浆岩(又称火成岩)。这一复杂的过程称为岩浆作用。按照岩浆岩产出与地表的相对位置,岩浆岩可分为两大类:侵入岩和火山岩(喷出岩)。其中侵入岩又可进一步分为浅成岩和深成岩。而火山岩则可进一步分为熔岩和火山碎屑岩。由于侵入岩和火山岩形成环境和岩浆作用方式明显不同,造成侵入岩和火山岩在地质特征上具有明显的差别。岩浆岩的产状和相的确定,对于分析岩浆作用与地壳演化和区域构造发展的关系,指导金属矿产和油气资源勘探,具有重要的意义。

一、岩浆岩的产状

岩浆岩的产状,即岩浆岩的产出方式,主要指岩浆岩体的大小、形态以及与围岩的接触关系。岩浆岩体的大小和形态取决于岩浆的成分和黏度、侵入体的体积、岩浆侵入过程、所处深度和构造环境等诸多因素。侵入岩与围岩之间的接触关系有侵入接触、断层接触和沉积接触。

(1)侵入接触。是指岩浆侵入于早已形成的围岩中,具有侵入接触关系的侵入体可进一步划分为协调(整合)侵入体和不协调(不整合)侵入体两类。当侵入体与围岩的接触面基本上平行于围岩的层理或片理时,称为协调侵入体;反之,如果侵入体切割围岩片理、层理,接触面产状与围岩片理和层理产状不一致,则称为不协调侵入体(马昌前等,1994)。

(2)断层接触。是指侵入体与围岩之间的接触部位系断裂带出露的位置,这是岩体侵入时或侵入后发生过断裂作用的表现。

(3)沉积接触。是在侵入体形成后,又经历过剥蚀而出露地表,再被沉积地层所覆盖的现象,此类侵入体的形成时代要早于上覆地层沉积的时代。

1. 侵入岩的产状

按照岩体的大小、形态和接触关系,可以将侵入体划分为岩基、岩株、岩墙、岩盆、岩盖和岩床等多种,其中协调侵入体的产状主要包括岩床、岩盆、岩盖,而不协调侵入体的产状则主要包括岩基、岩株、岩墙、岩脉。

(1)岩基。是最大的巨型复式侵入体,出露面积大于$100km^2$,可达数万平方千米。其边部产状多外倾,向下有变大的趋势,如黄陵花岗岩基。大的岩基并非一次岩浆侵位形成的,而是由数个至100多个较小的岩体组成的,它们可以是同一期岩浆事件中,从深部岩浆房或岩浆源区多次上升的岩浆侵位于同一位置形成的,也可以是不同时期岩浆作用形成的复式岩体。在野外,可根据岩体之间的穿插关系、冷凝边和烘烤边的有无、捕房体的出现、面状和线状组构之间的切割关系等来判定岩体侵位的先后顺序。

大岩基多为花岗质岩体。尽管少见以基性岩为主体的岩基,但几乎在所有的花岗质岩类岩基中均可以见到大小由几厘米到几米、成分相当于玄武岩的镁铁质岩石包体,或发育有镁铁质岩墙群。

(2)岩株。出露面积小于$100km^2$的侵入体,其形态与岩基相似。如北京周口店花岗闪长岩体(又称房山岩体)就是一个典型的岩株。岩株多为产状陡倾的不协调侵入体,边缘常有一些不规则的树枝状岩体侵入到围岩中,被称为岩枝。

(3)岩床。又称岩席,是厚薄均匀、近水平产出的协调的板状侵入体。岩床以厚度小、面积较大为特征,厚度可由毫米级至上百米,延展可达数万米。基性和超基性岩体常呈此种产状。

(4)岩墙。是一种厚度稳定、近于直立的不协调的板状侵入体,长为宽的几十倍甚至几千倍,厚度一般为几十厘米至几十米。如著名的津巴布韦大岩墙,厚3~14km,长500km。

(5)岩盆。为中央略微下凹,呈盆状或漏斗状的协调侵入体。规模较大,厚度与直径之比大致为1:10~1:20,直径可达数十千米至上百千米。一般由密度较大的层状镁铁质—超镁铁质岩组成,通常称为层状侵入体。如我国四川攀枝花含钒钛磁铁矿的辉长岩体,其产状即为岩盆。

(6)岩盖。为蘑菇状的协调侵入体。其规模比岩盆的要小得多,直径一般为1~8km,最大厚度可达1000m。岩盖的侵位深度不大,一般小于3km,围岩为产状平缓、未变质的沉积岩。岩盖的成分以中性侵入岩为主,但从流纹质到玄武质的成分都有报道。

(7)岩脉。严格地说岩脉并不属于火成岩体,在大多数情况下,它们是与火成岩有关的热液活动的产物。岩脉规模较小,多充填到围岩的裂隙中。除了热液成因的岩脉外,也可以把规模较小(一般宽度小于数十厘米)、延伸相对较短的枝状岩浆岩体统称为岩脉。

值得注意的是,很多大的侵入体常常呈复式岩体形式产出。据美国地质研究所(AGI)的定义,复式岩体是岩浆多次侵位形成的侵入体,不强调岩石之间的同时性,而杂岩体则为大致同时形成而密切共生的由多种岩石构成的岩浆岩体,它既可以包括侵入岩,也可以是火山岩,或者既有火山岩也有侵入岩(王德滋等,2002)。

2. 喷出岩的产状

主要取决于火山喷发的方式。通常根据火山通道的形态和火山喷发方式分为裂隙式、中心式和熔透式等,主要受构造条件控制。也可根据火山活动的方式分为溢流式、爆发式和侵出式,主要受岩浆成分及物性的制约。中心式喷发主要形成火山锥、熔岩流、岩钟、岩针等产状,裂隙式喷发主要形成熔岩被、熔岩台地、熔岩高原等产状。此外,熔透式喷发也形成熔岩被等。

(1)火山锥。由熔岩和火山碎屑岩组成,中心为火山口或破火山口。

(2)熔岩流。岩浆以较平静的溢流方式喷出地表,喷发物多为黏度较小的超基性至中性的岩浆,酸性者少见。溢流出的岩浆可形成面状的熔岩被、熔岩台地、线状的熔岩流。

(3)岩钟、岩针、岩穹。多以侵出的方式喷出。黏度较大、缺少挥发组分、失去流动性的中酸性和碱性熔岩火山活动的晚期形成这类产状。

(4)火山颈。是火山锥被剥蚀后,出露的火山管道中的充填物。火山颈在浅部一般直径较大,向深处缩小,上部喇叭状,中部筒状,下部墙状。充填物多为火山碎屑岩、熔岩、碎屑熔岩、熔结火山碎屑岩等。

二、岩浆岩的相

岩浆岩的相是指由于生成环境不同而形成的岩石和岩体的总外貌和特征。岩浆岩的相是以岩体形成深度,并结合岩体产状、分布及岩石特征进行划分的。

1. 侵入岩的相

按照岩体的侵位深度可划分为浅成相、中深成相和深成相。其中浅成相岩石相当于浅成岩,而中深成相和深成相的岩石属于深成岩(表9-1)。

表 9-1 不同深度花岗岩体的特征对比表

(据桑隆康等,2012)

相及深度	接触关系	围岩	侵入体
浅成相,0~5km	不协调,截然	缺乏同时代的区域变质作用或变质程度低,有接触变质作用,常见有成因联系的火山岩,可与环状岩墙、破火山口塌陷共生	除近边缘处外,无面理发育,边部可能为细粒结构,为超熔线花岗岩,常见晶洞构造
中深成相,5~15km	不协调—协调,截然或局部为渐变关系	绿片岩相区域变质作用,无相关火山岩;较浅岩体周围热接触变质晕相当发育	多数为大岩基,多为复式岩体,面理-线理发育并常与接触带平行;岩体边缘一般多为富镁铁质的岩石,多为低熔线花岗岩
深成相,>15km	协调,局部为不协调	角闪岩-麻粒岩相区域变质作用,最深处常见脉状混合岩	面理弱或发育眼球状片麻岩,可见交代特征,可能受变质作用改造

(1)浅成相。侵入深度为 0~5km。侵入体规模较小,常见岩墙、岩床、岩盖、小岩株、隐爆角砾岩体等。岩体中可以发现晶洞构造、角砾状构造、流动构造,边部具冷凝边,与围岩多呈不协调接触。岩体具细粒、隐晶质结构及斑状结构,斑晶可具熔蚀或暗化边结构。

矿物常保存了高温条件下的结构状态,常见高温石英斑晶、透长石斑晶,出现易变辉石等矿物。岩体接触变质较弱,有时有硅化、绿泥石化、绢云母化蚀变。浅成相小型侵入体常与金属矿产有关,尤其是隐爆角砾岩体,是很好的容矿岩体。

(2)中深成相。侵入深度为 5~15km,多属较大的侵入体,如岩株、岩基、岩盆等,也有岩盖、岩墙等小型侵入体。岩石具中粒、中粗粒结构,似斑状结构。接触变质带较宽,有时有云英岩化带,常见矽卡岩带。在接触带可形成各种接触变质和高温汽成热液矿床。

(3)深成相。侵入深度大于 15km。岩体较大,岩体走向与区域构造线理方向一致,围岩为结晶片岩、片麻岩类的区域变质岩,岩体主要为花岗岩类。岩体常为片麻状构造,交代结构十分发育。岩体无冷凝边,围岩无接触变质带,与围岩多为逐渐过渡关系。

此外,横向上在一个侵入体的不同部位,由于冷却速度等条件不同,造成成分和结构上常有较明显的差别,据此可将一个岩体划分出边缘相、过渡相和中央相。中央相冷凝较慢、结晶粒度较粗、岩性均一;边缘相冷凝较快、粒度较细,常具明显的面理和线理构造,岩石成分、结构构造常不均匀。这种相带的变化在浅成相的侵入岩中表现得最明显,深成相侵入体因环境温度较高,表现得较弱,因此这些相带之间常常呈过渡关系。

2. 火山岩的相

火山岩的特征与火山喷发环境、火山的喷发方式、火山产物的堆积环境、火山碎屑物的搬运方式、火山岩在火山机构中的位置等密切相关。火山岩相的划分依据火山物质的喷发类型、搬运方式及定位环境和状态,即形成方式的总和。目前,国内外对火山岩相的划分很不统一。通常以火山岩所处的环境分为海相与陆相火山岩(表 9-2)。

表 9-2 海相火山岩与陆相火山岩的主要区别表

(据桑隆康等,2012)

海相火山岩	陆相火山岩
与下伏地层常为整合接触,风化壳不发育,与海相生物化石及海相沉积岩共生	与下伏地层常呈喷发不整合接触,风化壳发育,与陆相动植物化石及陆相沉积岩共生
熔岩成分变化小(以基性岩为主),常见枕状构造,中空骸晶发育,常见熔岩遇水淬碎形成的玻屑、岩屑等	成分变化大(基性—酸性岩均有),常见红色氧化顶,柱状节理发育
火山碎屑物在垂直方向上粒度分选明显,粒序层理发育	火山碎屑物在水平方向上粒度变化显著,常见火山弹、火山泥球、熔结凝灰岩、泥流角砾岩,而在垂直方向上碎屑粒度一般无分选,无明显的粒度变化
基性火山岩多为蓝色、绿色,中酸性岩罕见且多为银灰色、灰白色,红顶绿底构造不发育,气孔或杏仁的含量变化较大,水深较大者不发育气孔和杏仁构造	中性岩多为紫色、红色、黑色、灰色,中酸性岩多为浅黄色、浅黄白色,熔岩常发育红顶绿底(黑)构造,气孔、杏仁构造发育

根据火山活动的产物与形成方式、产出部位和形态及其岩石特征,可进一步划分为喷出相、火山通道相(火山颈相)、次(潜)火山岩相和火山沉积相,其中喷出相又可分为爆发相、溢流相和侵出相。火山岩相的识别对于恢复古火山机构具有重要的意义。①喷出相:形成深度为地表,包括溢流相(形成熔岩)、爆发相(产物为火山碎屑岩)和侵出相(产物为熔岩及角砾熔岩等)。②火山颈相:形成深度为地表至岩浆房或火山源区,产出岩石为熔岩、火山碎屑熔岩、火山碎屑岩等。③次火山相:形成深度为地表以下至约 3km 深处,产出岩石为熔岩、角砾熔岩、角砾岩等。④火山沉积相:形成于地表,产出岩石为喷出岩、沉积火山碎屑岩、火山碎屑沉积岩、沉积岩等,产出状态为陆相、海相、层状、透镜状沉积等。

第四节 岩浆岩的分类及常见岩石类型

一、岩浆岩的分类依据

岩浆岩的分类方案很多,但主要是依据岩浆岩的产状、结构、构造及成分等特征进行分类的。

(1)产状及结构构造分类。根据产状和结构构造,可将岩浆岩划分为侵入岩(包括浅成岩和深成岩)和喷出岩(火山岩)。这种划分是利用矿物成分和化学成分进一步分类命名的基础。

(2)矿物成分分类。岩浆岩的矿物成分是分类的重要依据。岩浆岩由各种造岩矿物组成,而这些造岩矿物的生成又取决于岩浆的成分和岩石形成的环境。故确定矿物的种类和含量具有重要意义。例如,根据岩石的色率可将岩浆岩划分为超镁铁质岩(色率为 100~90)、镁铁质岩(色率为 90～50)、中性岩(色率为 50～15)和长英质岩(色率小于 15)。还可根据矿物的种属和含量对岩石进行进一步命名。

(3)化学成分分类。岩浆岩的化学成分也是重要的分类依据。在岩浆岩中(除碳酸盐岩等岩石外),SiO_2 含量占重要地位,因此,通常根据 SiO_2 含量把岩石分为超基性岩、基性岩、中性岩和酸性岩等岩类,再进一步采用其他方法或指标进行分类命名。

合理的分类命名方法应该综合考虑岩浆岩的矿物成分、化学成分、结构、构造、产状和岩石的共生组合规律等所有特征。通常岩石定名所采用依据的顺序是:矿物成分优于化学成分,主量元素优于微量元素。

二、岩浆岩的分类

1. 侵入岩的分类

1)深成侵入岩的分类

首先要统计岩石中镁铁质矿物的百分含量(色率,或 M 值)。然后采用不同的图解进行实际矿物含量的分类。具体方法如下。

(1)对于 $M<90$ 的岩石,要进一步统计岩石中石英(Q)、斜长石(P)(An>5)、碱性长石(A)(包括 An<5 的钠长石)、似长石(F)的含量,使用国际地质科学联合会(IUGS)(1979)推荐的 QAPF 双三角图(图 9-1)分类。注意,在投图前应将实测的 3 种矿物含量总和重新换算为 100%,然后按图 9-2 所示的方法投点,最后据投点落入的区域确定岩石的基本名称。

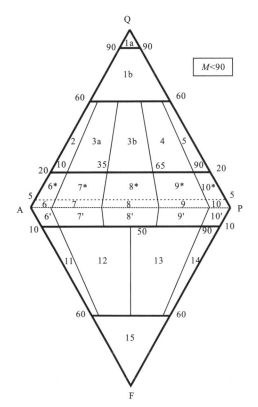

图 9-1 侵入岩的 QAPF 双三角分类图
(据 Le Bas et al,1986)

Q.石英;A.碱性长石(正长石、微斜长石、条纹长石、An_{0-5} 的钠长石等);P. An_{5-100} 的斜长石;F.似长石(霞石、方钠石、黄长石等);M.铁镁矿物及相关矿物(云母类、角闪石类、辉石类、橄榄石类、不透明矿物及绿帘石、石榴石、榍石等副矿物)。1a.硅英岩;1b.富石英花岗岩;2.碱长花岗岩;3.花岗岩(3a.正长花岗岩或普通花岗岩,3b.二长花岗岩);4.花岗闪长岩;5.英云闪长岩;6*.石英碱长正长岩;7*.石英正长岩;8*.石英二长岩;9*.石英二长闪长岩/石英二长辉长岩;10*.石英闪长岩/石英辉长岩/石英斜长岩;6.碱长正长岩;7.正长岩;8.二长岩;9.二长闪长岩/二长辉长岩;10.闪长岩/辉长岩/斜长岩;6′.含似长石碱长正长岩;7′.含似长石正长岩;8′.含似长石二长岩;9′.含似长石二长闪长岩/二长辉长岩;10′.含似长石闪长岩/辉长岩/斜长岩;11.似长正长岩;12.似长二长正长岩;13.似长二长闪长岩;14.似长辉长岩/似长闪长岩;15.似长石岩需说明的是,在富斜长石的几个分区内,均有两个以上的岩石名称,最终定名还需要考虑斜长石的牌号和镁铁矿物的含量和种类。其中,辉长岩与闪长岩的区别为前者 An>50,一般色率大于50,而后者 An<50,色率一般小于 50。斜长岩是指斜长石含量大于 90% 的岩石。

(2)$M \geqslant 90$ 的岩浆岩称为超镁铁质岩,它包括 SiO_2 含量小于 45% 的超基性岩和部分 SiO_2 含量大于 45% 的基性岩。全晶质的超镁铁质岩要按照所含的镁铁质矿物(橄榄石、斜方辉石、单斜辉石、角闪石、黑云母等)的含量进行分类(图 9-3)。

(3)对于镁铁质侵入岩(辉长岩),应据其中的暗色矿物种类及含量进一步分类(图 9-4)。当暗色矿物主要为辉石和橄榄石时,用图 9-4(a)分类;暗色矿物主要为辉石和角闪石时,用图 9-4(b)分类;暗色矿物主要为辉石时,用图 9-4(c)分类。

2)侵入岩的命名原则

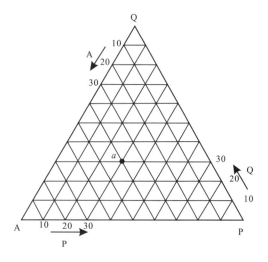

图 9-2 矿物分类三角图投图方法
(据桑隆康等,2012)

图中 a 点成分相当于 Q 为 30%、P 为 30%、A 为 40%,投点位于 Q 为 30%、P 为 30% 和 A 为 40% 三条含量线的交点上

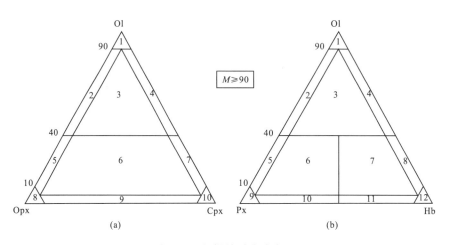

图 9-3 超镁铁质岩分类图
(据桑隆康等,2012)

(a):1.纯橄岩;2.方辉橄榄岩;3.二辉橄榄岩;4.单辉橄榄岩;5.橄榄方辉辉石岩;6.橄榄二辉岩;7.橄榄单辉辉石岩;8.方辉辉石岩;9.二辉辉石岩;10.单斜辉石岩。(b):1.纯橄岩;2.辉石橄榄岩;3.辉石角闪橄榄岩;4.角闪橄榄岩;5.橄榄辉石岩;6.橄榄角闪辉石岩;7.橄榄辉石角闪石岩;8.橄榄角闪石岩;9.辉石岩;10.角闪辉石岩;11.辉石角闪石岩;12.角闪石岩

根据上述分类方案,我们得到了岩石的基本名称,但还需要对岩石进行进一步命名,确定岩石的种属。岩石命名的一般原则有以下几点。

(1)以岩石中所含次要矿物(>5%)为前缀,例如闪长岩中含有 10% 的辉石,则其应命名为辉石闪长岩;次要矿物不止一个时,按"少前多后"的原则排列,例如橄榄岩中含斜方辉石

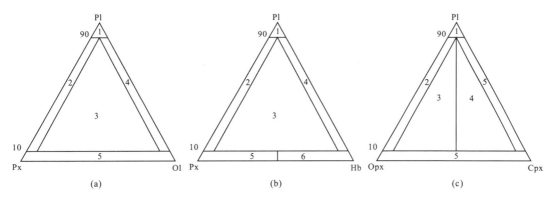

图 9-4 辉长岩及相关岩石矿物分类图
(据桑隆康等,2012)

(a):1.斜长岩;2.辉长岩(Cpx>Opx)、苏长岩(Opx>Cpx)、辉长苏长岩(Cpx≈Opx);3.橄榄辉长岩、橄榄苏长岩、橄榄辉长苏长岩;4.橄榄岩;5.含斜长石的超镁铁岩。(b):1.斜长岩;2.辉长岩(Cpx>Opx)、苏长岩(Opx>Cpx)、辉长苏长岩(Cpx≈Opx);3.辉石角闪辉长岩、辉石角闪苏长岩、辉石角闪辉长苏长岩;4.角闪石辉长岩;5.含斜长石角闪石岩;6.含斜长石辉石角闪石岩。(c):1.斜长岩;2.苏长岩;3.单斜苏长岩;4.斜方辉长岩;5.辉长岩;6.含斜长石辉石岩

10%、褐色角闪石 5%时,则其应命名为角闪方辉橄榄岩。

(2)某些特殊矿物无论含量多少都可参加命名,如堇青石花岗岩、绿帘石花岗闪长岩。

(3)特殊结构、构造也可以参加命名,如晶洞花岗岩。

(4)岩石若遭蚀变且需要在其命名中加以强调,需将蚀变矿物冠于岩石基本名称之前,如蛇纹石化二辉橄榄岩、绢云母化闪长玢岩等。

(5)侵入岩名称的构成:附加修饰词+基本名称。附加修饰词(或前缀)常用的只是一两种,一般不超过 3 种。因此要择优而用,其他特征均应放在文字中描述。附加修饰词(或前缀)在岩石名称中通常的排列顺序如下:蚀变作用—颜色—化学术语—成因术语—构造结构术语—特殊矿物—次要矿物—基本名称。

2. 浅成侵入岩的分类

(1)浅成岩是侵位深度介于 0~5km 的岩石。侵入体规模较小,常见岩墙、岩床、岩盖、小岩株、隐爆角砾岩体等。呈岩墙、岩床和岩脉产出者,都可以笼统称为"脉岩"。

(2)根据脉岩的矿物组合,可分为两类。①与深成岩矿物组合相似的脉岩,称为未分脉岩。未分脉岩可参考常见的深成侵入岩的基本名称,结合岩石的结构特点来定名,如花岗斑岩、闪长玢岩、微晶闪长岩、正长斑岩、辉绿岩等。斑状花岗岩等岩石属于深成岩(其基本名称是"花岗岩",具似斑状结构),不在浅成岩之列。②与深成岩成分差别较大的脉岩,称为二分脉岩,包括以浅色矿物为主的细晶岩(具细粒结构)和伟晶岩(具伟晶结构);以暗色矿物为主的煌斑岩,一般具有煌斑结构,即以自形的角闪石、黑云母等镁铁质矿物作斑晶。煌斑岩命名时要考虑斑晶的类型及斑晶与基质的主要矿物等。

(3)次火山岩是与火山岩(喷出岩、火山碎屑岩)同源的、侵位于地表以下很浅部位的侵入岩,它们常常是火山通道相的组成部分。但由于受露头观察的限制,次火山岩的判别具有不确定性,主要看它是否与火山岩在空间、时间和成因上存在联系。如果与火山岩空间上相连、形成时间相近、成分和外貌相似,表明与火山岩有密切联系,一般应属于次火山岩。如果该区无

火山岩出露而侵入岩发育,且与侵入岩关系密切,则可能是深成岩体的浅成相,或属于独立的浅成岩体。

目前,尚无统一的次火山岩分类命名方案,本书建议按浅成岩的命名方法来确定相关岩石的名称,如辉绿玢岩、闪长玢岩、石英斑岩等,建议废弃诸如粗面斑岩、流纹斑岩等术语。

在欧美教材中"玢岩(porphyrite)"一词已废弃,但本书仍依据斑晶矿物的类型来区分玢岩与斑岩。对于具斑状结构的浅成岩,当岩石中的斑晶矿物以斜长石和暗色矿物为主时,称为玢岩,如闪长玢岩、辉绿玢岩;若岩石中的斑晶矿物为碱性长石、石英和似长石类时,称为斑岩,如正长斑岩、石英斑岩等。对于不具斑状结构的浅成岩,由于颗粒细小(微粒或细粒),需在深成岩名称前加上"微晶",以此区别细粒的深成岩,如微晶闪长岩。

3. 火山岩的分类

1)火山岩的分类

矿物含量可以确定者,可用 QAPF 分类法:此法用于 $M<90$,且能够确认实际矿物含量的火山岩。QAPF 图的分类基本名称和分区与侵入岩的对应,但略有简化(图 9-5)。在使用 QAPF 图解时,应注意其 Q、A、P 或 A、P、F 等值的计算要在去掉 M 值的基础上,将实测的 3 种矿物含量总和换算为 100%,然后投点确定岩石的基本名称。

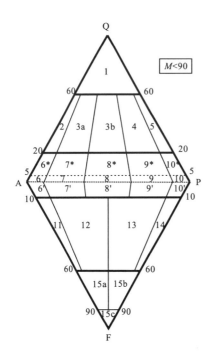

图 9-5 火山岩的 QAPF 分类命名图
(据 Le Bas et al,1986)

1.富石英流纹岩;2.碱长流纹岩;3a 和 3b.流纹岩;4 和 5.英安岩;6.碱长粗面岩;7.粗面岩;8.安粗岩;9、10、9*、10*、9′、10′.玄武岩、安山岩;6*.石英碱长粗面岩;7*.石英粗面岩;8*.石英安粗岩;6′.含似长石碱长粗面岩;7′.含似长石粗面岩;8′.含似长石安粗岩;11.响岩;12.碱玄质响岩;13.响岩质碧玄岩(Ol>10%),响岩质碱玄岩(Ol<10%);14.碧玄岩(Ol>10%),碱玄岩(Ol<10%);15a.响岩质似长岩;15b.碱玄质似长岩;15c.似长岩

矿物含量无法确定,但有化学分析数据者,可采用 Le Bas 等(1986)代表国际地质科学联合会(International Union of Geological Sciences,以下简称 IUGS)火成岩分会所提出的火山岩的 TAS(Total Alkali and Silica,以下简称 TAS)分类方案(图 9-6)。应用 TAS 分类应注意以下几点:分析化验的岩石要选用无风化、无蚀变、无矿化、比较新鲜的岩石,有些受到低级变质作用影响的火山岩也可使用。新鲜岩石的岩石化学标准是:$\omega(H_2O)<2\%$,$\omega(CO_2)<0.5\%$,不新鲜者不予采用;在除去岩石中的 H_2O 和 CO_2 后,再把其他氧化物重新计算为 100%。

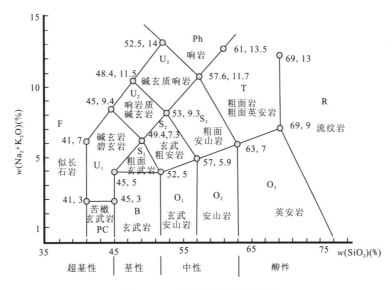

图 9-6 火山岩 TAS 分类图

(据 Le Bas,1986;Le Maitre,2002)

图中小圆点为 SiO_2、Na_2O+K_2O 的坐标点,附有坐标值 O—SiO_2 过饱和、S—SiO_2 饱和、U—SiO_2 不饱和及各区岩石的基本名称与进一步细分的种属名称如下。PC 区:岩石基本名称是苦橄玄武岩。B 区:岩石基本名称是玄武岩(SiO_2>48%),根据 SiO_2 饱和程度和是否含有霞石标准矿物(Ne),可将玄武岩分为碱性玄武岩(含 Ne)和亚碱性玄武岩(不含 Ne)。O_1 区、O_2 区、O_3 区:其岩石基本名称分别是玄武安山岩、安山岩、英安岩,这些岩石进一步划分为高钾、中钾和低钾等系列,也可以作为冠词,称为高钾玄武岩等。R 区:岩石基本名称是流纹岩,根据过碱指数(PI=(Na_2O+K_2O)/Al_2O_3,分子数比值)可进一步划分为流纹岩(PI<1)和过碱性流纹岩(PI>1)。T 区:岩石基本名称是粗面岩和粗面英安岩,二者是以 CIPW 标准矿物 Q 含量区分的,前者 Q<20%,为粗面岩,后者 Q>20%,为粗面英安岩,Q 的含量是指 Q+An+Ab+Or 中的含量,与 QAPF 图中的 Q 含量相当。当粗面岩的 PI>1 时,称为过碱性粗面岩。S_1 区、S_2 区和 S_3 区:基本名称是粗面玄武岩、玄武粗安岩和粗安岩,根据 K、Na 的相对含量进一步区分为钠质的夏威夷岩-橄榄粗安岩-歪长粗面岩系列和弱钾质的钾玄岩-安粗岩系列。U_1 区:岩石基本名称是碧玄岩区和碱玄岩区,其区别在于 CIPW 标准矿物橄榄石(Ol) 的含量,前者 Ol>10%,后者 Ol<10%。U_2 和 U_3 区:岩石基本名称是响岩质碱玄岩和碱玄质响岩。F 区:岩石基本名称是似长石岩,其主要种属是霞石岩和白榴岩

2)火山岩的命名原则

火山岩的进一步命名,需在基本名称之前加修饰词,包括矿物名称(如黑云母安山岩)、结构名称(如碎斑流纹岩)、化学术语(如高铝玄武岩)等。增冠这些修饰词的主要原则有以下几点。

(1)修饰词要与岩石的基本名称含义一致,只能是进一步描述岩石基本名称的特征,如不能出现"无石英流纹岩"这样的名称。

(2)当修饰词含义不够明确时,应给以量的概念,如一些地球化学术语"高钾""低钾""富锶""贫镁"等名称,此时,注明大于或小于某个值或应用图解进一步说明。

(3)当修饰词为一个以上矿物名称时,应按照少前多后原则来命名。如角闪黑云安山岩,表示岩石中黑云母的含量多于角闪石。

(4)对于含玻璃质的火山岩,其含量不同,修饰词也不相同:

    玻璃含量   修饰词名称
     <20%   含玻
    20%~50%   富玻

50%~80%　　　　　　玻质(或另用专用名称,如黑曜岩、松脂岩、珍珠岩)

(5)在不能测定实际矿物,又无化学分析数据时,可以根据斑晶种类命名。

三、岩浆岩野外简易分类命名法

1. 侵入岩的野外分类

野外分类是深成岩 QAPF 图解的简化形式[图 9-7(a)、(b)],在野外地质调查中,当暂时不能获得精确的实际矿物含量时,深成岩的野外分类只能作为一种临时性的方法使用。当得到了岩石的实际矿物含量时,则应采用深成岩 QAPF 双三角图解(图 9-1)进行分类和命名。

2. 火山岩的野外分类

在实际矿物含量和岩石化学分析结果都没有时,可把火山岩野外分类当作一种临时的方法来使用。对应于侵入岩的 QAPF 图,一些岩石学家建议使用简化的火山岩 QAPF 分类图(图 9-8),根据岩石中斑晶的矿物组成来分类。其使用的方法是:先统计出斑晶的组成,然后把 Q、A、P 或 F、A、P 的含量总和换算为 100% 时的含量,最后在 QAPF 图上投图。与 TAS 分类图相比,火山岩 QAPF 分类要粗略得多,因此这种方法仅在没有化学成分的前提下使用。

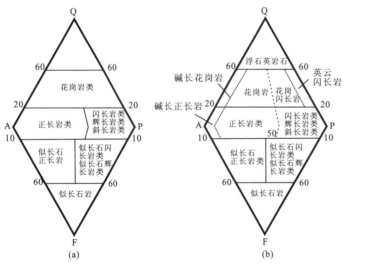 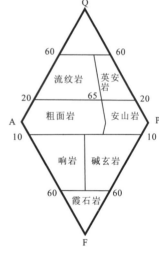

图 9-7　深成岩 QAPF 初步分类(供野外使用)　　图 9-8　简化的火山岩 QAPF 分类图
(据 Le Maitre,2002;桑隆康等,2012)　　　　　　(据 Le Maitre,2002;桑隆康等,2012)

野外工作时,对岩浆岩手标本的岩性观察描述的内容依次为岩石总体特征(包括颜色、结构、构造、组成矿物及其含量)、组成岩石的各矿物的基本鉴定特征、野外定名。

岩石命名时,通常将其中的辉石、角闪石、黑云母等暗色矿物及白云母作为前缀参加命名。此外,还可以考虑岩石显著的结构构造特征,即野外工作时,岩浆岩的综合定名一般采用:颜色+结构+暗色矿物(或特征矿物)+基本名称。例如,秭归实习区太平溪岩体的主要岩性分别为深灰色中粗粒黑云角闪英云闪长岩。

四、常见岩浆岩类型及其基本特征

我们已经知道,依据岩浆岩的化学成分、矿物成分、结构、构造、产状及岩石的共生组合规律等特征,可以对其进行科学合理的分类与命名。自然界常见的岩浆岩类型及其基本特征详见表9-3。

第五节　岩浆岩的野外地质调查

岩浆岩的研究主要包括野外地质调查、采样,以及室内的岩矿测试、综合分析等方面。本节主要介绍岩浆岩野外地质调查的基本内容。

岩浆岩野外调查是所有研究的基础。野外工作的第一步是要鉴别岩石究竟属于侵入岩还是火山岩,主要鉴定标志包括手标本上观察到的岩石结构、矿物组成特点,以及露头上的构造特征和产状(表9-4)。岩浆岩的野外研究涉及从研究对象本身的观察到与外部环境关系的分析,需要考察系统内部单元组成及各单元之间的相互关系、系统与外部环境之间的相互关系等方面的线索。随着调查的深入,着眼点还会从岩石组成特征、相互关系的观察与描述,拓展到进一步提取有关岩石成因、形成条件、形成环境、成矿关系及区域构造控制等相关的信息。

表9-4　侵入岩与火山岩的一般特征

(据桑隆康等,2012)

侵入岩	火山岩
岩石为全晶质,具细粒—粗粒结构	除可能存在粗粒的斑晶外,岩石具玻璃质、隐晶质和微(细)粒结构,在火山碎屑岩中有岩石碎块和火山碎屑结构
缺乏气孔和杏仁构造	可见气孔和杏仁构造
在侵入岩的岩体四周都可以出现冷凝边;在接触带都可以出现接触变质作用	只有底部才有细粒的冷凝边出现,在喷出单元之下才会出现烘烤边和轻微的接触变质作用
与围岩为侵入接触,岩墙和岩枝可以从岩体顶部或边部延伸到侵入体周围的岩石中	与地层常为整合接触,内部常含有沉积岩夹层,在喷出岩层不规则和碎屑化的顶部,裂隙中可以充填沉积物或上覆单元的岩石
岩体内可出现周围岩石的碎块或捕虏体	上覆岩石中会出现下伏喷出岩层的碎屑
岩体侵入可以引起邻近岩石发生褶皱和断裂	相关岩石缺少变

一、侵入岩的野外调查内容简介

1. 侵入岩野外调查的最基本内容

侵入岩野外调查的基本内容为:①岩浆岩体的内部组成(岩石类型)和内部构造;②岩体内

表 9-3 常见的火成岩类型及基本特征

暗色矿物含量分类		超铁镁质岩类	铁镁质岩类		中性岩类		长英质岩类		
酸度分类		超基性岩	基性岩		中性岩		酸性岩		
碱度和铝饱和指数分类	岩石类型		亚碱性	碱性	亚碱性	碱性	准铝质	过铝质	过碱质
基本特征		橄榄岩-苦橄岩类	辉长岩-玄武岩类	碱性辉长岩-碱性玄武岩类	闪长岩-安山岩类	正长岩-粗面岩类	花岗岩-流纹岩类		
	色率(M)	>90	50~90		15~50		<15		
	$w(SiO_2)$(%)	<45	45~52		52~63		>63		
	石英含量(体积分数)	不含	可含	不含	<20%	在硅酸不饱和岩石中可含	>20%		不含
	长石种属及含量	很少	基性斜长石	碱性辉长石及基性斜长石	中性斜长石、斜长石、碱性长石	碱性长石为主	碱性长石及中酸性斜长石		碱性长石
	暗色矿物及特征矿物	橄榄石、斜方辉石、单斜辉石为主，角闪石次之	普通辉石、低钙辉石(顽火辉石)、易变辉石，可含橄榄石、角闪石	普通辉石(含铁)、橄榄石较多	角闪石为主，辉石、黑云母次之	普通角闪石、黑云母，在碱性中性岩中，还出现钠质角闪石、钠质辉石、富铁黑云母	辉石、角闪石、黑云母	黑云母、白云母，并含石、石榴子石、刚玉及酸盐矿物	铁橄榄石、霓辉石、钠铁闪石、富铁黑云母
侵入岩	深成岩	橄榄岩、辉石橄榄岩	辉长岩、苏长岩、斜长岩	碱性辉绿岩	闪长岩	正长岩、二长岩、钠闪正长岩、霓辉正长岩等	花岗岩、花岗闪长岩		碱性花岗岩
	显晶质等粒结构或似斑状结构								
	浅成岩	苦橄玢岩	辉绿岩、辉绿玢岩	碱性辉绿玢岩	闪长玢岩	二长斑岩	微晶花岗岩	花岗斑岩、花岗闪长斑岩	
	全晶质细粒或斑状等粒结构								
	斑状结构								
喷出岩	斑状结构、隐晶质结构或玻流状结构、玻基质结构	苦橄岩、玻基纯橄岩、科马提岩、麦美奇岩	拉斑玄武岩、高铝玄武岩	碱性玄武岩、碱玄岩、碧玄岩、白榴岩	安山岩粗安岩	粗面岩、钠闪粗面岩、霓辉粗面岩等	流纹岩、英安岩	正长斑岩	钠闪碱流岩、碱花岗岩

注：①特殊岩类包括金伯利岩、钾镁煌斑岩、煌斑岩、碳酸岩及大部分 SiO_2 不饱和的岩石，火山碎屑岩未列入表内。
②分类表长英质或酸性岩石的石英含量分界为20%，该数值是指石英的相对含量(即石英、斜长石和碱性长石加起来重算为100%的含量)，并非石英的实际含量。大量统计表明，石英的实际含量(薄片中测定的体积分数)为18%就属于长英质或酸性岩类。

部不同岩类或组成单元之间的关系,包括包体及岩墙、岩脉等;③岩浆岩体的形态和大小特征;④岩浆岩体与围岩的关系;⑤围岩构造;⑥岩石成因和构造环境标志,如与岩浆岩体侵位深度、剥蚀深度、岩浆混合、同化混染、分离结晶,以及岩浆活动与区域构造关系等的地质标志;⑦岩体的侵位机制;⑧岩浆岩与成矿关系;等等。

2. 野外应特别要重视调查下列方面的特征

野外应特别重视下列方面的特征:①侵入体大小、形态及空间分布;②复式岩体的侵入期次;③岩体内部构造和围岩构造;④岩石包体及岩墙(脉);⑤侵入体内部的相带划分;⑥侵入体与围岩的接触关系及侵入时代的限定;⑦围岩蚀变特征及矿化。

二、火山岩的野外调查内容简介

火山岩野外调查的最基本内容为:①火山岩剖面测量及喷发旋回、韵律的划分;②火山岩岩相填图与火山机构研究;③区分海相火山岩与陆相火山岩;④火山岩与侵入岩关系;⑤火山岩与沉积地层关系;等等。

第十章 变质岩的观察与描述

第一节 变质作用的基本概念

一、变质作用和变质岩

在地壳形成和演变过程中,由于构造运动、岩浆活动、地热流的变化等内力地质作用,原来已形成岩石(岩浆岩、沉积岩及早形成的变质岩)所处地质环境及物理化学条件发生改变,在基本保持固态的情况下岩石发生矿物成分、结构构造甚至化学成分的变化,从而形成新的岩石,这种地质过程称为变质作用,由变质作用形成的岩石则称其为变质岩。原岩为岩浆岩经变质形成的变质岩称为正变质岩,原岩为沉积岩经变质形成的变质岩称为副变质岩。变质岩是自然界最主要的岩石类型之一,它与岩浆岩、沉积岩一起构成固态岩石圈。

变质作用的形成机制复杂多样,主要包括变质结晶(主要包括重结晶作用和交代作用)、变形和变质分异作用3类。控制变质作用的因素主要是地质环境及物理化学条件,前者属内因,后者属外因。外因包括温度、压力(静压力、应力)、具化学活动性的流体和时间4个因素,是变质作用的控制因素。

二、变质作用的地质分类

变质作用根据其规模和地质背景,可分为局部变质作用和区域变质作用两大类(Маракушев,1993;Raymond,2002)。

1. 局部变质作用

局部变质作用是分布局限(Raymond,2002),体积小于 $100km^3$ 的变质作用。局限分布于断裂带或接触带等地质构造中,往往只是一个因素起主导作用。具体可分为4类。

(1)接触热变质作用。是指分布于岩浆侵入体与围岩接触带附近,由岩浆侵入热所导致的变质作用,其主要控制因素为温度,主要变质机制为重结晶。

(2)动力变质作用。是指分布在脆性、韧性断裂带,由构造变形作用所导致的变质作用,其主要控制因素为构造偏应力,主要变质机制有破裂-碎裂变形、压溶变形、晶内滑移-位错蠕变变形、动态重结晶,以及扩散蠕变变形等机制。

(3)冲击变质作用。是指分布在陨石坑附近,由陨石冲击地表所产生的变质作用。瞬时的高压、高温条件是其控制因素,变形和伴随的部分熔融是其主要变质机制。

(4)接触交代变质作用。是指局限分布于岩浆侵入体接触带附近和火山喷气活动区,主要由岩浆热液引起的异化学变质作用,其主要因素为流体中的活动组分化学位(或浓度),变质作用机制主要为交代作用(扩散交代和渗透交代)。交代变质作用不仅改变岩石矿物成分、结构构造,而且使岩石总化学成分(除挥发分外)也发生变化。典型的交代变质岩有矽卡岩、云英岩、黄铁绢英岩、次生石英岩等。交代变质作用与金属矿床关系密切,常产在热液矿脉两侧,所以又称围岩蚀变。分布在侵入体接触带的交代变质作用又称接触-交代变质作用。

2. 区域变质作用

区域变质作用是在岩石圈范围规模巨大(Raymond,2002),其体积大于数千立方千米的变质作用,其变质因素复杂,往往是温度、压力、偏应力和流体的综合作用,变质机制多样,主要是重结晶和变形,有时还伴有明显的交代和部分熔融。在区域变质地区,很难找到变质岩与未变质岩的界线。区域变质作用地质环境多样,可发生在大陆地壳、大洋地壳甚至发生在岩石圈地幔中(Mason,1990;Miyashiro,1994)。区域变质作用可划分为以下 4 种地质类型。

(1)造山变质作用。是大规模分布在前寒武纪结晶基底和显生宙造山带的变质作用,与造山作用有密切的成因联系。面积为数百平方千米至数千平方千米。在前寒武结晶基底呈面状,在显生宙造山带呈带状分布。不仅温度、压力,而且偏应力都是其重要的变质因素。主要变质机制为重结晶和变形,形成的岩石常显示面、线理,因而又称区域热动力变质作用,因它是区域变质最常见类型,故常称其为区域变质作用。

(2)洋底变质作用。是洋壳岩石在大洋中脊附近上升热流和海水作用下产生的规模巨大的变质作用。温度和流体(海水)中活动组分化学位(或浓度)是主要的变质因素。变质作用机制是重结晶作用并伴随有交代作用,岩石面、线理不发育。洋底变质不仅使岩石矿物成分、结构构造发生变化,也可导致岩石化学成分变化,因而是区域规模的异化学变质作用。典型的洋底变质岩为绿岩,是一种主要由钠长石、绿帘石、阳起石、绿泥石组成的绿色块状区域变质岩。

(3)埋藏变质作用。是无明显变形的大规模很低级(很低温)的变质作用。通常出现在区域变质(造山变质)和洋底变质的很低级部分,或独立出现在强烈坳陷的盆地沉积的底部。埋藏变质作用是变质作用向成岩作用过渡的类型,形成的岩石无明显面、线理,重结晶作用不完全,多具原岩结构构造残留。

(4)混合岩化作用。是高级区域变质(造山变质)伴随着部分熔融产生的低熔物质(新成体)与变质岩(古成体)混合形成混合岩的大规模变质作用。它是变质作用向岩浆作用过渡的类型,又称为超变质作用。

第二节 变质岩的基本特征

变质岩的化学成分、矿物成分和结构构造是变质岩的最基本的特征。变质岩的化学成分主要反映原岩特点,变质岩的矿物成分主要反映变质作用条件,变质岩的结构构造则主要是变质作用机制的反映。

一、变质岩的物质成分

变质岩的物质成分包括变质岩的化学成分和矿物成分,是组成变质岩的物质基础,也是变质岩分类命名的依据之一。

1. 变质岩的化学成分

在等化学变质作用中,变质岩化学成分(除 H_2O 和 CO_2 外)取决于原岩化学成分,根据变质岩化学成分可恢复原岩类型。此外,变质岩的化学成分是影响矿物成分的主要因素,在一定温压条件下,它决定了变质岩的矿物组合。因此,化学成分研究对变质岩矿物组合及变质作用温压条件的研究具有重要意义。

在异化学变质作用中,变质岩的化学成分既取决于原岩的化学特征,又取决于交代作用的类型和强度。用岩石化学方法研究交代变质岩的化学成分特点,可推断原岩成分特点,了解交代过程中元素带入与带出的情况,查明交代作用的特点和强度。

变质作用过程中,原岩的矿物成分、结构构造都要发生改变,甚至变得面目全非。然而,一般变质作用则基本不改变原岩的主要化学成分。即使是异化学变质,也或多或少可追溯出原岩化学成分变异的某些特点。因此,变质岩的化学成分是恢复原岩和划分对比变质地层的重要标志。

Turner(1955)提出了一个简明的等化学分类,将常见的变质岩归纳为 5 个化学类型。

(1)泥质变质岩类。化学成分富含 Al_2O_3,贫 CaO,$Al_2O_3/(K_2O+Na_2O)$ 比值高、$K_2O>Na_2O$。原岩类型为泥质岩、页岩。

(2)长英质变质岩类。化学成分富含 SiO_2,K_2O 和 Na_2O 含量较高,Al_2O_3 含量较低。原岩类型为各种砂岩、粉砂岩、硅质岩、中酸性岩浆岩(包括火山碎屑岩)。

(3)钙质变质岩类。化学成分富含 CaO、MgO,而 Al_2O_3、FeO、SiO_2 等组分的含量变化较大。主要原岩类型为各种石灰岩和白云岩。

(4)基性变质岩类。化学成分富含 FeO、MgO、CaO,含有一定量的 Al_2O_3,贫 SiO_2、K_2O、Na_2O。原岩类型为镁铁质(基性)岩浆岩(包括火山碎屑岩)、铁质白云质泥灰岩和基性岩屑砂岩。

(5)镁质变质岩类。化学成分富含 MgO,部分变质岩中含 FeO 较多,贫 SiO_2、CaO、Al_2O_3、K_2O、Na_2O。原岩类型为超镁铁质(超基性)岩浆岩,也有部分富含镁的沉积岩。

上述五大类常见变质岩中,以泥质和基性岩石对温压条件变化最敏感,矿物组合随温压条件变化快,富钙和镁质岩石对温压变化亦较敏感,长英质岩石则是对温压变化不敏感的岩石。故变质程度(变质带、变质相)的划分常以泥质和基性变质岩矿物组合为标志。

此外,尚存在硅质、铁质、锰质、铝质、磷质和炭质等特殊类型,它们是一些较少见的副变质岩石,多以某种元素和某种矿物特别富集为特征。

2. 变质岩的矿物成分

在等化学变质作用中,变质岩的矿物成分主要受原岩化学成分和变质作用物理化学条件所制约,它们决定了变质岩石中可能出现的矿物及其矿物组合。在异化学变质作用中的变质岩矿物还取决于交代作用的性质和强度。同一化学类型的岩石在不同变质条件下具有不同的矿物及其组合(表 10-1)。显然,研究变质岩的矿物成分可以推断其化学类型和变质条件。

表 10-1 不同变质条件下五大类常见变质岩的矿物成分一览表

(据陈曼云等,2009,修改)

化学类型 \ 变质条件	很低级变质	低级变质	中级变质	高级变质
泥质变质岩类		绢云母、白云母(多硅白云母)、黑云母、石英、斜长石(钠长石)、微斜长石、绿泥石、硬绿泥石、黑硬绿泥石、石榴石、炭质	白云母、黑云母、石英、斜长石、微斜长石、红柱石、堇青石、十字石、蓝晶石、石榴石、矽线石、炭质或石墨	黑云母、石英、斜长石、正长石(条纹长石)、矽线石、堇青石、石榴石,有时有紫苏辉石、刚玉、尖晶石、假蓝宝石、石墨
长英质变质岩类	石英、斜长石(钠长石)、微斜长石为主,其次有绿泥石、黑硬绿泥石、红帘石、蓝闪石、绢云母、多硅白云母、文石、碳酸盐矿物	石英、斜长石、微斜长石为主,其次有白云母、黑云母、石榴石、绿泥石、绿帘石、阳起石、碳酸盐矿物	石英、斜长石、微斜长石为主,其次有白云母、黑云母、角闪石(石榴石、红柱石、蓝晶石、矽线石、透闪石、透辉石,只出现在少数岩石中,数量较少)	石英、斜长石、正长石(条纹长石)为主,其次有黑云母(石榴石、矽线石、石墨、硅灰石、透辉石、斜方辉石等只出现在少数岩石中,数量较少)
钙质变质岩类		方解石、白云石为主,云母类矿物,石英、透闪石、滑石、蛇纹石、炭质	方解石、白云石为主,透闪石、透辉石、金云母、镁橄榄石、石墨	方解石、白云石为主,金云母、透辉石、镁橄榄石、方镁石、硅灰石、石墨
镁铁质(基性)变质岩类	沸石类、多硅白云母、钠长石、绿纤石、葡萄石、蓝闪石类、硬柱石、文石、黑硬绿泥石、绿帘石、绿泥石、锰铝榴石、硬玉、绿辉石、石英	钠长石、绿帘石、绿泥石、阳起石,有时有黑云母、石英及碳酸盐矿物,高压时有蓝闪石、绿辉石、石榴石	斜长石和普通角闪石为主,可有石榴石、单斜辉石、石英、黑云母,高压时有绿辉石和石榴石、蓝晶石、金红石	斜长石及反条纹长石、斜方辉石(以紫苏辉石常见),有时有角闪石、黑云母、石榴石和石英,高压时有绿辉石、石榴石、金红石、蓝晶石
镁质(超镁铁质)变质岩类	滑石、蛇纹石、菱镁矿、石英	滑石、蛇纹石、菱镁矿、透闪石、透辉石、镁橄榄石	透闪石、直闪石、镁铁闪石、镁橄榄石、透辉石	镁橄榄石、顽火辉石、单斜辉石、石榴石、尖晶石

二、变质岩的结构、构造

变质岩的结构是指变质岩中矿物的结晶程度、晶粒大小、矿物的结晶习性和晶体形态及其矿物之间的相互关系。变质岩的构造则是指变质岩中矿物或矿物集合体的空间分布和排列方式及相互关系。变质岩的结构、构造是变质岩的重要鉴定特征，也是变质岩分类命名的主要依据，是恢复变质岩原岩类型的岩相学标志和研究变质作用演化历史的重要原始记录。

1. 变质岩的结构

变质岩的结构，按其成因可分为变质结构和变余结构两大类。变质结构包括变晶结构、变形结构和交代结构，而变余结构总是与变质结构相伴而生，其中变余结构是恢复原岩性质最可靠的证据之一，主要见于浅变质岩中。

变质岩结构的研究内容很多，观察的尺度不同，具有不同层次的内容。在野外，一般只能观察颗粒界面形态、晶粒大小等结构特征，即肉眼只能观察变余结构和碎裂、变形结构的部分特征，以及变晶结构的主要特征。

1) 变余结构

变余结构也称残余结构，由于变质结晶和重结晶作用不彻底，仍部分或大部分保留了原岩结构和矿物的特征。变余结构是恢复变质岩原岩成因类型重要的岩相学依据。

变余结构是在原岩结构名称上冠以"变余"前缀来命名的，如变余砂状结构、变余辉绿结构、变余斑状结构、变余岩屑结构等。

2) 变质结构

变质结构是在变质作用过程中所形成结构的统称。

(1) 变晶结构。是原岩在变质作用过程中经重结晶和变质结晶作用而形成的结构，其基本特征是呈全晶质结构，是变质岩最重要的结构类型。

变晶结构通常以后缀"变晶结构"来命名，如粒状变晶结构、鳞片变晶结构、针状变晶结构等。

按变质岩中主要矿物粒度的相对大小，可划分为等粒、不等粒、斑状变晶结构。其中，等粒变晶结构，据主要矿物粒度的绝对大小又可分为粗粒（>2mm）、中粒（1～2mm）、细粒（0.1～1mm）和微粒（<0.1mm）变晶结构等类型。需要注意的是，这个粒度划分比岩浆岩粒度划分要细，粗粒级仅相当于岩浆岩的中粒级，这是因为变质岩的粒度比岩浆岩要细得多。

按变晶矿物的结晶习性和晶形特征，可分为粒状、鳞片状、柱状、纤状变晶结构等。

按矿物的交生关系，可分为包含、筛状、穿插变晶结构等。

以下仅简要介绍一些常见变晶结构的肉眼鉴定特征。①粒状变晶结构。岩石主要由等轴粒状矿物（如石英、长石）组成，又称花岗变晶结构。颗粒大小不一定相等。如果同种主要矿物大多在一个粒级之间，称为等粒粒状变晶结构；如果同种主要矿物的粒度跨粒级连续变化，则称不等粒粒状变晶结构。②鳞片变晶结构。岩石主要由鳞片状（如绢云母）或片状（白云母、黑云母）矿物组成。③纤状变晶结构。岩石主要由纤维状、针状（透闪石、矽线石）矿物组成。④斑状变晶结构。岩石由变斑晶和基质两部分组成。基质可以具上述3种结构之一或为它们之间的过渡类型；变斑晶的形成与基质同时或稍晚，故有时可见较多基质的包裹物分布在变斑晶内，变斑晶常为自形晶。⑤角岩结构。这是接触热变质作用形成的角岩所特有的一种结构。肉眼观察为隐晶质，颗粒不可分辨。

需要说明的是，除上述典型结构外，往往同一岩石中两种晶形的矿物含量均较多，这时则将次要结构置前，如鳞片粒状变晶结构。此外，还可将粒度与晶形结合起来进行结构命名，如等粒鳞片粒状变晶结构。

(2)变形结构。这是岩石主要受应力作用而形成的特有结构,是变形机制的反映。变形结构是动力变质岩的特征,也见于区域动热变质岩中。观察变形结构除了从岩石薄片或手标本角度外,应从更小尺度的晶内和晶界角度观察(常称为显微构造)。

无论是脆性变形还是塑性变形,都趋向于使岩石细粒化,而且或多或少有大的原岩颗粒残留。因此,动力变质岩中矿物颗粒粒度通常具有双模式分布特征,其中大的变形原岩岩石或矿物颗粒称为碎斑、残斑,细小矿物颗粒称为基质,基质部分或全部导源于碎斑。碎斑与基质的比例反映了变形的强度,一般随着变形强度增大,碎斑含量减少,基质含量增加。碎斑和基质的特点,特别是基质特点则反映变形机制。通常可以划分为以下几种结构。①角砾状结构。是岩石发生脆性变形但强度不大时所形成的结构。岩石和矿物发生变形破裂和压碎成大小不等(>2mm)、形状不规则、棱角分明、杂乱分布的碎斑,较多的碎斑之间充填较细的物质。②碎斑结构和碎裂结构。也是岩石脆性变形所形成的结构。受应力作用发生破裂和压碎的矿物碎片,可分为碎斑和基质大小两群。碎斑为大的破裂岩石或矿物颗粒,基质为细小的同成分粉碎物质,有时基质中含有次生的Fe、Mn、Ca质胶结物。当碎斑大于2mm,并且位移不大,则称碎裂结构;如果矿物碎片粒径较细(<2mm),并且边缘破碎,经明显位移,则称碎斑结构。③糜棱结构。是岩石发生塑性变形产生,但往往具脆性变形的部分特点。一般需要在显微镜下确定,肉眼可见特征为细小的矿物微粒和鳞片(<2mm,多数小于0.5mm)围绕着碎斑呈纹层状分布。碎斑含量不等,常常圆化、变形成眼球状、透镜状,少量为不规则状,可见旋转现象。④玻璃质碎屑结构。碎斑是破碎的原岩岩石或矿物碎屑,有时可见到熔蚀现象,基质为玻璃质,该结构是高应变速率下强烈变形伴随的部分熔融(剪切熔融、摩擦熔融)的产物。

(3)交代结构。是由交代作用形成的结构,用前缀"交代"命名。例如,交代假象结构、交代残余结构、交代条纹结构等。

2. 变质岩的构造

变质岩的构造,按成因也可分为变质构造和变余构造两大类。

1)变余构造

由于变质作用对原岩改造不彻底,而保留了原岩的某些构造特征,又称为残余构造,多见于低级变质岩中,常与变质构造相伴生。常见的有变余层理构造、变余波痕构造、变余气孔构造、变余杏仁构造、变余流纹构造等。

2)变质构造

变质构造是原岩经变质结晶和重结晶作用改造形成的构造,又称变成构造。分定向构造和无定向构造两类。

(1)定向构造。在变质岩中非常普遍,其特点是非等轴颗粒近平行排列,出现优选方位,是偏应力作用下岩石变形的结果,多垂直最大压应力方向发育,其形成机制包括机械旋转、粒内滑移、优选成核、优选生长(压溶)等。

定向构造又可分为面状构造和线状构造两类,它们是经常组合在一起的。在野外露头上识别和测量面理、线理是变质岩区野外常规地质工作,可以使地质工作者获得变质岩区构造演化的重要信息。

面状构造表现为一系列近平行排列的结构面,统称为面理,Sander B(1930)称为S面,其可以弯曲、扭折和褶皱。岩石中往往有不止一种面理,可以按其形成先后顺序以S_1、S_2、S_3等记录它们,以便于构造分析。

面状构造包括变余层理、板状构造、千枚状构造、片状构造、片麻状构造、层状(条带状)构造、眼球状构造,以及 S-C 面理等类型。变余层理是最早的 S 面理,记作 S_0。①板状构造。又称板劈理,是重结晶程度很低(隐晶质)的低级变质岩的典型面理形式。通常由密集的间隔平面(劈理面)显示,沿着劈理面岩石容易裂开呈平整、光滑但光泽暗淡的板片。②千枚状构造。面理由细小的(多小于 0.1mm)片状硅酸盐定向排列而成,重结晶程度比板状构造高,但肉眼仍难以识别矿物颗粒。岩石易沿面理裂开,劈开面不如板劈理面平整,但有强烈的丝绢光泽(绢云母、绿泥石等片状硅酸盐矿物造成)。千枚状构造的明显特征是存在折劈、微褶皱和扭折带(Raymond,1995)。③片状构造。岩石重结晶程度高。面理由肉眼可识别的(粒径大于0.1mm)片、板、针、柱状矿物连续定向排列而成。岩石较易沿面理裂开,但裂开面平整程度比千枚状构造差些。千枚状构造和片状构造又称为片理。④片麻状构造。又称片麻理。与片状构造的相同点是岩石重结晶程度高,矿物肉眼可识别。不同点在于粒状矿物含量高,板片状、针柱状矿物在其中断续定向分布。片麻状构造的特点是岩石沿片麻理无特别明显和强烈的裂开趋势(Blatt et al,2006)。⑤层状构造。又称为条带状、条纹状构造或成分层,是由不同成分、不同结构的浅色与暗色层纹和条带(或透镜体)互层构成的面状构造。广泛出现在区域变质岩,动力变质岩和混合岩之中。⑥眼球状构造。特点是眼球状巨大矿物颗粒或颗粒集合体在基质中呈定向分布。主要见于区域变质岩、动力变质岩和混合岩中。⑦S-C 面理构造。剪切带内常常发育 S 面理和 C 面理两种面理:S 面理是指矿物颗粒平行于剪切带应变椭球体XY 面所形成的 S 型透入性面理,从边缘到中心,面理与剪切方向的夹角从大到小,在剪切带内呈"S"形展布;C 面理为糜棱岩面理,是指平行于剪切方向具有一定间隔的强应变带或位移不连续剪切面理,常由更细小的颗粒或云母等矿物组成。两面理相交的锐角指向剪切方向。随着应变增强,锐角变小,最终两面理会互相平行。

线状构造,即线理,是岩石中各种线状要素的平行定向排列。岩石中可有不同期的线理,按形成先后顺序记为 L_1、L_2、L_3 等。绝大多数情况下,线理都是与面理相结合的,因此线理产状应在面理上测量。变质岩中常见的线理有拉伸线理、矿物生长线理、皱纹线理、交面线理等。①拉伸线理。由拉长的岩石碎屑、砾石、鲕粒、矿物颗粒或矿物集合体等平行定向排列显示的线理。它是岩石矿物变形发生塑性拉长而形成的,其拉长方向与最大应变 X 轴方向一致,因此,是一种 A 线理。②矿物生长线理。由针状、柱状矿物等顺其长轴定向排列而形成的线理。它是岩石在变形变质作用中矿物在拉伸或伸长方向上重结晶生长的结果。因而矿物及纤维生长方向往往指示岩石重结晶或塑性流动拉伸方向,通常平行于最大应变 X 轴方向,也是一种A 线理。单独的拉伸线理很少见,绝大多数情况下拉伸线理在面理面上。③皱纹线理。由先存面理上微细褶皱枢纽平行排列所构成的线理,通常面理微褶皱的枢纽的平行排列。因此,它是一种 B 线理。④交面线理。两组面理相交或面理与层理相交形成的线理。通常它平行于同期大型褶皱的枢纽方向。交面线理所反映的也是一种 B 线理。

(2)无定向构造。特点是颗粒无定向、随机分布,反映变质作用是在缺乏偏应力条件下进行。通常出现在接触热变质岩、交代变质岩、埋藏变质岩和洋底变质岩中。主要有块状构造、斑点构造、瘤状构造、角砾状构造和云染状构造等类型。①块状构造。特点是岩石中的矿物无定向且均匀分布,主要见于接触变质岩、洋底变质岩和埋藏变质岩中。②斑点构造。见于受轻微接触变质的泥质岩石中。特点是由铁质、炭质或新生的红柱石、堇青石等矿物雏晶聚集体呈不同形状和不同大小的斑点,不均匀地分布在致密的基质中。若斑点由一两种矿物细小颗粒集合体组成,则称瘤状构造。③角砾状构造。以含大的棱角状碎块为特征,主要见于动力变质岩和混合岩中。④云染状(星云状、阴影状)构造。主要见于强烈混合化岩石中,特征是浅色长英质物质(新成体)含量高,暗色变质原岩(古成体)几乎消失,仅残留有暗色矿物集中的斑点、条片或团块不均匀地分布。它们与浅色长英质物质之间无明显界线,如星云状,有时可隐约地分辨出原岩轮廓。

第三节 变质岩的分类及常见岩石类型

一、变质岩的分类及命名

岩相学分类是基于岩石的矿物成分、结构构造等岩相学特征将岩石划分成不同类型,不同的岩石类型有不同的基本名称。变质岩的分类及命名与岩浆岩、沉积岩的岩相学分类不同。在变质岩分类中,常可找到一些名称基于岩石构造,如片岩。而另一些则基于矿物成分,如大理岩。

变质岩的岩相学分类方案有两类:一类建立在矿物成分基础上称为矿物学分类,通常限于结晶质的区域变质岩,用矿物含量在双三角形分类图解上的投影点位置得出岩石的基本名称,称为矿物学分类,最著名的是 Winkler(1976)的分类;另一类主要考虑结构构造,用岩石最显著的结构构造等特征划分岩石的基本类型,称为结构分类,Best(2003)的分类和 Raymond(2002)的分类是结构分类的代表。

由于矿物学分类基本名称采用片岩、片麻岩等结构构造名称,会出现岩石名称与岩石构造不符合的问题。而结构分类中岩石的基本名称与结构构造等最显著的特征一致,容易掌握,便于野外工作采用。目前,采用变质岩的结构分类已成为变质岩岩相学分类的主流。

所有变质岩岩石分类命名应遵循以下原则。①以矿物名称+基本名称命名岩石,基本名称前矿物以含量增加为序排列,含量高的矿物靠近基本名称,参与命名的矿物数目通常不超过 4 个。基本名称前不同矿物之间在英文文献中通常用连字符"-"隔开。如 Gt - Ch - Ms - Q schist(石榴石-绿泥石-白云母-石英片岩)。②当岩石的变余结构构造非常发育,原岩特征十分清楚时,则以"变质××岩"命名。其中"××岩"为原岩名称。例如:变质长石砂岩、变质砾岩、变质玄武岩、变质辉长岩等。

桑隆康等(2012)建议的一个变质岩岩相学分类(表 10 - 2),是在 Best(2003)和 Raymond(2002)的分类基础上拟定的。把变质岩分为面理化和无面理至弱面理化两大类,进一步按地质产状、结构构造和矿物成分特征划分基本类型。该分类与 Raymond 的分类一样,力图最大限度地反映基本岩石类型的岩相学特征,同时又像 Best 分类一样,避免使用不常用的岩石名称。分类中保持了板岩、千枚岩、片岩、片麻岩、碎裂岩、糜棱岩等基本名称的构造定义,也保持了大理岩、石英岩、蛇纹岩、榴辉岩等基本名称的矿物成分定义。一些岩石类型如片岩、角岩中,列出了一些有特殊定义的亚类名称,如绿片岩、蓝片岩、钙硅酸盐角岩、钠长-绿帘角岩等。值得特别指出的是,地质产状对无面理至弱面理化岩石的基本类型划分尤其重要。

表 10-2 桑隆康等(2012)建议的变质岩岩相学分类表

岩类			说明
面理化变质岩		糜棱岩	具糜棱结构的动力变质岩,通常具有 S-C 面理构造
		板岩	具板状构造的变质岩。如:钙质板岩、铁质板岩
		千枚岩	具千枚状构造的变质岩。如:绢云母-石英-千枚岩
		片岩 绿片岩 蓝片岩 白片岩	具片状构造的变质岩,如:蓝晶石-绿泥石-白云母片岩 主要由钠长石、绿帘石和阳起石、绿泥石组成的绿色片岩 含蓝闪石的片岩总称。如:蓝闪石-钠长石-绿泥石片岩 主要由滑石、蓝晶石组成的浅色片岩
		片麻岩	具片麻状构造的变质岩。如:石榴石-黑云母-斜长石片麻岩
		眼球状混合岩	具眼球状构造的混合岩,眼球状新成体分布于古成体中
		层(条带)状混合岩	具层状(条带状)构造的混合岩,新成体与古成体互层
无面理化至弱面理化变质岩	脆性断层岩	构造角砾岩	具碎裂结构、角砾状构造,碎块呈棱角状,无定向的动力变质岩
		构造砾岩	具碎裂结构、角砾状构造,角砾圆化、无定向至弱定向的动力变质岩
		碎裂岩	具碎裂结构、块状构造的动力变质岩
		假玄武玻璃	具玻璃质碎屑结构的动力变质岩
	区域变质岩	大理岩	主要由碳酸盐矿物组成的块状变质岩。如:透闪石-透辉石大理岩
		石英岩	主要由石英组成的块状变质岩。如:白云母石英岩
		蛇纹岩	主要由蛇纹石组成的块状变质岩。如:滑石-蛇纹岩
		绿岩	主要由钠长石、绿帘石和阳起石、绿泥石组成的绿色块状区域变质岩
		角闪岩 绿帘角闪岩	主要由斜长石和普通角闪石组成的区域变质岩。如:石榴石角闪岩 主要由钠长石、绿帘石和普通角闪石组成的区域变质岩
		麻粒岩	具粒状变晶结构和麻粒岩相矿物组合的长英质和斜长石-辉石质(基性)区域变质岩。如:辉石麻粒岩、石榴石-紫苏辉石麻粒岩
		榴辉岩	主要由石榴石和绿辉石组成的无长石的区域变质岩
		粒岩或××岩	具变晶结构的无定向、块状构造区域变质岩。通常具粒状变晶结构者称"××粒岩",如长英质粒岩。其余"××岩",如黑云母-角闪石岩、角闪石岩
		钙硅酸盐粒岩	主要由钙硅酸盐矿物组成的粒岩总称。如:钙铝榴石-透辉石粒岩
	混合岩	角砾状混合岩	具角砾状构造的混合岩,角砾状古成体分布在新成体之中
		云染状混合岩	具云染状构造的混合岩
	接触变质岩	角岩 钙硅酸盐角岩 钠长-绿帘角岩 普通角闪石角岩 辉石角岩	无定向、块状接触变质岩。如:红柱角岩、矽线石-长英角岩 主要由钙硅酸盐矿物组成的角岩总称。如:钙铝榴石-透辉石角岩 主要由钠长石、绿帘石和绿泥石、阳起石组成的基性角岩 主要由斜长石和普通角闪石组成的基性角岩 主要由斜长石和辉石组成的基性角岩
	交代变质岩	矽卡岩	主要由钙-镁-铁(铝)硅酸盐矿物组成的接触交代变质岩。如:石榴石-辉石矽卡岩
		云英岩	主要由石英、白色云母和萤石、黄玉、电气石等组成的交代变质岩
		黄铁绢英岩	主要由石英、绢云母、黄铁矿及碳酸盐岩组成的交代变质岩
		次生石英岩	主要由石英及绢云母、叶蜡石、高岭石、红柱石、明矾石组成的交代变质岩
		滑石菱镁岩	主要由石英、铁菱镁矿、铬云母、黄铁矿以及绿泥石、滑石、蛇纹石和铬铁矿组成的交代变质岩

野外工作时,对变质岩手标本的岩性观察描述的内容为:颜色、结构、构造、组成矿物及其含量,各矿物的基本鉴定特征,岩石定名。

对变质岩的命名,首先要确定其基本名称,变质岩的基本名称反映了变质岩石的最主要特征。确定基本名称主要是根据变质岩的结构构造特征、矿物成分的含量及矿物组合,有的则是采用变质作用的地质环境所形成的特殊岩石的名称(如角岩、矽卡岩等),少数岩石则是以其产地命名的(如大理岩、孔兹岩等)。

变质岩石的野外详细命名,一般采用"颜色＋构造＋矿物(少前多后)＋基本名称"的原则。例如,秭归实习区出露的古元古代崆岭群小以村组的主要岩性有深灰色条带状斜长角闪岩等。

二、常见的变质岩类

不同的变质作用,其形成产物的特征是不同的,不同的原岩则形成不同的变质岩类型。由于变质作用的类型不同,从而形成了区域变质岩类、动力变质岩类、接触热变质岩类、交代变质岩类和混合岩类等不同类型的变质岩石。

在自然界中,常见的变质岩类及其岩石类型详见表10-2。其中,尤以区域变质作用所形成的区域变质岩,是自然界中分布最广、种类最多、最主要的变质岩类,广泛出露于不同地质时代的变质地体中,由于其原岩类型和变质作用因素十分复杂,且形成于不同的地质环境,致使区域变质岩石类型极其繁多(表10-3)。

表10-3 区域变质岩类简表

(据陈曼云等,2009)

化学类型变质岩类	岩石类型
泥质变质岩类	泥质板岩类、绢云千枚岩类、云母片岩类、富铝片麻岩类、长英质麻粒岩类
长英质变质岩类	变质砾(角砾)岩类、变质砂岩类、变质中酸性侵入岩和火山岩类、石英岩及石英片岩类、长石片麻岩类、长石变粒岩类和长石片岩、长英质麻粒岩
钙质变质岩类	大理岩类
镁铁质(基性)变质岩类	变质镁铁质(基性)侵入岩和火山岩类、蓝闪片岩类、绿片岩类、斜长角闪岩类、斜长辉岩类、镁铁质麻粒岩类、榴辉岩类
镁质(超镁铁质)变质岩类	镁质片岩类、角闪岩类、辉岩类、镁橄岩类

第四节　变质岩区的野外地质调查

一、变质岩区野外地质调查的基本要求

在变质岩区进行野外工作,对于不同的目的有着不同的要求,一般可归纳如下几条。

(1)查明区内变质岩的矿物成分、化学成分及其结构、构造特征,并根据地质产状和组合关系,划分为各种不同变质成因的岩石类型,为研究变质岩组合规律或变质建造提供基础资料。

(2)根据各种类型变质岩及其矿物组合基本特征,划分不同变质作用形成的各种变质带、变质相,并且要求查明它们的排列秩序及其渐进变化情况。在混合岩化和花岗质岩石发育地区,还应调查这些岩石的基本特征和其空间分布情况,并注意它们和各种变质岩或各种变质作用的关系。

(3)在此基础上,结合地质背景,总结区内各种变质作用类型或变质相系的特征,研究它们与火山活动、岩浆作用、构造运动等其他地质作用的关系。

(4)查明变质岩系的地层层序和地质时代,划分合理的填图单位和地层单位,同时还需进行区域变质地层的对比工作,研究其纵向、横向变化情况。

(5)厘清含矿层位或含矿建造,指出找矿标志,查明矿产分布规律,为矿产预测和普查勘探提供依据和基础。

(6)根据变质岩系岩石地层和变质作用的组合特点,研究变质建造或原岩建造类型,探索变质作用在该区地质发展历史中的地位和意义。

变质岩地区的区域地质调查工作,应该本着以下几个基本原则。

(1)应该明确,与岩浆作用、沉积作用一样,导致各类变质岩石形成的变质作用也是一种地质作用,其孕育、发展过程是与整个地球不断演化的进程相适应的。在地球的不同演化发展阶段,各种地质作用的表现是不一样的,彼此的配套关系也是不一样的。例如太古宙的变质作用特点及与其他地质作用的配套关系是不同于古生代的。而古生代以来由于所处的大地构造环境不同,它们所发生的变质作用及与其他地质作用的配套关系又有明显的不一样。这些基本地质事实说明,变质作用不是孤立的,不单单是物理化学条件的改变,而是与其他地质作用密切关联的,是一个彼此有着千丝万缕联系的统一的整体。因此,必须把变质作用放到地球不断运动、发展的整体矛盾中去考察和研究,这也是划分变质作用成因类型的出发点。

(2)变质岩既是一种结晶岩类,又具有层状的性质,大体可算作层状结晶类型。因此,在变质岩发育地区具体工作时,既要运用沉积岩系的地质调查方法,也要强调结晶岩类的地质观察方法,二者不能偏废。

二、变质岩区野外地质调查的主要内容

(1)变质作用类型分析。在露头上观察变质岩,首要任务同样是鉴定和命名岩石,但不能只定出基本岩石名称,还应注意分析岩石是由何种变质作用形成的,特别要注意岩石的共生组合、产状和分布,这对于成分和结构构造相同或相似,但由不同类型变质作用形成的岩石尤为

重要。如板岩、片麻岩、大理岩、石英岩,若呈区域性分布,与其他区域变质岩共生,则可能为区域变质岩;若分布在侵入体周围接触带中,则为接触热变质岩。又如,千枚岩与千糜岩很相似,但前者属区域变质岩,可与绿片岩、片岩等共生,而后者属动力变质岩,分布在构造带中,呈狭长带状展布。

(2)变形组构的观察和测量。片状、片麻状、板状、千枚状等定向构造,是变质岩的特征构造,不仅对岩石鉴定命名有重要作用,而且也反映了变质变形时的应变特征。应注意详细观察和测量,如面理(包括劈理、片理、片麻理)的方向、有几组面理及面理间生成次序、片理等与原岩层理的关系、是否发生了构造置换等。还应注意利用有助于判断剪切应力方向的构造。此外,应采集定向标本,将面理的产状(倾向和倾角)标注在标本上,以便室内研究时分析其应变条件。

(3)变质作用条件的分析。对于区域变质作用,不同的变质条件可以通过泥质岩和基性岩的特征矿物和矿物组合进行分析。

(4)变质建造分析。变质建造既受原岩建造的控制,又受变质作用的影响,是双重作用的产物。变质作用的影响可以通过矿物共生组合来揭示,而原岩建造则须通过岩石中变余结构构造来恢复,以及通过一些特征岩石如基性岩的特征来恢复。

应特别注意,在变质程度较浅的岩系中,寻找和观察变质残留的原生构造,如变余气孔、变余杏仁、变余层理、变余层面构造等,一方面为恢复原岩提供依据,另一方面可按这些原生构造的判别方法确定变质岩系的层理、层序及层序是正常还是倒转。

(5)交代现象的野外观察。以交代作用为主的气液变质岩和混合岩,以发育各种交代结构为特征。交代结构一般需在镜下观察,但在露头或标本上也可判断交代作用的存在,不过应在较大范围观察。如晚期形成的矿物集合体(如长英质脉、方解石脉)呈规则或不规则的脉穿插在原岩中,而交代形成的大而完整的晶体切割原生构造(如层理),其内部还可残留被交代岩石的原生构造,岩石中出现"不协调"矿物。例如:斜长角闪岩中出现钾长石晶体或集合体,新矿物的集合体呈被交代的较大矿物的假象,岩石裂隙或不同岩性接触带上分布新生成矿物的晶体。

第十一章 构造的观察与描述

第一节 节理的观察与描述

节理作为断裂构造的一种基本形式,广泛发育于岩浆岩、变质岩和沉积岩之中。节理与断层的最大区别在于节理的位移、错断不明显或很小,规模通常也不大。通过对节理的识别与研究,对于矿产的形成、富集、迁移、赋存,以及水文地质和工程地质稳定性的评价等都具有重要的实际意义。

一、节理的分类

节理按成因可分为两大类:原生节理(成岩时形成的节理,如玄武岩柱状节理等)和次生节理(成岩后形成的节理)。次生节理又可进一步分为构造节理和非构造节理,如图11-1所示,其中构造节理是我们野外观察研究的重点,也是最常见的节理。

节理分类的主要依据:节理与有关构造的几何关系和节理形成的力学性质。根据节理与岩层产状的关系可分为走向节理、倾向节理、斜向节理和顺层节理。根据节理与褶皱轴的关系可分为纵节理、横节理、斜节理。根据节理与侵入岩流动构造的关系可分为横节理(Q)、纵节理(S)、层节理(L)和斜节理(D)。根据节理的力学性质可分为剪节理和张节理,其中节理的力学性质分类最为常用。

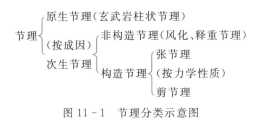

图 11-1 节理分类示意图

二、节理力学性质的识别

节理的力学性质一般可分为剪节理和张节理两种基本类型,两者的鉴别特征如下。

1. 剪节理的特征

(1)节理产状稳定,延伸较远,如被矿脉充填,则矿脉的厚度、产状稳定。

(2) 节理面光滑、平直，有时可见擦痕、摩擦镜面。

(3) 剪节理可切穿砾石，而不改变其方向（图 11-2）。

(4) 常密集成带出现，节理间距较小。

(5) 节理面上常见羽状微裂现象，羽状微裂面与节理面的锐角方向指向本盘运动方向。

(6) 剪节理常发育两组，并互成 90°相交形成"X"形共轭节理。

2. 张节理的特征

(1) 节理产状不稳定，延伸不远，如被矿脉充填，则矿脉的厚度、产状变化较大。

(2) 节理面粗糙，无擦痕或摩擦镜面。

(3) 节理常追踪两组剪节理而呈锯齿状展布。

(4) 发育于砾岩中的张节理不切穿砾石。

(5) 张节理常出现尖灭侧现现象，尾部常呈树枝分叉。

(6) 张节理很少密集成带出现，节理间隙较大。

(7) 张节理多成雁列状斜列（图 11-3）。

图 11-2 剪节理切穿砾石

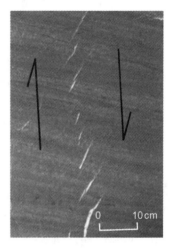

图 11-3 雁列式张节理

三、节理的分期与配套

构造节理常成群出现，而且其分布往往表现为一定的组合形式。在一次构造作用统一构造应力场中形成的具有成因联系的相互平行或近于平行的一组节理，称为节理组；在一次构造作用统一构造应力场中形成的具有成因联系的两组或两组以上的节理组，称为节理系（图 11-4）。

从图中可以看出，在同一挤压应力场的作用下，可形成与挤压力方向呈 45°角的两组剪节理和一组与挤压力方向近于平行的张节理，这 3 组节理组成的节理系统则称为节理系。

节理的分期是指将一个地区不同构造期、不同构造应力场所形成的节理进行筛分，而把同一构造期和同一构造应力场所形成的节理组合在一起，从而把不同时期形成的节理加以区别，划分出其形成的先后关系。节理的分期主要是根据节理的交切关系，以及各期节理的配套关系，如后期节理对前期节理切断错开，锯齿状张节理追踪早期剪节理系，以及晚期节理对早期节理改造等判断其形成的相对先后顺序。又如两组节理互相切错,则可能是同期形成的(或是共轭剪节理关系)。此外,还可依据它们与不同时期岩脉、岩墙的侵入和交切关系来区分节理形成的先后顺序。

节理配套是指一个地区在同一时期统一应力场形成的各组节理的组合关系。判断节理是否配套或同一套,就是去鉴别那些不同方向的节理或节理组是否形成于同一构造时期,并且是否是同一构造应力场作用形成的。节理配套主要是在不同方向的节理组中确定哪些是同期形成的具有成因关系的节理系。

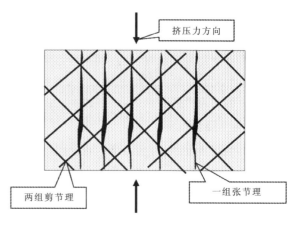

图 11-4 节理组与节理系关系示意图

四、节理的观测与研究

实际工作中对节理的观察一般遵循下列步骤。

1. 野外观察区段(点)的选择

在野外地质调查或地质填图过程中,一般根据专题研究和要解决的问题来选择布置观察区段(点)。每一观察区段(点)的范围视节理的发育情况而定,一般要求几十条节理可供观测,而且最好将其布置在既有平面又有剖面的露头上,以利于全面研究解析。

2. 观测研究内容

(1)观察了解野外地质露头节理与区域构造(褶皱、断裂)的关系及所处部位,正确判别不同力学性质的节理和形成的先后关系。常用记录格式如表 11-1 所示,也可根据实际情况和待侧重解决的问题另行设计表格。

(2)观察测量地质露头上所有节理产状,并进行分期和配套划分出节理组和节理系,分析形成时应力场的特征。

表 11-1 节理观测记录表

点号及位置	所在构造类型及部位	所在地质体时代、岩性及产状	节理产状	节理面及充填物特征	节理力学性质及组合关系	节理分期及配套	节理密度(条/m)	备注

3. 节理观测资料的整理与解析

在节理观察区段(点)、露头上所获得的节理数据、资料等信息要及时在野外基地或室内进行整理、统计、存储和制图。根据解决的问题而编制相关图件有多种,若了解节理发育情况则常编制玫瑰花图、节理极点图等;若为分析节理与构造应力场关系则可绘制节理应力场状态图;等等。

第二节 断层的观察与描述

断层构造是最为常见的构造现象之一。因此,断层的观察与研究也是实践教学的重要内容之一。

一、断层的分类

断层的分类主要是依据其几何学、运动学特征,以及其力学性质的特征进行分类。断层常用分类方案如表11-2所示。除表中所列之外,对下述几种相关构造也应有所了解。

表11-2 常见断层分类简表(据张克信等,2001,略修改补充)

分类依据	类型		
据两盘相对运动特点	正断层		
	逆断层	高角度逆断层:倾角一般大于45°	
		低角度逆断层:倾角一般小于45°	
		逆冲断层:位移显著,角度低缓	
	平移断层	左旋平移断层	
		右旋平移断层	
	平移-逆断层:以逆断层为主,兼平移性质		
	平移-正断层:以正断层为主,兼平移性质		
	逆-平移断层:以平移为主,兼逆断层性质		
	正-平移断层:以平移为主,兼正断层性质		
据断层走向与岩层走向关系	走向断层:断层走向与岩层走向基本一致		
	倾向断层:断层走向与岩层倾向基本一致		
	斜向断层:断层走向与岩层走向斜交		
	顺层断层:断层面与岩层面等原生地质界面基本一致		
据断层走向与褶皱轴向或与区域构造线之间的几何关系	纵断层:断层走向与褶皱轴向或区域构造线基本一致		
	横断层:断层走向与褶皱轴向或区域构造线基本直交		
	斜断层:断层走向与褶皱轴向或区域构造线斜交		

(1)推覆体。是指在角度十分低缓的逆冲断层上运移距离在数千米以上的平板状外来岩块或岩系。

(2)逆冲推覆构造(推覆构造)。是指包括逆冲断层和逆冲推覆外来岩体在内的整个构造系统。

(3)枢纽断层。断层的一侧以垂直于断层面的轴为枢纽而发生旋转运动的断层。

(4) 剥离断层。是指伸展构造背景下发育的一种平缓铲式、犁式正断层，并且常与变质核杂岩构造的形成有关。剥离断层之上为剥离上盘，其下为剥离下盘。剥离上盘是一套浅层次的正断层组合，而下剥离盘则为变质核杂岩。

(5) 变质核杂岩。是指由古老片麻岩等组成的穹状隆起，外形近圆形，以剥离断层为界与沉积盖层分开，顶部之剥离断层接触带实为由糜棱岩组成的韧性剪切带。它是大陆高应变伸展构造环境中形成的一套构造变质岩石组合。

(6) 滑脱构造。是指沿某地质界面（如不整合面、重要岩系或岩性界面等）发生剪切滑动，滑动面上、下盘的岩系各自独立变形，或造成地层缺失。它是伸展（或重力）构造体制下形成的低角度断裂构造。

(7) 走向滑动断层（走滑断层、平移断层）。指断层两盘沿近直立断层面相对水平移动或滑动的大型平移断层。

二、断层的观察与描述

1. 断层几何要素和位移

野外断层观察一是要有章可循，二是要注意对所收集的信息、资料和数据的记录、描述规范化。为此，表11-3可作为借鉴。

表 11-3 断层描述简表

几何要素	断层面、断层带、断层线、断盘（上盘、下盘、东盘、西盘等）
位移	滑距、断距、落差、平错等

2. 断层的识别

野外实践证明，并非所有的断层要素如断层面、断层破碎带等都能清楚地暴露于地表，故判别断层存在与否是一项细致的工作。通常采用不同尺度的构造观察相结合，如遥感解译与实地验证相结合、路线地质与地质填图相结合、区域调查与专题研究相结合等手段，并利用多方面标志进行综合判断方能确定。主要识别标志见表 11-4。

表 11-4 断层野外识别标志

识别标志	举例
地貌标志	断层崖、断层三角面、错断的山脊、泉水的带状分布等
构造标志	线状或面状地质体突然中断和错开、构造线不连续、岩层产状急变、节理化和劈理化狭窄带的突然出现以及挤压破碎、擦痕和阶步发育等
地层标志	地层的缺失或不对称重复
岩浆活动和矿化作用	串珠状岩体、矿化带、硅化带和热液蚀变带沿一定方向断续分布
岩相和厚度标志	岩相和厚度突变

3. 断层观察要点

断层观察内容较多(表11-4),现选择表11-4中的要点介绍。其中断层岩的内容参考变质岩有关章节,此处不再赘述。

1)断层面(带)产状的观测

断层面出露地表且较平直时,可以直接测量或利用"V"字形法则判断。但多数情况下常表现为一个破碎带,往往比较杂乱或被掩盖而不能直接测量,此时可在与之伴生节理、片理产状测量统计数据的基础上,综合钻孔资料或物探资料,用三点法、赤平投影等推断确定断层面(带)的产状。另外,在确定断层面产状时,应考虑到其沿走向和倾向可能发生变化,如逆冲断层的波状变化。

2)断层两盘运动方向的确定

断层活动过程中总会在断层面上或其两盘留下一定的痕迹或伴生现象,它们成为分析判断两盘相对运动的重要依据。但断层活动是复杂的,一条断层常常经历了多次脉冲式滑动或滑移。因此,在分析并确定两盘相对运动时应充分考虑其复杂性和多变性。

(1)断层两盘地层的新老关系。根据两盘地层的相对新老关系可以判断两盘的相对运动方向,通常对于走向断层,上升盘出露老岩层,但如果断层倾向与岩层倾向一致且断层倾角小于岩层倾角,或地层倒转时,那么老岩层出露盘是下降盘。如果断层两盘中地层变形复杂,为一套强烈压扁的褶皱,则不能简单地根据两盘直接接触的地层时代来判定相对运动。如果横断层切过褶皱,对背斜来说,上升盘核部变宽,下降盘核部变窄,向斜则反之,此种效应亦体现在两盘地层的新老关系之变化。

(2)牵引构造。断层两盘的岩层若发生明显弧形弯曲则形成牵引褶皱,其弧形弯曲的突出方向指示本盘运动方向。一般来说,变形越强烈,牵引褶皱越紧闭。为了准确进行判断,应在平面和剖面上同时进行观察,并结合断层两盘其他指向标志做出正确结论。

(3)擦痕和阶步。擦痕和阶步是断层两盘相对错动时在断面上留下的痕迹。擦痕表现为一组比较均匀的平行细纹。在硬而脆的岩石中,擦面常被磨光和重结晶,有时附以铁质、硅质或碳酸盐质等薄膜,以至光滑如镜称为摩擦镜面。擦痕由粗而深端向细而浅端一般指示对盘运动方向。如用手触摸,可以感觉到顺一个方向比较光滑,相反方向比较粗糙,感觉光滑的方向指示对盘运动方向。

在断层滑面上常有与擦痕直交的微细陡坎被称为阶步,阶步的陡坎一般面向对盘的运动方向。在断层滑动面上有时可看到纤维状矿物晶体,如纤维状石英、纤维状方解石,以及绿帘石、叶蜡石等。它们是相邻两盘逐渐分开时生长的纤维状晶体,称为擦抹晶体,许多擦痕实质上就是十分细微的擦抹晶体。当断层面暴露时,各纤维晶体常被横向张裂隙拉断而形成一系列微小阶梯状断口,其陡坎亦指示对盘运动方向。

需要注意的是阶步有正阶步和反阶步之分。在野外区分正阶步和反阶步可依据以下两点:其一,正阶步的眉峰常常成弧形弯转,而反阶步的眉峰则成棱角直切;其二,如果阶步有擦抹矿物或在眉峰部位有压碎现象则常为正阶步。

(4)羽状节理。在断层两盘相对运动过程中,其一盘或两盘的岩石中可产生羽状排列的张节理和剪节理。这些派生节理与主断层斜交,交角的大小因力学性质不同而有所差异。羽状张节理与主断层常成45°相交,锐角指示节理所在盘的运动方向。断层还可能派生两组剪节理:一组与断层面成小角度相交,交角一般在15°以下,即内摩擦角的一半;另一组与断层成大角度相交或直交。小角度相交的一组节理,与断层所交锐角指示本盘运动方向。断层派生的两组剪节理产状一般不稳定,或被断层两盘错动而破坏,所以不易用来判断断层两盘的相对运动。

(5)断层两侧小褶皱。由于断层两盘的相对错动,两侧岩层有时可形成复杂的紧闭小褶皱或揉皱,它们与上述牵引构造不同,其轴面与主断层常成小角度相交,所交锐角指示对盘运动方向。

(6)断层角砾岩。如果断层切割并搓碎某一标志性岩层或矿层,根据该层角砾在断层面上或断层带内的分布特征可以推断两盘相对位移方向。有时断层角砾成规律性排列,它们变形的 XY 面与断层所夹锐角指示对盘运动方向。

3)断层规模观测

野外要追溯断层延伸的长度和涉及的宽度,并结合有关方法测定断距大小来确定断层规模。其中测定断距方法很多,如在露头上采用剖面法求解或根据断层造成缺失或重复的地层厚度来估算,亦可根据构造窗后缘与最远"飞来峰"之间距确定最短位移距离等。相对比较精确的方法是采用"平衡剖面法",但必须掌握丰富的地质资料。真实的断层滑距一般要在上述资料的基础上,根据断层的几何关系进行计算才能获得。

4)断层期次的判别

由于受后期构造改造或本身重新活动,可使早期断层的运动方向或性质等方面发生转变。因此,野外要力求收集准确的相对时序关系的地质证据,其中较为重要的是结合构造要素组合规律和序列进行分析,如叠加的擦痕、构造岩交切分布、充填其中的岩体、岩脉被错开等。

在野外对断层观察研究过程中,要系统采集断层带内及其两盘的构造标本,特别是定向标本,以便在室内进一步测试、分析和鉴定;对典型现象均应素描和照相。这些都是深入研究断层必不可少的基础性工作。特别要提出的是,由于存在断层效应的问题,即断层运动的视觉假象,因此断层两盘运动方向和性质的准确判定,需在平面和剖面上同时观察,并结合断层两盘运动指向的其他判别标志才能得出客观正确的结论。

第三节 褶皱的观察与描述

在野外地质调查或填图过程中,对褶皱这一最基本的构造形迹进行观察与研究,是揭示某一地区的地质构造及其形成和发展的基础,故通常被野外地质工作者所注重。

一、褶皱的分类

1. 褶皱位态的分类

褶皱空间位态主要取决于轴面和枢纽的产状,根据轴面倾角和枢纽倾伏角将褶皱分成 7 种类型(表 11-5,图 11-5)。

表 11-5 褶皱位态分类简表

序号	类型	特征
Ⅰ	直立水平褶皱	轴面倾角 90°～80°,枢纽倾伏角 0°～10°
Ⅱ	直立倾伏褶皱	轴面倾角 90°～80°,枢纽倾伏角 10°～70°
Ⅲ	倾竖褶皱	轴面倾角 90°～80°,枢纽倾伏角 70°～90°
Ⅳ	斜歪水平褶皱	轴面倾角 80°～20°,枢纽倾伏角 0°～10°
Ⅴ	斜歪倾伏褶皱	轴面倾角 80°～20°,枢纽倾伏角 10°～70°
Ⅵ	平卧褶皱	轴面倾角 0°～20°,枢纽倾伏角 0°～20°
Ⅶ	斜卧褶皱	轴面及枢纽的倾向、倾角基本一致；前者倾角 20°～80°,后者在轴面上的倾伏角为 20°～70°

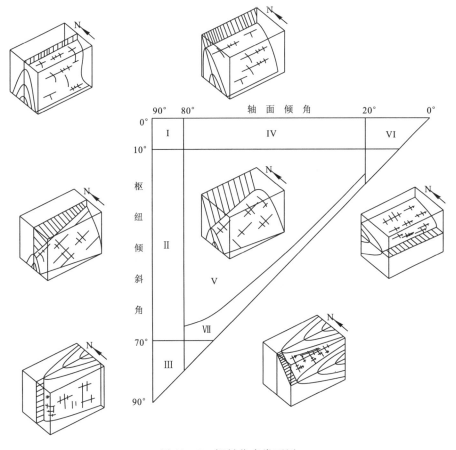

图 11-5 褶皱位态类型图

(据朱志澄,1999)

Ⅰ.直立水平褶皱；Ⅱ.直立倾伏褶皱；Ⅲ.倾竖褶皱；Ⅳ.斜歪水平褶皱；Ⅴ.斜歪倾伏褶皱；Ⅵ.平卧褶皱；Ⅶ.斜卧褶皱

2. 褶皱形态的分类

主要根据各褶皱层形态的相互关系和厚度变化进行分类。

(1)根据各褶皱层的厚度变化可为两大类：平行褶皱、相似褶皱。①平行褶皱主要特征为：褶皱面作平行弯曲；同一褶皱层的真厚度在褶皱各部位一致；弯曲各层具同一曲率中心；向下消失于滑脱面上。②相似褶皱主要特征为：褶皱面作相似弯曲；各面曲率相同，但无共同的曲率中心；两翼变薄而转折端加厚；平行轴面量出的视厚度在褶皱各部位相同；褶皱形态随深度的变化保持一致。

(2)根据褶皱横截面上褶皱层厚度变化和等斜线形式将褶皱分为 3 类 5 型(图 11 - 6)，即兰姆赛(J. G. Ramsay,1967)的褶皱形态分类。

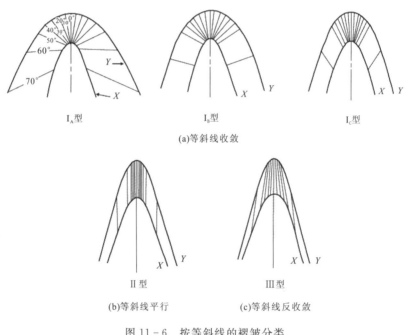

图 11 - 6　按等斜线的褶皱分类
(据 J. G. Ramsay,1967；转引自朱志澄,1999)

Ⅰ型褶皱——等斜线均向内弧收敛，内弧曲率大于外弧曲率。再根据厚度变化细分为 3 个亚型。

I_A 型褶皱——褶皱层的厚度在转折端部分比翼部小，可称顶薄褶皱。

I_B 型褶皱——褶皱层的厚度在各部分相等，是理想的平行褶皱。

I_C 型褶皱——转折端的厚度比翼部的略大，是平行褶皱和相似褶皱的过渡类型。

Ⅱ型褶皱——等斜线相互平行，内弧和外弧的曲率相同，为典型的相似褶皱。

Ⅲ型褶皱——等斜线向外弧收敛，外弧曲率大于内弧曲率，为典型的顶厚褶皱。

为便于对褶皱进行描述，还可根据褶皱两翼夹角(翼间角)大小，将褶皱分类描述为平缓(180°～120°)、开阔(120°～70°)、中常(70°～30°)、紧闭(30°～5°)、等斜(5°～0°)几种褶皱类型。还可以根据褶皱转折端的形态将褶皱描述为圆弧(滑)、尖棱、箱状和扰曲褶皱等。

二、褶皱的观察与描述

野外对褶皱研究首先是几何学的观察,目的在于查明褶皱的空间形态、展布方向、内部结构及各个要素之间的相互关系,建立褶皱的构造样式,进而推断其形成环境和可能的形成机制。其观察研究要点可概括为以下几个方面。

1. 褶皱的识别

在空间上地层的对称重复出现是确定褶皱的基本方法。多数情况下,在一定区域内应选择和确定标志层,并对其进行追溯,以确定剖面上是否存在被剥蚀或未出露的转折端,平面上是否存在倾伏端或扬起端。在高级变质岩和构造变形较强的地区,要注意对沉积岩的原生沉积构造进行研究,以判定是正常层位还是倒转层位的地层,并利用同一构造期次形成的小构造对高一级别的大构造进行研究和恢复。

2. 褶皱的位态观测

褶皱位态的确定需要观察和测量轴面和枢纽产状两个基本要素。例如,对于直线状枢纽或平面状轴面的褶皱,只需测量其中的一个要素就可以确定褶皱的走向方位,但不能确定其位态,因为具有相同枢纽方位的褶皱具不同的位态,轴面可以是曲面,枢纽也可以是曲线。

当褶皱全部出露时,可直接用罗盘测量其枢纽的倾伏向、倾伏角,以及轴面的倾向、倾角(轴面产状通常可借助轴面劈理产状获取)。若褶皱的枢纽、轴面为曲线(曲面),则必须测量若干具有代表性区段的产状来说明二者的变化。当褶皱没有完全剥露时,只要能测量出褶轴(或枢纽)、轴迹、轴面3个要素中任何2个要素,就可用赤平投影的方法求出另一个基本要素。此外,对大型褶皱的轴面和枢纽则需通过 π 或 β 图解求出。

3. 褶皱的剖面形态

褶皱形态一般是在正交剖面上进行观察和描述。由于露头面不规则和褶皱本身形态、位态等方面的复杂性,褶皱轮廓可能呈现出一个多解的画面(畸变面)。故观察视线应与枢纽保持一致,沿其倾伏下视进行。只有对不同位置、不同方向出露的褶皱形态特征进行综合分析才能得出褶皱的真实形态。

褶皱横剖面形态的研究应主要侧重于枢纽、轴面、转折端形态、翼间角、轴面、包络面,以及波长、波幅等褶皱要素和参数的观察、测量和描述。根据情况可自行设计表格,将上述诸项信息存储备用。

4. 褶皱的伴生构造

在褶皱形成过程中,不同部位的局部变形环境可有差异。褶皱层的某段可以伸长或缩短,而有些部分则无任何应变。因此,在褶皱不同部位形成不同类型的从属、伴生和派生小构造,并与主褶皱保持一定的几何关系,因而也从一个侧面反映出主褶皱的基本特征。借助这些伴生的小构造阐明大褶皱的几何特征,分析褶皱的形成机制及发育演化过程是野外地质工作中常采用的手段之一。

(1)褶皱两翼的从属、次级小构造。层间擦痕(线)的观察与测量可用以判断相邻岩层相对位移方向和主褶皱转折端的位置,以及类型(水平褶皱、倾伏褶皱、A 型褶皱、B 型褶皱等)。对褶皱翼部从属褶皱的观察与测量,可根据其层间不对称小褶皱类型("S"形或"Z"形)、倾伏方向来确定它们处于大褶皱的位置,并进一步恢复高级大型褶皱的总体形态。

(2)褶皱转折端的从属、次级小构造。观察节理和次级小断层的类型、特征,鉴别其力学性质,测量其产状要素,利用它们的构造组合关系、方位分析转折端的应力和应变状态特征,对从属褶皱类型("M"形或"W"形)及其随剖面深度的变化状况,也是其中研究内容之一。在这些资料综合的基础上,再结合地层时代关系确定褶皱的性质(背斜、向斜)。此外,还应认真观察转折端虚脱现象,以及岩脉、矿脉充填的情况。

5. 褶皱观察研究的要点

在地质调查过程中若发现露头良好的褶皱正交剖面时,应做如下观察、描述、测量和记录。

(1)确定观察点,记录露头,观察褶皱所在地理位置和所处高级大型褶皱的部位(如黄陵穹隆西南翼)。

(2)褶皱发育特征及相关地质概况:①褶皱核部和两翼地层及岩性;②褶皱两翼、枢纽和轴面等要素的产状;③褶皱的对称性;④褶皱在强层和弱层中发育的差异性;⑤褶皱伴生构造组合要素及各自表现特征;⑥尽可能实地收集不同部位岩层厚度及其变化等原始资料,并在正交剖面上拍照。

(3)根据收集的数据、资料和信息,对褶皱的形态、位态、样式等初步进行几何学分析,综合归纳和深入研究后再对其成因机制和运动学特征进行解释。

第四节 劈理与线理的观察与描述

劈理、片理、片麻理等透入性面状构造或面理(次生面理),也是构造观察中最基础的观察研究对象。

一、劈理的分类

1. 结构形态的分类

结构形态分类是目前较为流行的分类之一。主要是依据劈理化岩石中劈理域结构特征的识别尺度,将劈理分为连续劈理、不连续劈理两大类型。

连续劈理是矿物在岩石中均匀分布,全部定向,劈理域宽度极小,只有在显微镜尺度才能分辨劈理域和微劈石的劈理。连续劈理的另一层含义是:"透入性"更强,以至于整个岩石都被劈理所弥漫。连续劈理包括流劈理、片理、千枚理和板劈理。

不连续劈理特征是矿物仅在劈理域中定向,劈理域在岩石中具有明显的间隔,在肉眼尺度下即可分辨劈理域和微劈石。不连续劈理的"透入性"相对较弱,只有劈理域部分被劈理弥漫。不连续劈理有破劈理、褶劈理(滑劈理)(图11-7)。

2. 结构及成因分类

这一分类主要根据劈理结构及成因,这也是被广泛使用的传统分类方案。

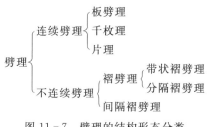

图 11-7 劈理的结构形态分类

(1) 流劈理。由片状、板状或扁圆状矿物或其集合体平行排列显示出来,具有使岩石分裂成无数薄片的性能。一般认为板劈理、片理、片麻理即是不同变质岩类中流劈理的具体表现形式。

(2) 破劈理。是指岩石中一组密集的剪裂面,其定向与岩石中矿物排列无关。与剪节理的区别只是发育密集程度和排列方式的差异,二者之间并无明显界线。

(3) 滑劈理。也称应变滑劈理、褶劈理,它是一组切过先存面理的差异性平行滑动面,即早期构造面理是其发育的基础。滑劈理的微劈石中先存面理一般均发生弯曲和形成各式各样的次级小揉皱,故常被称为褶劈理。

3. 形成构造背景分类

劈理形成的构造背景复杂,仅根据劈理与褶皱、断层和区域构造的关系粗略划分为以下几种。

(1) 轴面劈理。是指产状平行或大致平行褶皱轴面的劈理。

(2) 层间劈理。是指产状与原始层理斜交,其形成受控于岩性及层面。在黏度不同的岩层内,劈理的产状、间隔有很大差异。

(3) 顺层劈理。是指宏观上与岩层的界面近于平行。

(4) 断裂劈理。这是与断裂有成因联系的次级伴生、派生构造,并发育在断裂带内及其断层两盘的劈理。

(5) 区域性劈理。在一定区域上有稳定的产状展布,而与局部褶皱或断裂无成因联系的劈理。

二、劈理的观察与描述

劈理的详细观察是恢复大型构造形态和性质、分析变形机制和背景、建立构造序列和层次等深入研究之基础。考虑到劈理和片理均属次生面理构造,包括实习区在内的许多地质单元中它们处于同一构造环境且构造意义类同,故将二者视为一体简介野外基本观察要点。

1. 层理和劈(片)理的区分

在变质岩发育区或其他构造变形较为强烈的区段,原生层理常被劈(片)理不同程度地置换甚或被其隐蔽,因而极易将劈(片)理误认为层理。但应强调的是,沉积岩和火山岩中的各种原生层状构造是由物质成分、粒度、颜色和固结方式等方面的差异性所显示并受叠覆原理和侧向堆积原理所制约。如某变质岩系已遭受到较强的劈(片)理化,但其中的磁铁石英岩、大理岩、硅质岩等夹层延伸方向仍可指示原生层理产状[图 11-8(d)]。因此,在野外对原生构造标志(包括沉积成因者、火山成因者)进行观察分析是正确区分层理和劈(片)理的关键。有关原生构造标志可参阅岩石学、地层学相关描述。

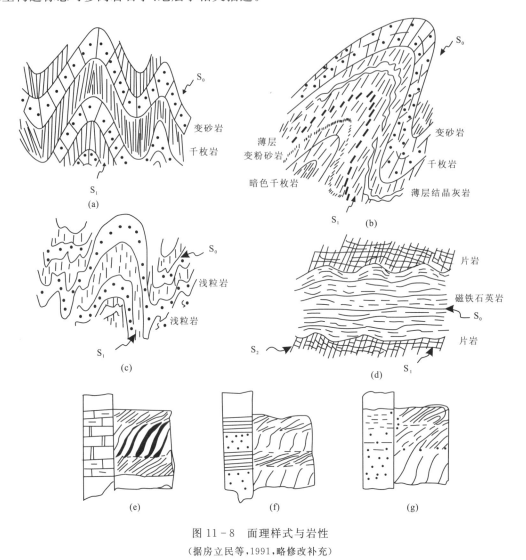

图 11-8 面理样式与岩性
(据房立民等,1991,略修改补充)
(a)正扇形与反扇形劈理;(b)轴面劈理;(c)层间劈理;(d)顺层劈理;(e)"S"形劈(片)理;(f)劈理折射;(g)弧形劈理

劈(片)理最显著特征是以不同角度交切岩性层理。在构造强烈置换区,层理和劈(片)理产状近于一致,此时以构造准则进行工作亦十分有效,如利用由置换作用残留的钩状、"M"状片内褶皱转折端等恢复较大级别的构造形态和区别劈(片)理和层理。表 11-6 有助于野外正确掌握和鉴别原生构造与再构造作用的若干标志和形迹。

2. 劈(片)理的类型

不同岩石力学性质的岩层在同一期变形中可同时出现不同类型的劈(片)理。野外对其分类可从以下几个方面入手:根据劈理域能识别的尺度和透入性,把劈理分为不连续劈理和连续劈理;根据矿物粒径的大小、劈理域形态及劈理域和微劈石的关系进一步分为板劈理、千枚理、片理、片麻理；还应根据微劈石的结构将不连续劈理分为褶劈理、间隔劈理。一般情况下，板劈理（片理、片麻理）与矿物的优选方向相关；褶劈（片）理切割和改造先存面理，仅在劈理域有定向的新生矿物，发育特点受岩性或组构类型、矿物粒度大小、矿物组合参数控制；间隔劈（片）理或破劈理为一组密集的剪切面，一般与矿物的排列无关。

表 11-6　沉积构造与再造构造的区别

（据房立民等，1991，略修改补充）

特征内容 \ 类型	沉积作用产生	构造作用产生
交错层	由各细层交错而显示，并向下收敛与下层不相切	由劈理折射或不同壁理产状相交而形成假交错层理
递交层	由颗粒粗细或化学成分（Si、Fe）的过渡连续变化而显示，在底部有突变面	由构造作用形成的假砾石岩，在垂直 X 轴切面上形成由假砾构成的"韵律"或由变质作用使矿物重结晶形成假递变层
层理	由多种成分层显示，呈不对称分布，延伸稳定，与 S_1 可平行、斜交或互交	由单一成分组成，呈对称分布，延伸稳定，往往成钩状消失，与 S_1 平行
透镜体	三维空间内均相交尖灭，不伴生有面理和拉伸线理，透镜体内往往有矿物包体或晶簇晶洞出现	三维空间内一端尖灭，伴生有劈理和拉伸线理，垂直稍褶皱轴成分层呈封闭环状
相交	陆源碎屑或碳酸盐岩系中，沿走向方向由岩层性质所显示的变化	由紧密褶皱所形成的叠皱层，沿 S_1 方向所显示的岩性变化，S_1 与成分层相交
砾岩	成分不均，大小差异，延伸稳定，并显示一定沉积旋回的砾岩层	由单一成分"砾石"组成，局限于某一构造部位，上、下地层不显示沉积旋回，并见有钩状、环状等砾石
不整合	根据底砾岩、沉积旋回、构造序列差异所确定的地层间断为不整合	根据构造假砾岩及不同岩性层的突变面（滑断面）、片岩带（构造带）所确定地层间断，实为构造界面

3. 劈（片）理的形式与岩性组合

劈（片）理的形式或样式主要取决于岩性组合特征。在一些组合复杂的岩石中可见到多种劈（片）理形式，如正扇形、反扇形等[图 11-8(a)、(b)]；岩石组合中韧性差异减小时形成平行轴面的板劈理或片理[图 11-8(c)]；岩性差异明显时还可形成"S"形劈（片）理[图 11-8(e)]、劈理折射[图 11-8(d)、(f)]、弧形劈理[图 11-8(g)]等，进一步的解释详见后述。

4. 劈(片)理与大型构造的关系

劈(片)理的形成除与岩性组合有关外(图11-8),也常与褶皱或断层在几何上、成因上有着密切的关系。若将上述岩性组合特征与其发育的构造部位结合起来研究将有助于查明大型构造的形态和形成机制。大致有以下几种类型(图11-8、图11-9)。

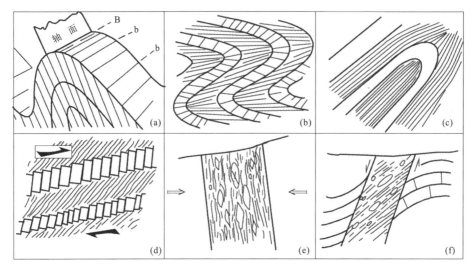

图11-9 劈(片)理与大型构造的几何关系
(据王根厚等,2001,略修改)

(a)轴面劈(片)理;(b)强岩层中的正扇形劈(片)理和弱岩层中的反扇形劈(片)理;(c)同斜褶皱中的轴面劈(片)理,在两翼与层理一致;(d)劈(片)理折射现象,强岩层中为一系列剪切的间隔劈(片)理,弱岩层中为板劈(片)理;(e)平行于断层带的板劈(片)理,反映垂直断层带的强烈挤压;(f)与断层错动有关的板劈(片)理及断层角砾岩排列方向,指示断层运动方向

(1)层间劈(片)理。其类型和产状受不同层间的岩石力学性质控制并受层间界面限制。形成机制与构造变形过程中的层间差异性滑动或塑性流变有关。在强弱相间的岩层中,一般在较软弱且韧性较强的岩层中发育板劈(片)理,与层面交角较小,在褶皱中形成向背斜转折端收敛的反扇形劈(片)理,在强烈挤压的同斜褶皱翼部,劈(片)理甚至可以与层面基本平行;在比较强硬而脆性的岩层中,或不发育劈(片)理,或发育间隔劈(片)理,且与层面的交角较大或近于垂直,在褶皱中形成向背斜核部收敛的正扇形劈(片)理[图11-9(b)]。由层间滑动形成者可以指示物质的差异运动方向,即根据与层理的交角来判断,这是因为在一般的侧向挤压褶皱中都是上层相对于下层向背斜转折端运动的。劈(片)理与层理的交线垂直于物质运动方向,代表了中间应变轴,与大褶皱的枢纽方向平行。

(2)轴面劈(片)理。常见于强烈褶皱的岩层中,其产状与褶皱轴面平行,多为板劈(片)理或片理,与轴面一起代表了变形中的压性结构面。通常的情况是,在褶皱比较开阔的区段,其产状与两翼岩层斜交;而当褶皱紧闭程度达到同斜褶皱样式时则与两翼渐趋一致,仅在转折端处才能观察到二者的交切关系[图11-9(a)、(c)]。

(3)顺层劈(片)理。顺层劈(片)理是由代表压性结构面的板劈理或片理组成,与岩性分界面平行。上述轴面劈(片)理若在变形强烈区段发育则亦可视为此种类型的构造。在多数露头上常看到的是劈(片)理与层理平行,只有在找到残余的褶皱转折端时方能区分层理与劈(片)理。

(4)断层劈（片）理。是伴随断层的形成而发育的一系列板劈理、间隔劈理或片理，其分布只限于断层带内及其附近。如与压性断层相伴生的、平行于断层面的板劈理或片理，可形成动力变质带；受断层运动的派生应力场的作用，则可形成与断层面斜交的板劈（片）理或间隔劈理，并可根据其方位判断断层的相对运动方向[图11-9(e)、(f)]。

5. 劈（片）理的分期

每一期劈（片）理的出现，表示经历了一次构造事件，分析劈（片）理形成的先后顺序，对建立构造序列具有重要的意义。劈（片）理判别形成先后的基本准则是：早期劈（片）理发生弯曲或位移，晚期叠加劈（片）理通常保持直线性。野外首先要查明区域内岩石的主期面理和空间分布规律，结合劈（片）理成因机制和交切关系来判别劈（片）理的形成先后顺序，但要注意被改造的方式在一个区域内会因较大级别的构造类型、样式不同而有所差异。图11-8(d)即明确表示出 S_1、S_2 与 S_0（磁铁石英岩）的关系和期次。为了野外记录方便，通常以 S_0 表示原始层理，以 S_1、S_2、S_3…表示不同变形期的劈（片）理或面理。

6. 劈（片）理化岩石中的应变标志

劈（片）理的观察研究中应力求寻找和发现劈（片）理化岩石中各种应变标志，如业已变形的褪色斑、鲕粒、砾石、压力影构造等，并进行测量和应变分析，以便与劈（片）理成因机制相佐证。必要时可采集定向构造标本以备室内做进一步研究。

三、线理的观察与描述

根据成因，线理可分为原生线理和次生线理。前者是成岩过程中形成的线理，如沉积岩中定向排列的砾石，岩浆岩中的流线；后者则是在变形变质过程中形成的。二者在野外地质调查时可以实用价值和研究意义不同而加以区分。次生线理是运动学的一种重要标志，它能够指示构造变形中物质运动的方向和轨迹，在构造解析方面具有特殊的作用，故本节仅讨论次生线理，简称线理，其综合分类如图11-10所示。线理视观察研究的尺度又可将其划分为小型线理和大型线理，前者指露头或手标本尺度上透入性线状构造，后者多指中型（亦可能包括大型）尺度上非透入性线理。

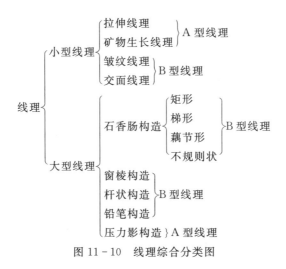

图11-10　线理综合分类图

1. 线理的分类

野外常用的概略分类方案如前并参见图 11-10 至图 11-14。

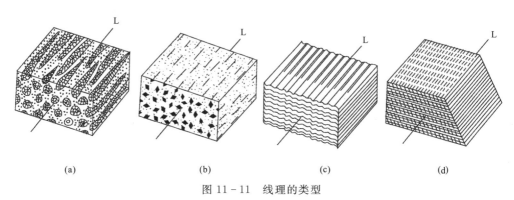

图 11-11 线理的类型

（据 F. J. Turner 和 L. E. Weiss，1963，略改；转引自朱志澄，1999）

(a)矿物集合体定向排列显示出的拉伸线理；(b)柱状矿物平行排列而成的生长线理；(c)面理揉皱形成的皱纹线理；(d)交面线理

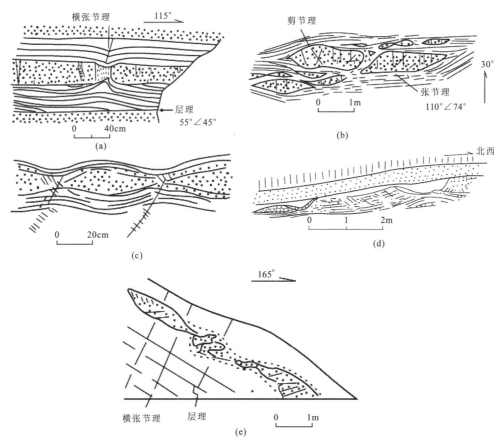

图 11-12 北京西山各种石香肠断面形态

（据马杏垣，1965；转引自房立民等，1991）

(a)矩形石香肠；(b)菱形石香肠；(c)节状石香肠；(d)梯形石香肠；(e)不规则状石香肠

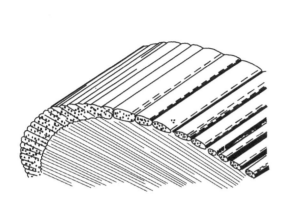

图 11-13 褶皱窗棱(转折部)及石香肠构造(翼部)
(据 Wilson,1982;转引自房立民等,1991)

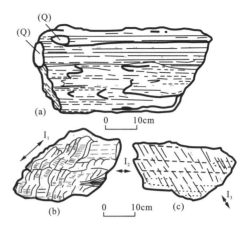

图 11-14 (a)硅质片岩未被变形的石英杆(Q),地点在苏格兰 Sntheriand 郡 A'Mhoine 的 Ben Huting 山;(b)、(c)叠加的小构造:杆状构造小型褶皱和 3 个世代的线理 L_1、L_2、L_3,在苏格兰 Inverness 郡 Arnisdale 区的莫因岩系内
(据 J.G.Ramsay,1960;转引自房立民等,1991)

2. 线理的观察内容

(1)确定线理的类型,特别要注意其与构造运动方向之间的关系,研究线理所在的构造面性质。

(2)测量线理产状并观测其与所在构造面的产状关系。

(3)确定线理产出的构造部位,分析其与所属大构造的几何关系,为研究大构造的运动学、动力学性质及成因机制提供依据。

(4)据其变形特征和交切关系鉴别线理生成顺序,为重建某一地区变形演化史奠定基础。

(5)在线理发育的构造区段要采集定向标本,以便室内进行显微或超显微尺度的研究。

3. 线理的测量

由于线理类型及线理出露情况不同,可选择不同的方法测量线理产状。对已剥离出的窗棱构造、杆状构造等,可用罗盘直接测量其倾伏角。对矿物线理、擦线等测量工作应在线理所赋存的面理上进行。首先应获得面理产状,然后可以借助锤把、三角板、量角器分别测量其倾伏向、倾伏角、侧伏向、侧伏角。

线理数据记录亦按期次存储,用 L_0 表示原生线理,以 L_1、L_2、L_3……表示不同期次的线理。

第五节 韧性剪切带的观察与研究

地壳不同构造层次发育的断裂具有不同的特征。脆性断层(简称断层)通常形成发育于浅层次地壳,而韧性断层(韧性剪切带)则形成于较深和深层次地壳。脆性断层和韧性断层构成了断层的双层结构特征,但它们之间还存在一个过渡层次作为二者的纽带。因此,野外对韧性剪切带的观察可与断层的研究内容参照进行。韧性剪切带是岩石在塑性状态下发生连续变形的狭长高应变带,一般产于变形变质岩区或岩体内。

一、韧性剪切带的分类

根据剪切带形成的物理环境和变形机制不同,一般将剪切带分为 4 种类型(J. G. Ramsay,1980)(图 11 - 15)。脆性剪切带(断层):具有清楚的不连续面,两盘位移明显。脆-韧性剪切带:在不连续面两侧的一定范围内,岩层或其他标志层发生了一定程度的塑性变形。韧-脆性剪切带:剪切带内发育有由剪切派生和张应力形成的、呈雁列状排列的张裂隙(脆性破裂),张裂隙之间的岩石一般受到了一定程度的塑性变形。韧性剪切带:剪切带与围岩之间无明显界线,但两侧岩石发生了相对位移且完全由塑性流动来完成,即错而似连。

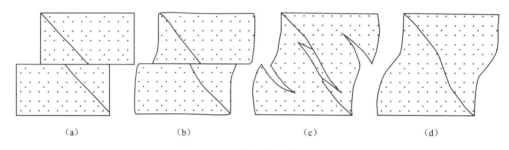

图 11 - 15 剪切带的类型图示

(据 J. G. Ramsay,1980)

(a)脆性剪切带;(b)脆-韧性剪切带;(c)韧-脆性剪切带;(d)韧性剪切带

二、韧性剪切带的识别

韧性剪切带的两个基本结构要素是:剪切带的两盘以及两盘之间所夹或所限制的强塑性应变变形带。大多数韧性剪切带边界是近于平行的,沿每个横断面的位移相同;韧性剪切带的边界可以沿走向收敛或发散。

韧性剪切带内普遍发育一种具细粒化、强烈面理化特征的断层岩,称之为糜棱岩,是韧性剪切带存在和识别的最重要标志。糜棱岩的 4 个基本特征:①形成于狭窄的强应变带内;②发育增强的新生面理或线理;③与原岩矿物相比,矿物粒度显著减小即细粒化;④至少有一种主要矿物发生了明显的塑性变形。

根据糜棱岩中细粒化基质的含量,一般将糜棱岩岩石系列划分为初糜棱岩、糜棱岩和超糜棱岩。初糜棱岩:基质粒径一般大于 $50\mu m$,基质含量一般小于 50%;糜棱岩:基质粒径一般小于 $50\mu m$,基质含量一般为 $50\%\sim90\%$;超糜棱岩:基质粒径一般小于 $10\mu m$,基质含量一般大于 90%。

韧性剪切带独特的 S-C 面理和矿物拉伸线理组构,是韧性剪切带中形成的一种新生面理和线理,也是其主要鉴定和识别标志之一。

(1)S 面理(最大挤压压扁面面理)。是指矿物颗粒平行于剪切带应变椭球体 XY 面所形成的 S 型透入性面理,从边缘到中心,面理与剪切方向的夹角从大到小。

(2) C 面理(剪切糜棱面理)。是指平行于剪切方向具一定间隔的强应变带或位移不连续剪切面理,相当于 ab 面。S 面理是先于 C 面理形成的挤压压扁面理,C 面理是形成稍晚的剪切面理。

(3) L 拉伸线理。在韧性剪切带内 S 面理面上,变形矿物沿最大拉伸应变 X 轴方向定向排列,形成的矿物拉伸线理。常用 L 表示。

韧性剪切带的主要特征是发育高应变的面理和糜棱岩。在确定韧性剪切带时要注意观察并记录变质岩区或岩体中与区域面理不一致的高应变带面理(S),进而分析其和糜棱面理(C)的关系及其产状变化,如二者构成 S-C 组构,说明岩石已糜棱岩化,因而可以确定韧性剪切带的存在。

三、韧性剪切带运动方向的判定

剪切运动方向的确定是韧性剪切带观察和研究的一项重要内容。韧性剪切带的剪切运动方向,可根据以下几个方面的判别标志来确定(图 11-16)。

1. 错开的岩脉或标志层

穿过剪切带的标志层往往呈"S"形弯曲,造成标志层在剪切带两盘明显位移,根据互相错开的方向可确定剪切方向。但应用这一方法时,要注意先存标志层与剪切带之间的方位关系,否则会得出错误的结论。

2. 不对称褶皱

当岩层受到近平行层面方向的剪切作用时,由于层面的原始不平整或剪切速率的变化,导致岩层弯曲旋转。随着剪应变的递进发展,褶皱幅度被动增大,形成缓倾斜的长翼和倒转短翼的不对称褶皱,由长翼至短翼的方向即是褶皱倒向,代表剪切方向。但要特别注意:在剪应变很高时,褶皱形态将变化,变形初期与剪切作用方向协调的不对称褶皱的倒向可发生反转,如原为"S"形褶皱转为"Z"形褶皱,上述法则就不再适用了。

3. 鞘褶皱

鞘褶皱枢纽的方向或垂直 Y 轴剖面上的褶皱倒向指示剪切方向。

4. S-C 面理

韧性剪切带内常发育两种面理:①平行于剪切带内的应变椭球的 XY 面的剪切带内面理(S),在剪切带内呈"S"形展布;②糜棱岩面理(C)。糜棱岩面理(C)实际上是一系列平行剪切带边界的间隔排列的小型强剪切应变带。常由更细小的颗粒或云母等矿物所组成。S 面理和 C 面理所交的锐夹角,指示剪切带的剪切方向。随着剪应变加大,剪切带内面理(S)逐渐接近以致平行于糜棱岩面理(C)。

5. "云母鱼"构造

"云母鱼"构造多发育于石英云母片岩中,先存的云母碎片,其中的(001)解理处于不易滑动的情况下,在剪切作用过程中,在与(001)解理斜交的方向上形成与剪切方向相反的微型犁式正断层。随着变形的持续,上、下云母碎块发生滑移、分离和旋转,形成不对称的"云母鱼"。"云母鱼"两端发育有细碎屑的层状硅酸盐类矿物和长石等组成的尾部。细碎屑的尾部将相邻的"云母鱼"连接起来,形成一种台阶状结构,是良好的运动学标志。这种细碎屑的尾部代表强

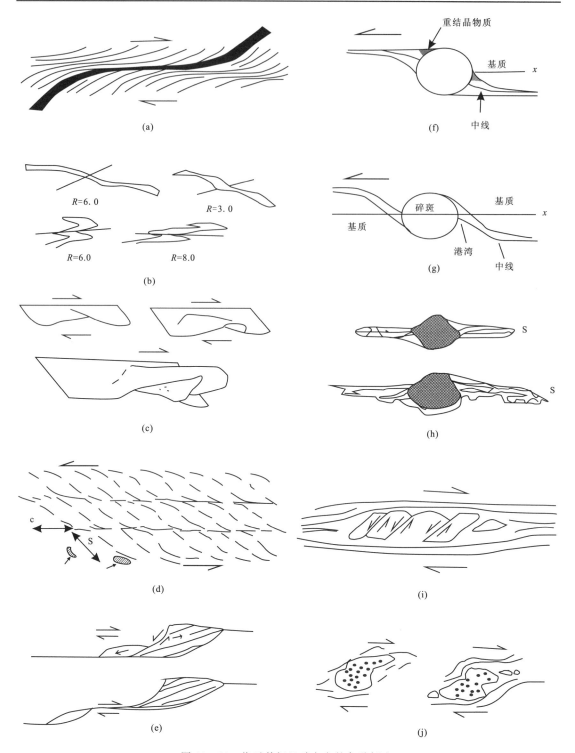

图 11-16 指示剪切运动方向的各种标志
(据张克信等,2001)

(a)错开的岩脉;(b)不对称褶皱;(c)鞘褶皱;(d)收缩性 S-C 面理;(e)"云母鱼"构造;(f)"σ"型旋转碎斑系;(g)"δ"型旋转碎斑系;(h)不对称压力影;(i)"多米诺骨牌"构造;(j)旋转透镜体

剪切应变的微剪切带,它组成了C面理。与S-C面理一样,其锐夹角指示剪切方向。此外,利用不对称的"云母鱼"及其上的反向微型犁式正断层也可确定剪切方向。

6. 旋转碎斑系

在糜棱岩中韧性基质剪切流动的影响下,碎斑及其周缘较弱的动态重结晶的集合体或细碎粒发生旋转,并改变其形状,形成不对称的楔形尾部的碎斑系。根据结晶拖尾的形状,分为"σ"型和"δ"型两类。"σ"型碎斑系的楔状结晶尾的中线分别位于结晶参考面的两侧。"δ"型碎斑系的结晶尾细长,根部弯曲,在与碎斑连接部位使基质呈港湾状,两侧结晶尾的发育都是沿中线由参考面的一侧转向另一侧。碎斑系的拖尾的尖端延伸方向指示剪切带的剪切方向。如果结晶尾太短,则不能用来确定剪切方向。

7. 不对称的压力影

韧性剪切带内压力影构造呈不对称状,坚硬单体两侧的纤维状的结晶尾呈单斜对称。据此可以确定剪切方向。

8. "多米诺骨牌"构造

糜棱岩中较强硬的碎斑(如长英质糜棱岩中的长石碎斑),在递进剪切作用下,产生破裂并旋转,使每个碎片向剪切方向倾斜,犹如一叠书被推倒,形成类似多米诺骨牌。其裂面与剪切带的锐夹角指示剪切带的剪切指向。

9. 曲颈状构造

糜棱岩中的碎斑或矿物集合体、侵入岩体中的捕虏体等,在递进剪切作用下,使其一侧被拉长(或拉断),形成曲颈瓶状。曲颈弯曲方向表示剪切带的剪切方向。

实践表明,鉴定一些小型剪切带的运动和剪切方向并不难,难的是如何准确鉴定大型尺度的、结构和变形历史复杂的剪切带的剪切方向。因此,从不同尺度,全面地收集剪切带内和带外变形特征,对比各种运动学标志和应变状态,在时间和空间上进行变形或应变分解,并与温度、流应力、围压、流体作用等物理条件紧密地结合起来进行分析,是鉴定大型剪切带复杂运动图像的最根本的方法。

四、韧性剪切带的观察研究要点

韧性剪切带一般产于变形变质岩区或岩浆岩体内,而且相当部分韧性剪切带也是重要的控矿构造,特别是金矿控矿构造。因此,在这些地区工作时,应特别注意韧性剪切带的观察与研究。

(1)韧性剪切带以强烈密集的面理发育带为特色。在变质岩区,如果发现与区域面理产状不一致的高应变带,或者在块状均匀的岩体内出现狭窄的高应变面理带,尤其是其中主要岩石已糜棱岩化,可以肯定是一条韧性剪切带。在初步确定韧性剪切带后,应对其进行追溯和观察,测量其总体方位、产状及其变化。追溯中还要测量韧性剪切带的宽度和延伸长度,观察与围岩的接触面是相对截然的,还是递进变化的,尤其要注意围岩中的片理或板状体(如岩墙等)在伸进剪切带时产状和结构的变化。

(2)韧性剪切带内主要有两组面理,剪切带内面理(S)和糜棱岩面理(C),形成S-C结构。剪切带内面理与剪切带边界或糜棱岩面理成一定的交角(θ),而且交角随趋向剪切带中心变小,甚至为 0°,从而与糜棱岩面理和剪切带界面平行一致。可选择几条横过剪切带有代表性的剖面,系统测量 θ 角的变化,这样,不但可以了解剪切带内部结构的变化和消亡,而且也为计算剪切位移量提供数据。

(3)注意观察剪切指向的各种依据并相互印证,以查明剪切方向及其变化。

(4)韧性剪切带内常发育鞘褶皱,应注意查明其几何形态、规模大小、伴生的 A 线理、3 个剖面(XY 面、YZ 面和 XZ 面)的构造特征、与韧性剪切带的关系。对卷入剪切带的标志层,应测量其方位和厚度等的变化。

(5)观察岩石的多种变形变质现象。带内糜棱岩是典型的 SL 构造岩,应注意观测。由于糜棱岩形成过程中普遍发生塑性流变、重结晶和流体的加入,使长石等不含水或少含水矿物转变成富水矿物绢云母等,导致退化变质。

(6)在野外研究中,应系统采集构造和岩石标本,以便在偏光显微镜下和透射电子显微镜下进行显微构造和位错等的研究。

(7)韧性剪切带阵列的综合分析。由于地壳和岩石圈结构的不均一性和各种变形物理条件的影响,剪切带的组合形式(型式)和阵列是因地而异的,各种阵列都反映了应变的不均一性。例如,强应变带与弱应变域相间阵列或叠置的网结状剪切带阵列,这是一种在不同尺度上都可观察到的组合形式(型式),反映了地壳结构和应变的不均一性,是变形分解和应变局部化的必然结果。而平行带状韧性剪切带阵列,反映了地壳某一部分地质体经受了相同的应变方式,共轭韧性剪切带则一般发育在相对均一的或面状组构不发育的构造域内。但楔形韧性剪切带和拆离型韧性剪切带的发育,说明了无论在平面上还是在剖面上,地壳和岩石圈结构都是不均一的,具有流变学的分带性和分层性。因此,韧性剪切带阵列的研究,是造山带及其地壳岩石圈流变学研究的一个重要方面。

地质制图,尤其是大比例尺的地质制图是野外研究韧性剪切带的主要手段。在观察研究中,应注意查明所处的构造环境,以便为探讨其运动学、流变学和动力学及其发展演化过程提供背景依据。

第十二章　实测地质剖面工作方法

野外实测地质剖面工作是地质工作者野外重要的工作之一,在实际工作中,因对象和需要解决的问题不同,实测地质剖面性质可分为实测地层剖面、实测岩(矿)体剖面、实测构造剖面等。

第一节　实测地层剖面的基本原理及工作程序

一、实测地层剖面线的选择

地层剖面是地层学研究的基础,通过实测剖面可以准确地建立地层层序,确定岩石地层、生物地层、磁性地层和生态地层的地层单位。此外,沉积相和古地理的研究、古生态和古地理的研究都是从实测剖面入手的。

实测剖面之前必须对研究区进行野外踏勘,选择实测剖面线。选择剖面线的一般要求是:①剖面线距离短而地层出露齐全;②地质构造简单,尽量选择未遭受褶皱、断层和侵入体破坏而发生地层重复或缺失的剖面;③所测地层单位的顶面和底面出露良好,接触关系清楚;④化石丰富,保存完整,有利于生物地层工作。

除上述一般要求之外,还需要注意以下几个方面。

(1)剖面地层露头的连续性良好,为此应充分利用沟谷的自然切面和人工采掘的坑穴、沟渠、铁路和公路两侧的崖壁等,作为剖面线通过的位置。

(2)实测剖面的方向应基本垂直于地层走向,一般情况下两者之间的夹角不宜小于60°。

(3)当露头不连续时,应布置一些短剖面加以拼接,但需注意层位拼接的准确性,以防止重复和遗漏层位,最好是确定明显的标志层作为拼接剖面的依据。

(4)如剖面线上某些地段有浮土掩盖,且在两侧一定的范围内找不到作为拼接对比的标志层,难以用短剖面拼接时,应考虑使用探槽或剥土予以揭露。特别是当推测掩盖处岩性有变化,或产状、接触关系和地层界标等重要内容因掩盖而不清楚时,必须使用探槽。

(5)剖面线经过地带较平缓,剖面线拐折少。

(6)实测剖面的数量应根据工作区地层复杂程度、厚度及其变化情况、课题需要及前人研究程度等因素综合考虑而定。一般各地层单位及不同相带,至少应有1~2条代表性的实测剖面控制。

(7)实测剖面的比例尺按研究程度确定,一般以1∶1 000到1∶2 000为宜,出露宽1~2m的岩层都应画在剖面图上。有特殊意义的标志层或矿层,出露宽度不足1m的也应放大表示到剖面图上。

(8)为了便于消除误差,剖面起点、终点及剖面中的地质界线点都应标定在实际材料图上。

二、实测地层剖面的野外工作

1. 信手地层剖面的测制

为使实测地层剖面选择和地层分层准确以提高工作效率,在开展实测地层剖面之前,一般应先进行待测地层的路线地质踏勘,并测制地层信手剖面。主要工作是选择较理想的剖面线位置,观察研究地层结构,确定地层单位的分界线并实地标记,选定标志层及发现化石层位。

2. 地形及导线测量

测量导线方位、导线斜距和地面坡度角,工作由前、后测手两人完成。一般用地质罗盘测量导线方位和坡角,读数相差超过3°时应重测,读数相近则采用平均值记入记录中。

实测剖面必须取得以下数据,并记入实测地层剖面登记表中(表12-1)。

表12-1 实测地层剖面登记表

导线编号	导线方向	坡度角	导线距		高差		岩层产状			导线间夹角与岩层走向	分层		真厚度			岩性描述			样品	
			斜距(L)	水平距(M)	分段	累计	斜距	水平距	倾向	倾角(°)		野外	室内	分段	分层	累计	分层		分层描述	斜距	编号
																	斜距	水平距			

(1)导线号。以剖面起点为0,第一测绳终点为1,表内记为0—1;第二测绳为1—2,依此类推。

(2)导线方位角(φ)。指前进方向的方位角。

(3)导线斜距(L)。每一测段的距离。

(4)分层斜距(l)。同一测线上各地层单位的斜距,分层斜距之和等于导线斜距。

(5)坡角($\pm\alpha_1$)。测段首尾之间地面的坡角,以导线前进方向为准,仰角为正,俯角为负。

(6)岩层产状。测量岩层倾向和倾角(α),应记下所测产状在导线上的位置。

(7)分层号。从剖面起点开始按划分的地层单位顺次编号。

(8)地质点位置。记录剖面中各地质点在导线上的位置。

3. 地层分层、观察、描述和记录

地层分层、观察和描述是实测剖面的重要工作,分层的基本原则如下。

(1)按地层剖面比例尺的精度要求,分层厚度在图上大于1mm的单层。

(2)岩石成分有显著的不同。

(3)岩性组合有显著的不同。

(4)岩石的结构和构造有明显的不同。

(5)岩石的颜色不同。

(6)岩性相似,但上、下层含不同的化石种属。

(7)岩性不同,但厚度不大的岩层旋回性地重复出现,可将每个旋回单独作为一个旋回层分出。

(8)岩性相对特殊的标志层、化石层、矿层及其他分布较广、在地层划分和对比中有普遍意义的薄层,应该单独分层。如果其在剖面上的厚度小于1mm,可以按1mm表示。

(9)重要的接触关系,如平行不整合、角度不整合或重要层序地层界面处可分层。在地层分层过程中,根据地层观察和描述方法,描述各导线内各层的岩石学和古生物学特征,并记录在记录表中。

4. 绘制地层剖面草图

在实测剖面时,必须现场绘制导线平面草图和地层剖面草图,将导线号、地质点、岩层产状、标本、样品和化石采集地点的编号及剖面线经过的村庄、地物的名称标注在草图上,以供室内整理时参考。

5. 标本和样品的采集

应逐层采集岩矿、化石标本,还要根据需要采集岩石化学分析或光谱分析样品、人工重砂样品、同位素年龄样品或古地磁样品。标本和样品应该按规定系统编号,并在记录表和剖面草图上标记清楚。

6. 照相和描述

对剖面上的重要地质现象,如接触关系、沉积构造、基本层序及古生物化石等应照相和素描,并根据其在剖面的位置记录在记录表中和在剖面草图上标注。

三、实测剖面的小组成员分工

根据小组成员的个人情况合理地进行分工。实测地层剖面工作以各个小组为单位独立完成,根据工作性质小组成员可分为前测手、后测手、分层员、记录员、标本采集、产状测量员、疏导及联络员。小组各成员职责如下。

(1)前测手。拿着测绳,尽量沿着垂直地层的走向方向,选择通行条件较好的路线边行进边放测绳,在地形的突变处停止行进,作为本分导线的止点(做上记号),并拉直测绳,读取测绳上止点的度数,该读数为分导线的斜距(分导线的长度 L)。测量分导线的方位(读罗盘的南针,俯视为正,仰视为负),所读数据告知联络员。当本分导线所有工作完成后,前测手再进行下一个分导线的测量工作。

(2)后测手。拿着测绳的起点处(0m处),当前测手停止行进后,拉直测绳,测量分导线的方位(读罗盘的北针,俯视为负,仰视为正),所读数据告知联络员。当本分导线所有工作完成后,至前测手站立处(做记号处)进行下一个分导线的测量工作。

(3)分层员。负责地层的分层工作,分层的原则主要依据某组地层的岩性特征、岩性组合特征等,对其进行进一步的划分。分层的编号按 0、1、2…依次进行。例如,下南华统莲沱组(Nh_1l)可分为10个分层,编号1、2、…、9、10,下伏的黄陵岩体分层编号为0层,上覆的上南华统南沱组(Nh_1n)底部岩层则为11层,这样实测地层中的目的层[下南华统莲沱组(Nh_1l)]的顶、底界线才能够得到有效的控制。

分层员要向记录员告知各个分层在分导线上的读数与基本岩性,当分导线处的岩层界线出露不好时,可将分导线两侧的分层界线按岩层的走向投影到分导线上,或延伸分层的层面,当延伸后的层面与分导线相交后,再读取该点的读数,此读数即为分层在分导线上的投影位置。

分层员在向记录员告知分层位置与分层的岩性后,必须在野外记录簿上详细描述各分层的岩性特征以及接触关系等。

(4)记录员。记录员主要记录实测地层剖面中的各种数据,因此该项工作必须仔细认真,不能出现任何差错,否则将导致小组实测工作返工。所有数据按要求填写到《实测剖面计算表》的相应栏目中。

(5)标本采集及产状测量员。负责各分层标本的采集工作,标本应采集各分层具有代表性的岩性层,大小符合相关要求(厚3cm×宽6cm×长9cm),标本的编号从记录员获取,同时向记录员告知所采标本在分导线上的投影位置。测量每一个分层的岩层产状,如果某分层的厚度较大,则适当增加产状测量的次数,将所测得的产状数值与产状测量处在分导线上的投影位置告知记录员。标本采集与产状测量点在分导线上的投影原则与记录员相同。

(6)联络员。负责测绳的疏导与前、后两测手的联络工作。在进行地层剖面实测过程中,测绳常常被荆棘、树枝等缠绕,这时疏导人员必须及时疏导测绳,保证测量工作的顺利进行。另外,当前、后两测手就位并拉直测绳后,由于相隔距离较远,或者周围环境嘈杂,此时联络员应站在前、后两测手中间,听取两测手的导线测量读数,再平均两测手的测量读数,最后告知记录员记录。当两测手的测量读数误差超过3°时必须要求他们重新测量。

在各成员进行野外实际工作时,应充分了解各自的工作职责,尤其是前、后测手,应挑选两个相互调校的罗盘,以保证实测地层剖面工作中导线测量数据的一致性。

(7)模拟练习。在正式进行野外实测地层剖面工作前,每个小组必须先在实习站内或附近的空地上做模拟练习,通过老师的指导,使小组各成员熟悉与掌握各自的工作环节与要求,提高小组内各成员的相互配合能力,为野外实测工作打下良好的基础。

四、实测地层剖面的室内整理

室内工作包括野外资料数据的整理与换算、导线平面图和地层实测剖面图的制作3个方面。

1. 野外原始资料的整理

在本阶段,小组成员应认真核对剖面登记表和实测剖面草图,使各项资料完整、准确、一致,并将登记表中数据及剖面草图上墨。如果出现错误或遗漏,应立即设法更正和补充。

此外,还应将登记表上各空项通过计算逐一填全。

导线平距 $M = L \cdot \cos\alpha_1$

分段高差 $H = L \cdot \sin\alpha_1$

累计高程为剖面起点高程加各分段高程之代数和。

导线与岩层倾向夹角为导线方位角与岩层倾向的方位角之锐夹角,是计算岩层厚度的一个参数。

2. 岩层厚度的计算

岩层厚度是指岩层顶、底面之间的垂直距离,即岩层的真厚度。其计算方法有公式计算法、查表法、图解法和赤平投影法。下面仅介绍常用的公式计算法。

倾斜岩层厚度(h)计算方法有下列几种情况。

(1) 导线方位与岩层倾向基本一致(二者夹角小于8°)时,若地面近于水平($\alpha_1<6°$),则

$$h = L \cdot \sin\alpha$$

式中:α 为岩层倾角。

若地面倾斜,则

$$h = \sin(\alpha \pm \alpha_1)$$

式中:地面坡向与岩层倾向相反时为 $\alpha+\alpha_1$,相同时为 $\alpha-\alpha_1$,但取其绝对值。

(2) 导线方位与岩层倾向斜交时,若地面倾斜与岩层倾向相反,则

$$h = L(\sin\alpha \cdot \cos\alpha_1 \cdot \sin\beta + \sin\alpha_1 \cdot \cos\alpha)$$

式中:β 为导线方向与岩层走向之锐夹角。

若地面倾斜与岩层倾向相同,则

$$h = L|\sin\alpha \cdot \cos\alpha_1 \cdot \sin\beta - \sin\alpha_1 \cdot \cos\alpha|$$

岩层厚度以 m 为单位,一般小数点后取一位数即可。

3. 绘制实测剖面导线平面图和剖面图

(1) 总导线方向的确定。一个剖面应是通过一定方向的横切面,这个方向即称总导线方向。但实际丈量是按分导线的方向丈量的,因此应以分导线的方向为依据,求出总导线的方向。总导线方向一般是按顺序将分导线方向、水平距绘制在一张方格纸上,取第一分导线之首与最终分导线之尾的连线作为总导线方向,其方位角可用量角器量出。

(2) 导线平面图的制作。以水平线作为总导线的方向,通常以左端为导线北西或南西方位,右端为南东或北东方位,按各分导线的水平距和方位依次画出各分导线。在此基础上标出分导线号、地质点号、地层单位代号(包括分层号)、岩层产状、地物及地物名称,在地层分界处根据产状画出其走向线段。此外,还应在总导线的起点上端画上指向箭头,标上总导线方位(图12-1)。

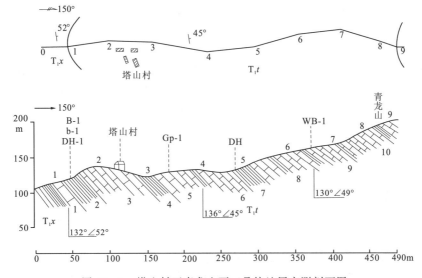

图 12-1 塔山村至青龙山下三叠统地层实测剖面图

(据地质矿产部《区域地质矿产调查工作图式图例》,1983;转引自谭应佳等,1987,修改简化)

(3)地层剖面图的制作。在总导线之下适当的位置处用铅笔画水平线作为实测剖面的底线或高程基线,在其两端画线,按比例标上高程,然后依次将各导线点的海拔高程点在方格纸上,参照野外实测剖面图勾绘地形轮廓线。将总导线上的地层分界点垂直投影到地形线上,按地层视倾角画出地层分界线,一般层之间的分界线长2cm,段和组的分界线长2.5~3cm。再按各地层单位岩性组合,画上规定的岩性花纹符号(岩性花纹长1cm)。在地形轮廓线上标上分导线号、地质点号、化石采集点、标本和样品编号以及剖面经过的地物名称。在地形轮廓线之下标上地层单位代号(包括地层层号)、岩层产状。在图的上方写上图名、比例尺(水平线段比例尺或数字比例尺),在图的下方画上图例、填好责任表,最后着墨清绘即完成了实测地层剖面图的制作。

第二节 综合地层柱状图编制原则及方法

一、实测地层柱状图的制作

实测地层柱状图是进行地层分析和对比的基础,一般有惯用的格式(表12-2),其内容可根据具体要求增减。

表12-2 实测地层柱状图格式表

年代地层			岩石地层			层厚(m)	岩性柱	沉积构造	基本层序	岩性简述及化石	备注
界	系	统	阶	群	组	段	层				

具体作图方法可参照以下几点。

(1)根据具体情况选定实测柱状图的内容。如在古生物化石带发育且易识别的地区,应在年代地层和岩石地层之间加上生物地层一栏。而在沉积构造发育、相标志清楚的地区则应加强沉积相分析,可在岩性描述及化石之后加上沉积相及海平面变化一栏。

(2)根据岩性及厚度绘制岩性柱,其岩性符号、岩性花纹和各种代号均与实测剖面图相同。比例尺原则上也应一样,特殊情况下可以适量改变。

(3)岩性以层为单位,分层描述,应用岩石的全名或突出特征来简明描述。若岩性明显分上、中、下,则依次由上而下分别描述。

(4)化石需按类别和数量的多少依次标明类别和属种名称,一般类别用中文,而属种名用拉丁文。

(5)在"岩性柱"一栏中,应注意化石产出的相应位置并标上化石符号。

(6)"沉积构造"一栏中的层理、层面构造及其他构造,一般用花纹来表示。

(7)"岩性柱"一栏中,应注意标明表示接触关系、相变和岩浆活动(图12-2)的符号,并相应在"岩性描述"一栏上注明"角度不整合"或"平行不整合"等字样(整合不用标注)。

图 12-2 接触关系、相变和岩浆活动的作图符号

(8)在图面许可的情况下,可在"岩性简述"与"沉积构造"栏之间标上各地层单位的基本层序。

(9)矿产或其他内容可在备注中注明。

(10)在图上方写全图名及比例尺,图下方标上图例及填写责任表。

二、地层综合柱状图的制作

地层综合柱状图是在一个地区或一个工作区范围内的若干地层柱状图的基础上综合整理而成的。它从纵向上反映了一个地区或一个工作区岩性和化石的变化特征。它的制作方法基本上与地层柱状图相同,其不同就在于"综合"这个特点上。

(1)岩性通常以段、组为单位,综合描述。描述要有代表性,同时也需对区域上较大的岩相变化进行描述,相变规模大时,要在岩性柱上画上相变线。

(2)地层厚度以综合厚度表示,一般应包括最薄的和最厚的范围,例如 20~80m。

(3)化石名称应选择有代表性的或特征性的属种。

(4)一般要加上"沉积相和海平面变化"一栏,以描述该地区地质历史时期的环境变化。

(5)综合地层柱状图多和地质图配套,因此,综合地层柱状图可上色。

第三节　岩浆岩、变质岩区实测剖面工作

岩浆岩区、变质岩区的实测地质剖面工作与地层实测剖面的技术要求和测制方法类似,因而对操作程序、计算公式及制图等方面不再重述,而仅对岩浆岩和变质岩区实测剖面的某些特殊要求做简要介绍。

一、岩浆岩实测剖面要点

以花岗岩类深成岩体为例,对侵入岩区测制剖面的目的、剖面位置和比例尺的选择以及测

制的内容与具体要求给予说明。

1. 测制剖面的目的

（1）解决深成岩体不同组合类型、深成岩体之间或内部接触关系，划分出相带、单元或归并超单元。

（2）建立侵入的相对序次，查明深成岩体与围岩的接触关系及深成岩体的形成时代。

（3）研究深成岩体的变形及就位机制。

（4）对剖面详细采样，以获得单元和超单元的岩石学、岩石化学、地球化学、成岩温度、矿物学、含矿性等方面的资料。

（5）查明岩体产状和（或）形态。

2. 剖面的选择原则

（1）剖面应选择在基岩露头基本连续、垂直深成岩体内部构造线（相带界线、涌动接触界线、脉动接触界线等）、复式岩体关系基本清楚且构造简单的地段。

（2）实测剖面可以一个单元为对象测制，也可以一个超单元为对象测制，但要穿过整个应测的侵入体，并包括外缘接触带或蚀变带及部分未变质的围岩。

（3）选择剖面亦应广泛收集资料，包括前人的工作成果和野外踏勘所获得的资料。

3. 剖面比例尺

按 1∶5 万填图规范要求，路线剖面一般为 1∶1 万～1∶5 000，实测剖面一般为 1∶5 000～1∶2 000。也可根据调查精度或研究目的选择合适的比例尺。

4. 测制内容和要求

（1）观测确定深成岩体与围岩是侵入接触还是沉积接触或是断裂接触，其接触面性质如何（平直的、波状的、锯齿状的、枝叉状的还是顺层贯入的）。

（2）观测深成岩体与其他岩类（沉积岩、变质岩、火山岩）、深成岩体与深成岩体之间以及深成岩体内部的接触关系。

（3）划分侵入体单元、归并超单元并总结相关特点和变化规律。

（4）统计测量原生面理和线理以研究分析深成岩体的就位机制。

（5）观测剖面中所见的脉岩之特征并分析与侵入体的关系。

（6）查明接触变质晕的宽度，划分接触变质带。

（7）查明深成岩体形成后的构造变动及其特征。

（8）剖面上按要求系统取样，目的要明确，主次要分明，力求样品新鲜、分布均匀并考虑到室内测试方法和要求。

二、变质岩区实测剖面要点

变质岩区测制剖面的目的是进一步认识填图单位的岩石类型、接触关系、变形-变质特征、区域构造轮廓、构造样式、构造变形强度以及地质事件演化序列等。鉴于变质岩的特性，为更加合理地选择剖面位置提供充分依据，测制剖面的工作一般应在填图单位已确定，各类岩石类型及变形-变质带、区域构造轮廓已基本查明的基础上实施为宜。剖面具体位置的选择及测制要考虑到如下几个方面。

(1)应选择在地质内容齐全、具有代表性和露头发育良好的区段进行剖面测制工作。

(2)剖面除应控制所有填图单位并查明它们的接触关系外,还应覆盖不同的变形-变质带,并尽可能控制需要重点解剖的地段。

(3)实测剖面一般要求有较好的连续性,因此,填图单位齐全、构造简单者则为选择的有利区段。但由于露头欠佳或其他因素影响也可分段测制。

(4)剖面应全面地反映所观察到的地质现象,并系统地观测收集各种构造要素、变余示顶标志或者示序标志以及运动学、动力学标志等。

(5)按1∶5万填图规范要求,剖面比例尺一般为1∶2 000~1∶5 000,局部复杂地段可适当放大,也可根据实际需要选择合适的比例尺。

第十三章　地质填图的基本方法

第一节　地质填图的基本方法与程序

一、地质填图的准备工作

前已述及的野外踏勘、地质剖面实测等皆为区域地质调查工作的有机组成部分,亦可视为地质填图的前期准备工作。除此之外,还应做好必要的物品和业务准备工作。

1. 地形底图的选择及各种测量工具的准备

野外工作所用地形底图的比例尺应大于最终成果图的比例尺,如1:5万区域地质调查使用比例尺为1:2.5万或1:1万地形图,1:25万区域地质调查使用1:10万或者1:5万地形图。在一般情况下,不允许使用将较小的比例尺机械放大制成的地形底图。

地形图准备的数量应根据野外工作组织情况以及编制各种成果图、野外转绘清图的需要来确定。同时亦应准备少许的邻幅地形图以便外围调查或接图。同时,要对各种测量、取样、仪器、装备(包括集体和个人所用)等进行检查调试、核对落实。

2. 填图单位的确定及原则

根据有关规范的精度要求和测区实际情况,在前述踏勘、实测剖面及典型区段解剖的基础上,所有施测人员要明确填图单位,以便分组工作时按统一标准进行,并和相邻地质路线(相邻填图小组)进行衔接。不同比例尺的填图单位要求亦不同,现以1:5万区调总则为例给予阐明,其他比例尺的填图或其他类型的区域调查均有相应要求,不再赘述。

沉积岩区的填图单位分正式和非正式的两类岩石地层单位。正式岩石地层单位包括正式命名的群(超群、亚群)、组、段、层,其中组是基本填图单位。沉积地层必须分到组,只有对区域地层研究有必要并在可能的情况下才划分到段和层或并组为群。为了在地质图上详细具体地表现正式岩石地层单位的各种特征和生物地层单位与年代地层单位地层特征及层位,还必须划分、研究和填绘非正式岩石地层单位。对具有特殊标志、形态、成因或某种有经济、实用意义的岩石单位,如标志层、含矿层等,一般均应作为非正式岩石地层单位填绘在图上。

侵入岩区:填图单位以单元作为基本的填图单位,独立侵入体和脉岩为非正式填图单位。

火山岩区填图单位:可按地层学方法划分岩石地层单位,一般划分到组,必要时可划分到段和层,亦可按火山活动的规律性和火山地层的特殊性划分火山活动旋回。中深变质的火山岩应按变质岩的要求划分填图单位。

变质岩区填图单位:在填图初期应按变质岩岩石类型和变质作用、变形作用特征划分非正式填图单位,在详细研究建造的基础上再确定正式填图单位。对沉积变质岩系,其变质地层间正常沉积接触关系、示顶标志清晰可靠,可按岩石地层单位的划分原则建立组一级填图单位,并可进一步划分到段。对中深变质侵入岩系,可按照不同深成岩的分布情况,分别建立或划分片麻岩杂岩与片麻岩两级填图单位。

填图单位确定得是否合理将直接影响到地质填图的质量,故每个填图组及其成员都应掌握的原则有以下几点。

(1)一般情况下,填图单位不能大于地质调查精度所要求的最大地层单位的范围。

(2)每一个填图单位应当有特定的岩性组合,如巨厚的单层、复杂的互层、完整的沉积旋回等。

(3)每一个填图单位要具有明显的认别标志,包括岩石的颜色、成分、结构、沉积构造、区域变质特征、古生物或其组合特征等。

(4)有一定的厚度和出露宽度,每一个填图单位的厚度和出露宽度不能过大或过小,最小单位在图上的表示宽度不小于1mm。

(5)一个填图单位的特征与其他单位要有直观上的区别,如果区别不大,相邻填图单位之间应该有能使二者界线进行区分的标志层。

(6)一个填图单位内部不应包含明显的沉积间断面如平行不整合或角度不整合。被不整合面限制的填图单位,若其出露宽度在图中不足1mm时,应夸大表示,不能与相邻单位合并。

二、观察地质路线的选择与布置

按规范要求,选择一定路线进行系统野外观察是地质填图的基本方法,其中包括以下几种。

1. 穿越路线

穿越路线即基本垂直于地层或区域构造线的走向布置,按一定的间距横穿整个测区。地质人员沿观察路线研究地质剖面并按要求进行其他各项地质观察研究工作,同时标定地质界线。路线之间的地质界线用内插法或"V"字形法则来填绘。此方法优点是能较容易地查明层序、接触关系、岩相纵向变化以及地质构造基本特征,且投入工作量较少。而不足之处是相邻路线之间的地带未能直接观察,连绘的地质界线可能与实际情况有出入,并且可能漏掉某些较为重要的小型地质体、矿点或某些构造如横断层等。填图比例尺越小,路线间距越大,则上述不足越明显,但只要在相应比例尺精度要求范围内则是允许的。如果能有效地使用遥感地质资料尚可对其进行弥补。

2. 追索路线

追索路线即沿地质体、地质界线及区域构造线走向布置,用于追索化石层、含矿层、标志层等层位,以及接触界线或断层等。此法可以详细研究地质体的横向变化。特别是对确定接触关系、断层、研究含矿现象极为有效,并且可以准确地填绘地质界线,适于对专门性质的问题进行研究。但在整个填图过程中不可能,也不必要对所有地质体或地质界线进行追索。

3. 全面综合路线

全面综合路线即以往所谓的全面踏勘路线。现考虑到应与踏勘阶段所进行的工作有所区别,故将其称为全面综合路线。它是将上述两种方法结合使用来开展填图工作。例如在穿越路线上为解决某个问题向路线两侧做短距离的追索,或在追索路线中因工作需要而穿越走向研究短剖面。此方法适于大比例尺地质填图或进行某项专题研究,或为解决某个地质问题。虽然获得的资料丰富准确且研究程度较高,但投入工作量大。

观察路线布置应视预期解决的地质问题为依据,以上3种方法都是针对观察路线与地质构造走向线的关系而言。实际上,野外地质观察路线的具体布置还须考虑测区自然地理状况及穿越条件、露头分布情况、基站设置、野外工作组织等因素。每一条具体路线可以近似直线形,也可以是"之"字形或"S"形,甚或有曲折、迂回。从整个观察路线的布局来说,对地质构造复杂、地质体分布零散、矿点分布密集区,或者地形起伏大、穿越条件差、居民点稀少的地区,可围绕工作基站布置梅花形路线网,采用分区推进的办法。如果地质构造简单,或者地形条件有利则可布置平行路线网。布置观察路线的基本要求应是既能满足填图比例尺的精度且获得必要的地质信息和数据,又能发挥最好的工作效率。观察路线的布置必须因地制宜,应尽量避免布置多次横穿山脊和沟谷的路线。

观察路线网的密度应按相应调查比例尺的技术要求并综合考虑其他因素灵活布置,一般没有明确规定。但常规上则是,不论何种比例尺,其路线间距在图上以 1~1.5cm 为宜,不应呆板地布置成均匀的几何网格,应根据地质构造的复杂程度及遥感图像的解译程度等因素进行加密或放稀。另外,从现行不同比例尺的填图规范来看,强调单幅实测路线总长度亦是一个重要指标。因此,观察路线的间距亦应考虑此种要求。

一般而言,经实地踏勘和遥感图像解译之后,每条路线的观察内容是可以预先设计的,故每条路线的布置都应该有既定的目的和任务,如追索某一标志层、接触带、断裂带等,使地质填图工作具有预见性、主动性而避免盲目性。对初学者来说,培养解决地质问题的应变能力是对地质填图工作者的基本要求。沿原设计路线工作过程中视地质现象的复杂性应对原方案进行修改或补充。例如在穿越路线上发现了矿化标志、化石点、断层、不整合界面等重要地质现象,就应改变原定路线方向而对其进行追索研究。

三、观察点的布置和标测

1. 观察点的布置

在野外路线观察过程中需要及时标定观察点,其作用在于:能准确地控制地质界线或地质要素的空间位置;使原始资料的编录条理化、系统化;控制各种地质资料的联系,以及文、图资料与实地位置的符合;便于原始资料的整理、查阅和检验工作质量。

观察点的布置以能有效地控制各种地质界线和地质要素为原则。一般应布置在具有明确地质意义的位置,如填图单位的界线、标志层、化石点或岩相明显变化的地点,岩浆岩的接触带和内部相带以及单元或超单元界线、蚀变带、矿化点和矿体、褶皱枢纽、褶皱转折端、断层破碎带,节理、劈理测量统计点,线理测量统计点,代表性产状要素测量统计点、取样点、地质工程(如探槽等)、钻孔位置等。其他有意义的地质现象如水文点、地貌点、出土文物点亦应布置观察点。观察点没有固定的密度要求,应避免不顾及地质意义而机械地等距布点。

2. 观察点的标测

野外填图过程中在手图(地形底图)上标定观察点的位置,不能超过规范精度要求的允许误差范围,即不论何种比例尺,一般要求在野外手图上的误差不超过 1mm。当地形地物明显时可直接目测标定点位。当地形细部特征不明显时,则可借助地质罗盘用后方交汇法确定点位,一般应三点交汇,其方位线间夹角应大于45°,以提高精度。如三线相交不在一点而出现视差三角形时,则以其中心做点位。在野外工作中常以后方交汇法大致确定点位所在范围,而后再根据地形地物特征判定观察点的具体位置。上述几种方法与 GPS 相结合其定位更为准确。

若利用航空像片标定点位时,可先在像片上刺点,并于像片背面圈定和编号,然后根据地形地物特征转绘到地形图上。

森林区或切割很深的沟谷等处视野狭窄,要准确判定观察点在地形图上的位置并非易事。为此,必须从已标定的点位开始向前进方向连续不断地进行路线目测,用罗盘测量路线方位,以步测定距离,借此标定待定点的位置。为保证精度要求,应尽可能地攀登高地,在视野较好的地段标定一些控制点,据此对点位进行校正。现阶段 GPS 的广泛使用已在很大程度上解决了此类难题。

四、路线地质观察程序

路线地质观察的一般程序是:标定观察点的位置;研究与描述露头地质和地貌;系统测量地质体的产状要素及其他构造要素;采集标本和样品;追索与填绘地质界线;沿前进方向进行路线观察与描述;绘制信手剖面图和素描图;等等。地质人员在路线上必须连续进行地质观察,当某一观察点工作完毕后,无论沿穿越或追索路线皆应连续观察和记录到下一观察点,以了解和掌握如层序、岩性、产状要素、接触关系以及厚度等地质内容从此点到彼点的变化情况。若只孤立地对观察点进行研究描述而放弃路线地质观察,中间缺乏足够的系统性、综合性资料,则很难对区域地质特征得出完整的认识。另外,在地质路线观察过程中还应做到以下几点。

(1)坚持严谨的科学态度和求实的优良作风,坚持实践第一的观点。每个地质工作者都应该努力做到勤追索、勤观测、勤敲打、勤编录、勤思考,不断地进行综合分析并及时在现场检查验证。

(2)充分收集第一性资料,要善于发现问题,抓住关键,重点研究。

(3)不能对地质现象的取舍带有主观性,同时在工作中也要有理论指导而避免盲目性。

(4)在地质路线调查过程中,有时会遇到一些反常现象,它们往往具有特殊意义,故决不能忽视。

五、地质界线的确定及标绘

1. 地质界线的确定

准确地标定地质界线是保证图面结构合理的前提。在基岩出露的地区可直接根据填图单位的标志及地质体的接触关系来确定地质界线的位置。但在森林、平原、草原戈壁等植被或现代堆积物、沉积物发育区则给地质界线的确定带来了难度。除了关键部位需采用人工揭露外,更多的则是借助间接标志或其他方法来确定地质界线。

利用残坡积物判断地质界线的方法是,以低处分布的某种岩屑的最高出现位置作为其与不同岩性的界线所在地。利用此法是在已经确立标准地层剖面,对主要界线性质和构造状况都基本清楚的情况下才具有较大的可靠性。

利用地貌特征判断地质界线,特别是利用遥感图像进行现场地质解译是间接确定地质界线的重要手段。

利用地球物理、地球化学资料亦可在某些情况下有助于地质界线的判断或确定。但实际情况往往比较复杂,因此,要多种手段结合,相互验证,以保证地质界线确定的可靠性。

2. 地质界线的标绘

前述有关地质调查类型及图件编制中已涉及到此方面内容,现综合不同比例尺的技术要求给予概括。即在填图过程中,在图上仅填绘按比例尺折算直径大于 2mm 以上的闭合地质体和宽度大于 1mm、长度大于 3mm 以上的线状地质体。如果小于上述限度,但具有特殊意义的地质体或断层,可按比例尺放大至 1mm×3mm 表示在图上,且要注意尽量反映其真实的平面形态和产状。

地质界线的标绘应在现场据其出露情况直接填绘在地形图上。采用的方法是以观察点为基点,测量地质体产状后,根据"V"字形法则将地质界线沿地层走向向两侧延伸 1/2 线距。若在露头好且视野开阔的地段,除由观察点控制的一段地质界线外,还可选择地质构造转折部位、地质界线通过山脊及沟谷的位置等处,按目测标定观察点的方法遥测一些辅助控制点,然后根据"V"字形法则将整段地质界线连绘出来。

第二节　地形地质图的绘制

地形地质图是在相应地形图的基础上,用规定的颜色、符号、线条和花纹等表示各种地质现象的图件,也是野外地质填图工作的成果展现。因此,掌握地形地质图的基本构成和编绘步骤尤其重要。

一、地形地质图的构成

地形地质图主要由图名、比例尺、地形地质图、综合地层柱状图、剖面图、图例等组成。

(1)图名。图名命名原则为大地名(省、市、县)+小地名(图区重要的村镇或山峰),例如湖北省秭归县周坪(仙女山)地形地质图。

(2)比例尺。比例尺分为线条比例尺和数字比例尺,数字比例尺位于图名的正下方,线条比例尺位于地形地质图的正下方。

(3)地形地质图。位于图的中央,图中包含等高线、地名、山系、水系、地质界线、产状符号等。

(4)综合地层柱状图。位于左侧,是反映图区内各时代地层组成、岩性特征和接触关系等的图件。

(5)地质剖面图。填图区地形地质图内剖面图由实测剖面图、信手剖面图组成,位于地形地质图的下方。

(6)图例。图例是对地形地质图内各种代号、颜色、符号等的说明,其排列依次为地层(由新至老)、变质岩(由新至老)、岩浆岩(由超基性至酸性)、构造符号等。

(7)责任表。位于地形地质图的右下方。

地形地质图各部分组成及放置位置如图 13-1 所示。

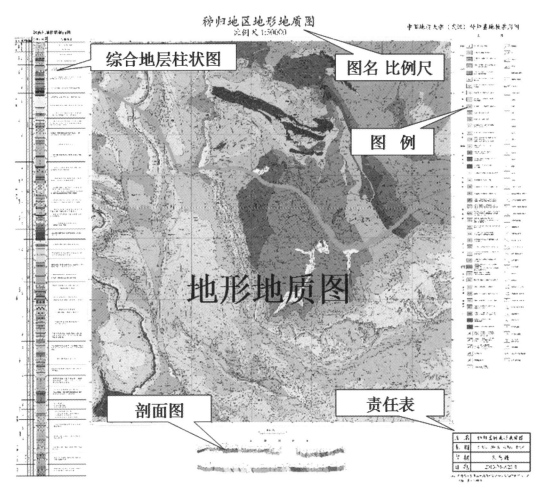

图 13-1 地形地质图组构示意图

二、地形地质图的编绘

地形地质图的编绘是一项细致而复杂的工作,它是以野外填图工作过程中收集或观测的各种地质资料为基础,经后期综合整理后绘制的综合图件,其编绘步骤如下。

1. 实际材料图的绘制

实际材料图是编绘地形地质图的基础,在野外地质填图过程中,将观测到的地质现象按规定标注在地形图上,例如地层界线、断层线、产状符号等。通过勾绘不同观察路线同一地质界线的连线,在地形图上逐步完成相关地质界线、产状等的勾绘与标注。完成后的图件称为实际材料图。

2. 绘制地形地质底图

在实际材料图上，按照地形地质图的要求，对部分内容或数据进行整理、筛选，经修改后的实际材料图即为地形地质底图。

3. 地形地质图组成要素的确定

在绘制地形地质图前，应预先确定图名、比例尺、图例等，并按规定布置好各组成要素的放置位置。

4. 地形地质图绘制步骤

在布置好的图纸上依次绘制图名、比例尺、地形地质底图、综合地层柱状图、测区地层（构造）剖面图、图例、责任表等。

只有包含上述内容后的图件，才能称其为地形地质图。

第十四章　地质报告的编写及要求

正规地质报告的编写内容和格式按相关规范要求进行。地质报告所附图件主要有地层实测剖面图、综合地层柱状图、实际材料图、地质图和构造纲要图等。图件的格式和内容要符合规范要求。同时还应有素描图、地质信手剖面图等若干插图,力求使地质报告文图并茂。地质报告各部分编写包含的基本内容简介如下。

第一部分　绪　言

绪言内容包括:实习区的地理位置、行政区划;道路交通、自然经济地理、工农业状况;实习的目的、任务和内容;起止时间、组队和分组情况及指导教师;完成的工作量(地质调查面积、地质观察路线及观察点数、实测剖面长度、独立填图面积、标本和样品数量等)及工作成果。

第二部分　地　层

实习区地层概述,以"组"为单位由老至新对其分布、岩性及其岩石组合、化石情况、岩相及厚度变化情况、地层接触关系等进行描述和总结。若有含矿层则应详加说明。要充分利用实测地层剖面图、地质图及不同区段的信手剖面图等资料。实习区部分地层之岩性已发生变质,其变质作用和变质程度亦不同,可按时代对其简述。

第三部分　侵入岩

此部分为实习区岩浆岩活动概况,即主要侵入体的岩石类型、活动期次、各岩体的相互关系及接触变质情况。主要内容包括展布位置、平面形态、面积、岩相带的发育及划分(或单元的划分与归并)、复式岩体的构成、侵入时代、与围岩的接触关系、接触热变质带的分布、岩浆热动力变形及岩体侵位机制等。其他小型岩体及岩脉仅做概略描述。

第四部分　构　造

此部分内容包括实习区大地构造位置、主要构造类型发育情况、区域构造线的展布、构造形成时代及序次等。对主要构造可按构造类型如褶皱构造、断裂构造分类述之,亦可按构造区段如东区断裂构造为主、西区褶皱构造为主分区述之,还可按构造期次或序列对早期构造、主期构造和晚期构造分别描述其特点。

第五部分　地质矿产及资源环境

此部分分别概述各主要地质矿产的位置、矿床类型、矿石特点、矿体产状、规模、找矿标志、矿床成因、找矿远景等。其他如土地资源、地学旅游资源和地下水资源等概况及资源环境评价视收集资料情况灵活掌握。

第六部分　地质发展史

此部分是指在综合分析实习区各方面资料的基础上,将各种地质事件联系起来划分地质发展演化序列,由老至新对不同阶段的地质演化特征进行概要总结并简要阐明各阶段形成的环境和大地构造性质。

第七部分　结　语

结语部分是对整个实习过程进行总结评价,包括主要成绩、新的认识、新的发现,以及本人在思想上、业务上的收获和体会,同时简述实习中存在的问题和不足,并对今后教学实习工作提出建议,最后应对有关单位和工作人员表示谢意等。

另外尚有几点需要说明:其一,若在实习过程中采用现代高新技术并利用计算机辅助填图系统开展工作者,应完成各类数字化地质图件和提交电子地质报告;其二,学有余力者可对某些感兴趣的地质问题进行深一步的专题研究,其成果可在地质报告中单列章节论述;其三,变质岩可视变质类型分别归于相应的地层(如区域变质岩)、侵入岩(如接触变质岩)和构造(如动力变质岩)等相关部分,也可单独列一章对不同成因的变质岩类分别描述;其四,上述报告提纲在成文时应按章节编排,但绪言、结语两部分可不单独设章排序。

第三篇　野外地质教学路线

第十五章　野外地质教学路线基本要求

野外地质路线教学是在教师的带领、指导和讲解下,让学生通过对不同类型地质教学路线剖面和露头典型地质现象的观察、描述和总结,深化所学专业理论知识,扩大地质认知面,掌握野外地质调查和研究的基本工作方法。因此,野外路线教学是地质实践教学中最为重要和关键性的环节。

秭归基地实习区的野外地质教学路线内容主要可分为4类:沉积地层、岩浆岩、变质岩,以及综合地质路线。不同专业的地质实践教学,可根据专业的性质和要求对野外地质路线进行选择,也可视实习时间、总体安排对地质路线的内容进行增加和精简。

为保证实践教学的质量和实习工作的有序进行,严格要求和强化训练的教学思想应始终贯穿于整个实习过程中,教学的方式、方法和手段则可根据教学内容的基本要求由教师灵活掌握。

野外地质路线教学的基本要求如下。

(1)每条教学路线实施的前一天,带班教师应将其教学任务、路线、目的、要求及有关注意的事项告知所带班级学生,使其思想、业务、装备及携带物品有所准备。

(2)每天在出队之前要清点人数、检查相应的准备工作;每天教学路线结束后应在野外现场清点人数,并对学生野外记录簿、标本、样品等进行业务教学效果,以及各类仪器装备的使用情况进行必要的检查,布置当天室内整理的内容和要求。此外,为加深理解,应根据教学路线的内容和要求提出一些相关问题供学生思考和讨论。

(3)每天教学路线结束回到实习基地后还应对室内工作进行必要的指导、检查,要求学生及时用常规地质方法或计算机软件系统对野外所采集的各类数据以及其他相关地质信息进行及时处理、存储,不合格者进行返工或采取有效措施给予补救。

(4)野外路线教学阶段应按沉积地层、岩浆岩、变质岩,以及构造等内容进行阶段小结,也可采用讨论、文字报告和教师讲授或辅导等灵活教学方式进行,使学生对实习路线各项实习内容真正理解和掌握。

第十六章　野外地质教学路线简介

秭归实习区的野外地质教学路线是以扬子克拉通黄陵穹隆为核心，分布于黄陵穹隆南部南华纪—寒武纪盖层沉积岩区、新元古代花岗岩区、中—新元古代基性—超基性岩区（蛇绿岩），以及黄陵穹隆北部太古宙—古元古代花岗片麻岩、高级变质岩-片麻岩区。地质教学路线涵盖了本科地质学专业中沉积岩、岩浆岩、变质岩，以及脆性-韧性挤压、伸展和剪切构造变形的主要教学内容，涉及当代地球科学发展前沿领域的诸多重大地质问题，如早前寒武纪地壳生长演化、地球早期生命起源演化、前寒武纪超大陆聚合与裂解、新元古代"雪球地球"事件等重大和热点地质问题。下面分别对秭归实习区目前已开发的野外地质教学路线的主要地质教学内容、要求，以及相关背景知识做一简要介绍（实习路线分布图见附件一）。

路线1　陈家冲—中堡新元古代黄陵花岗岩侵入体、包体及多期岩脉穿插关系观察路线

一、教学内容及要求

（1）观察描述茅坪超单元（复式岩体）中三斗坪单元（岩体）、金盘寺单元（岩体）的岩性特征。

（2）观察描述岩体的原生构造，并对岩体的原生构造（流线、流面）进行测量。

（3）观察描述岩体中包体发育的基本特征。

（4）观察描述不同岩体中岩脉的穿插关系及形成的先后顺序。

（5）观察岩脉的球形风化特征。

二、教学路线中重要观察点简介

1. 陈家冲小溪采石场

该点为茅坪超单元（复式岩体）中三斗坪单元（岩体）观察点（图版Ⅳ-1）。主要观察描述内容：简要介绍黄陵花岗岩岩基中单元（岩体）、超单元（复式岩体）划分、岩性特征及侵位顺序；观察描述三斗坪单元中中粒角闪黑云英云闪长岩岩性特征（颜色、岩性、主要矿物）；观察描述三斗坪单元中发育的不同岩性的暗色包体（如闪长质、黑云母石英闪长质包体等）及其形态特征，并对其进行素描；观察描述和测量三斗坪单元发育的流面、流线的产状。

2. 长岭隧道出口北侧中堡村

该处可见有黑云闪长岩脉的球形风化现象。主要观察描述内容：简要介绍球形风化形成的原因和条件。

球形风化是物理风化与化学风化共同作用的结果。球形风化原因：由几组不同方向裂隙将岩体切割成大小不同的岩块，岩块的棱角部分与外界接触面最大，最易遭受风化而破坏，长期作用后棱角逐渐被圆化，导致岩石表面趋于圆化（球化）的现象称为球形风化。球形风化形成的条件：岩石质地均一、发育多组（3组）节理、热胀冷缩、层层剥落、最后圆化。

3. 334省道国防光缆JG IV0149处

茅坪复式岩体超单元中金盘寺单元（岩体）（$Pt_3\delta\beta oJ$）岩性观察点（图版Ⅳ-2）。主要观察描述内容：观察描述金盘寺单元中粗粒黑云母英云闪长岩岩性特征（颜色、岩性、主要矿物），观察描述堰湾岩体（单元）中发育完整的黑云母、角闪石暗色矿物及其形态特征。

该单元中黑云母片度达5mm以上，自形程度好；常规则叠置而构成假六方柱，因受外力作用影响云母柱体被破坏，致使云母片随机排布而呈花瓣状；角闪石长柱状，其粒径可分为大小不同的两群（以长柱测量为准），大者粒径与黑云母片度相近，小者仅1mm左右。岩石粒度较大因而极易风化，成为当地滑坡、泥石流的主要源区。

路线2 东岳庙—黄陵庙—小滩头新元古代黄陵复式花岗岩侵入体及接触关系观察路线

一、教学内容及要求

（1）观察描述茅坪超单元（复式岩体）中路溪坪单元和黄陵庙超单元中鹰子咀单元、茅坪沱单元、内口单元的岩性特征。

（2）观察认识鹰子咀单元（岩体）中破碎带岩石特征。

二、教学路线中重要观察点简介

1. 东岳庙集贸市场岔路口

该点为茅坪超单元中的路溪坪单元（岩体）（$Pt_3\pi\gamma oL$）岩性观察点（图版Ⅳ-3）。主要观察描述内容：观察路溪坪单元的岩性特征（颜色、岩性、主要矿物），观察描述和测量路溪坪单元流面、流线产状。

该岩体的基本特征是：矿物粒径细小，具流面、流线构造，色率不足10，黑云母含量大于角闪石。这是茅坪超单元中最晚期就位的岩体，也是该超单元最东缘的一个岩体，故岩体中矿物颗粒较细小，而且指示岩浆流动的流面构造发育。

2. 334省道41km标牌处

该处为黄陵庙超单元中的鹰子咀单元（$Pt_3\gamma\delta Y$）内破碎带观察点。主要观察描述内容：观察描述鹰子咀单元的岩性特征(颜色、岩性、主要矿物),观察岩体破碎带的特征。

该岩体的显著特征是:①开始出现肉红色的钾长石;②仅局部出现钾长石斑晶;③岩石中磁铁矿含量较高,但现已变成赤红色的赤铁矿。岩体中破碎带:总体为脆性破裂。破碎带岩石中可见动力变质所形成的碎裂岩,碎裂岩主要由红绿相间的矿物组成,红色矿物为钾长石化所致,绿色矿物为绿泥石化所致。局部可见红色石英,红色是由铁质矿物风化、淋滤、浸染所致。

3. 334省道39km标牌处

该处为黄陵庙超单元中茅坪沱单元($Pt_3\eta\gamma M$)岩性观察点。主要观察描述内容:观察描述茅坪沱单元杂色中粒含斑花岗闪长岩岩性特征(颜色、岩性、主要矿物)。

4. 小滩头汽渡口东侧采石场

该处为黄陵庙超单元中内口单元($Pt_3\eta\gamma M$)岩性特征观察点(图版Ⅳ-4)。主要观察描述内容:观察内口单元中粗粒斑状二云母二长花岗岩(花岗闪长岩)的岩性特征(颜色、岩性、主要矿物),观察描述内口单元中钾长石斑晶环带结构特征。

此外,该岩石常含有富云包体,这是富云母的原岩被部分熔融剩下的残余,表明该岩石源于地壳深熔作用。该岩体岩石又称为淡色花岗岩,它是地壳深熔作用的代表性岩石。该岩石中两种云母含量较低,但因属淡色花岗岩故参加命名。

一般认为,这种花岗岩的就位和出现指示该区进入陆内造山(后造山)演化阶段。它是陆内造山运动(后造山)背景下,陆壳加厚地壳岩石发生部分熔融岩浆作用的代表性岩石。

路线3 银杏沱—兰陵溪—陈家沟大桥黄陵复式花岗岩侵入体、侵入接触带及高级变质岩观察路线

一、教学内容及要求

(1)观察描述茅坪超单元中坝单元岩性特征。
(2)观察描述中坝单元与崆岭群小以村岩组变质岩之间侵入接触带特征。
(3)介绍区域变质岩的分类命名和基本类型。
(4)观察描述崆岭群小以村岩组变质岩岩性特征,识别变质岩中断层的基本特征。

二、教学路线中重要观察点简介

1. 334省道兰陵溪候车亭

该点为茅坪超单元中中坝单元($Pt_3o\nu Z$)灰黑色中细粒黑云角闪石英闪长岩岩性观察点。主要观察描述内容:观察中坝单元的岩性特征(颜色、岩性、主要矿物),观察描述和测量中坝单元发育的流面、流线的产状。岩石中有含量较多的角闪石和黑云母,这也是岩体遭受同化混染作用的重要标志。

该岩体是茅坪超单元中与崆岭群变质岩围岩直接接触的唯一岩体,故在岩体内接触带附

近含有大量的斜长角闪(片)岩捕虏体,表明该岩体本身曾遭受了强烈同化混染,除含少量镁铁质微粒包体外,还穿插有暗色细粒闪长岩脉。

2. 334 省道 77km 标志牌以西 300m 松树坪木材检查站

该点为茅坪超单元中坝单元(Pt_3ovZ)与崆岭群小以村岩组(Pt_1x)变质岩接触带观察点。岩浆侵入接触带东为中坝单元,岩性为灰黑色中细粒黑云角闪石英闪长岩,西为崆岭群小以村岩组(Pt_1x),岩性为深灰色条带状斜长角闪岩。主要观察描述内容:观察描述中坝单元与崆岭群小以村岩组接触带的关系与特征,观察描述崆岭群小以村岩组变质岩的岩性特征、变形变质特征。

该处可见岩体沿面理侵入或贯入到小以村岩组的变质岩,而且小以村岩组变质岩中近平行片麻理(层理)中发育紧闭褶皱、揉皱(图版Ⅳ-5、图版Ⅳ-6),反映中—深层次区域变质变形作用过程中韧性变形的产物。

3. 334 省道 80km 西 100m 处(杉木溪大桥以西 800m)

该处为崆岭群小以村岩组(Pt_1x)变质岩中断层观察点。崆岭群小以村岩组变质岩岩性主要为黑云斜长片麻岩、斜长角闪岩。主要观察描述内容:观察描述崆岭群小以村岩组变质岩中断层带、断层面,以及断层两侧次级或从属小构造的变形特征,判断识别断层的运动特征和性质。此处,可以结合断层效应的基本概念和知识,对断层运动的性质进行讨论。

该处可见有近直立断层切割黑云斜长片麻岩,断层面明显,断层面略呈波状,总体断层面产状 230°∠80°。断层面上发育擦痕,擦痕线垂直断层面走向。需要注意的是,局部断层面可能残留有水平擦痕,说明该断层曾经有过平移运动。

断层破碎带内发育宽约 5~20cm 的断层角砾岩,断层带两侧的段盘发育有羽状剪节理,羽状剪节理裂与断层面呈大约 15°的锐夹角,该锐夹角指示断层上盘下降。断层上盘片麻理产状较稳定,断层下盘近断层处片麻理发生弯曲,形成牵引褶皱(背形),远离断层产状趋于正常。根据断层下盘发育的牵引褶皱、断层面上的擦痕、羽状剪裂及断层角砾岩的特征,说明断层为正断层。从断层的特征及切割的岩层及岩层错动情况来看,断层规模较小。

4. 334 省道陈家沟大桥东侧

该处为崆岭群小以村岩组(Pt_1x)变质岩岩性观察点。主要观察描述内容:介绍区域变质岩的分类、主要岩石类型,观察描述崆岭群小以村岩组变质岩岩性特征、岩石类型。观察描述测量崆岭群小以村岩组变质岩片理、片麻理的产状特征。该处主要为出露崆岭群小以村岩组变质岩,岩性为黑云母片岩、黑云母石英片岩及少量黑云母斜长片麻岩。

黑云母片岩主要由变质矿物黑云母和少量石英组成,黑云母呈片状,粒径 1mm 左右,大者有 2~3mm,含量在 80% 以上,石英含量在 20% 左右。岩石具鳞片变晶结构,片状构造。

黑云母石英片岩由黑云母和石英组成,黑云母为片状,粒径一般在 1mm 左右,含量为 40%~45%。石英呈粒状,具压扁拉长现象,粒径为 1~2mm,含量 55%~60%。岩石具粒状鳞片变晶结构,片状构造。

黑云母斜长片麻岩,少量发育。黑云母粒径在 1mm 左右,含量在 20% 左右,呈定向断续排列。斜长石含量为 70%,石英含量为 10%。岩石具粒状鳞片变晶结构,片麻状构造。

此外,沟内还可见斜长角闪片岩、角闪斜长片麻岩、绿泥岩石片岩,以及石英脉和伟晶岩脉发育。石英脉有黄铁矿化。据区域资料,石英脉含金,观察点南东向沟内有开挖金矿的痕迹。

应该指出的是,该处粒径较大的黑云母、角闪石可能与岩体侵入热接触变质有关;所见岩层产状可能不能代表原生层理产状,属构造变形变质形成的片理、片麻理,是由矿物的定向排列形成的新生构造面理。

路线 4 九曲垴中桥—横墩岩—问天简南华系—下寒武统岩石地层剖面及伸展滑脱断裂构造观察路线

一、教学内容及要求

(1)介绍绘制信手地质剖面的基本方法和要求。
(2)绘制九曲垴中桥到横墩岩隧道东出口南华系—震旦系信手地质剖面图。
(3)观察描述南华系莲沱组(Nh_1l)—下寒武统水井沱组岩性组合特征、分组标志。
(4)观察描述南华系莲沱组(Nh_1l)—下寒武统水井沱组各组之间的接触关系。
(5)观察描述南华系—下寒武统地层中伸展滑脱正断层、次级牵引褶皱构造、地堑构造,并绘制素描图。

二、教学路线中重要观察点简介

1. 九曲垴中桥 No.1 点

该处为南华系莲沱组(Nh_1l)与南沱组(Nh_2n)不整合观察点,也是九曲垴中桥到横墩岩隧道东出口信手地质剖面图的出发点。主要观察描述内容:介绍莲沱组(Nh_1l)岩性(因无法看清露头,只做简要介绍);观察描述南沱组岩性、砾石特征,介绍陆相冰川知识;介绍陡山沱组岩性组合的总体特征、各段判别标志,重点介绍陡山沱组一段与南沱组接触关系的地质依据,并测量接触面两侧的产状,画出该段信手剖面。

观察点东侧为莲沱组(Nh_1l),岩性为灰色细粒石英砂岩,现被坡积物覆盖。莲沱组(Nh_1l)为紫红色的中—厚层状砂砾岩、含砾粗砂岩、长石石英砂岩、石英砂岩、细粒岩屑砂岩、长石质砂岩夹凝灰质岩屑砂岩,含砾岩屑凝灰岩。由下往上碎屑粒度由粗变细。观察点西侧为南沱组(Nh_2n),为灰绿色冰碛砾岩。南沱组(Nh_2n)为灰绿色、紫红色冰碛泥砾岩(杂砾岩)(图版Ⅴ-1),上部夹薄层状砂岩透镜体,冰碛砾岩中的砾石分选性差,成分复杂,大小不均一,磨圆差,表面具擦痕。两者之间为角度不整合接触关系。

2. 九曲垴中桥 No.2 点

该点为南华系南沱组(Nh_2n)与陡山沱组(Z_1d)分界观察点。观察点东侧为南沱组灰绿色冰碛砾岩,西侧为震旦系陡山沱组一段(Z_1d^1)灰白色角砾状白云岩。主要观察描述内容:观察描述陡山沱组与南沱组断层接触关系,以及断层两侧的次级褶皱、牵引构造,判断断层的运动方向和性质;介绍和讲述陡山沱组岩性在横向上的变化特征;观察描述断层旁侧陡山沱组中的次级座椅状褶皱、节理(图版Ⅴ-2),并对其进行野外露头素描。

震旦系陡山沱组(Z_1d)通常底部以一层含砾白云岩(俗称"盖帽白云岩")与下伏南沱组

(Nh_2n)分界;下部为灰色、褐灰色白云岩,含泥质和硅质磷质结核;中部为灰黑色页片状含粉砂质白云岩;上部为灰色、灰白色中—厚层状白云岩夹硅质层或燧石团块组成;顶部以黑色炭质泥页岩与上覆灯影组分界。本观察点陡山沱组一段(Z_1d^1)为一套厚0.8~8.2m的中薄层含硅质团块、硅质条带、硅质结核的白云岩、白云质灰岩,泥晶硅质灰岩。

观察点座椅状褶皱地层岩性分层:第1层,中厚层状泥灰岩;第2层,钙质页岩;第3层,中厚层状泥灰岩;第4层,薄层泥质灰岩;第5层,条带状泥灰岩与灰质泥岩;第6层,含炭质灰岩夹条带状泥灰岩;第7层,条带状泥灰岩、灰质泥岩。

3. 九曲垴中桥 No.3 点

该点为334省道上震旦系陡山沱组三段(Z_1d^3)宽缓褶皱、顺层剪切滑脱观察点。主要观察描述内容:观察描述、测量陡山沱组三段断层产状的变化,判断其为宽缓褶皱,还是单斜地层;观察描述、测量陡山沱组二段与三段之间发育的顺层剪切伸展滑脱构造(图版Ⅴ-3)。

陡山沱组二段(Z_1d^2)下部岩性为灰色、深灰—灰黑色中薄层含泥质、炭质白云岩与黑色、深褐色薄—极薄层含炭质泥岩(炭质页岩)组成基本层序,由下而上叠置。中部白云岩单层变薄,黑色炭质泥岩层增厚,含硅磷质结核,偶见黄铁矿结核。中上部炭质泥岩层段增厚,并含较多硅磷质结核和团块。上部灰白色中层状白云岩明显增厚,而炭质泥岩变薄,并夹薄层燧石条带(3~9cm)、团块(3cm×7cm~5cm×8cm)。水平层理发育,厚约89.2m。

陡山沱组三段(Z_1d^3)下部岩性为灰白色厚层砾屑、砂屑白云岩夹中层状细晶白云岩,间夹薄层状、透镜状硅质条带及少量含泥质白云岩。局部层段见及薄—中层状塌积岩或潮坪相砾屑白云岩。上部岩性为灰白色薄层状含灰质白云岩、白云质灰岩,间夹灰白—灰黄色极薄—薄层状含云质泥岩、粉砂质泥岩。发育水平层理、沙纹层理、粒序层理等。局部层段见及薄—中层状塌积岩。厚约60.9m。

4. 九曲垴中桥 No.4 点

该处为334省道上震旦系陡山沱组三段伸展滑脱正断层构造观察点,也是陡山沱组四段与灯影组(Z_2dn)分界点。点东侧为陡山沱组四段(Z_1d^4)硅质岩夹薄层炭质泥岩或炭质页岩,点西侧为灯影组一段(Z_2dn^1),厚层白云岩。主要观察描述内容:观察描述陡山沱组三段与四段之间的伸展滑脱正断层、次级"Z"形牵引褶皱,判断断层的性质,并对其进行露头素描;观察描述陡山沱组第四段岩性特征及其中发育的顺层滑脱褶皱构造、膝折带(图版Ⅴ-4、图版Ⅴ-5)。

陡山沱四段(Z_1d^4)岩性为黑色炭质页岩、硅质页岩、粉砂质页岩,夹硅质岩、白云岩透镜体,其透镜体大小不等(30~100cm者居多),顺层分布,由下而上黑色炭质页岩中夹6层白云岩、硅质泥岩透镜体,水平层理发育。厚约44.1m。

灯影组(Z_2dn)岩性三分:底部为灰白色薄层状白云岩夹硅质条带;下部为灰白色厚层状内碎屑白云岩,赋存磷矿床;中部由黑色薄层状含沥青质灰岩(俗称臭灰岩)与硅质灰岩组成,含燧石条带及结核,产宏观藻类;上部为灰白色中—厚层状白云岩,含燧石层及燧石团块,顶部为硅磷质白云岩,产小壳化石。

5. 横墩岩隧道东山口约200m

该点为灯影组二段(Z_2dn^2)黑色薄层状含沥青质灰岩夹硅质灰岩断层组合观察点。主要观察描述内容:观察描述和测量灯影组二段中的断层组合,以及断层带两侧的次级构造,根据断层运动标志判断断层性质,并对其进行露头素描。

灯影组二段(Z_2dn^2)由黑色薄层状含沥青质灰岩(俗称臭灰岩)与硅质灰岩组成,含燧石条带及结核,产宏观藻类。

灯影组三段(Z_2dn^3)为灰白色中—厚层状白云岩,含燧石层及燧石团块。

6. 横墩岩隧道西出口约 50m

该处为灯影组三段(Z_2dn^3—$\in$)厚层白云岩与岩家河组($\in_1y$)深灰色薄层白云岩夹黑色粉砂质页岩界线观察点。主要观察描述内容:观察描述灯影组三段(Z_2dn^3—$\in$)厚层白云岩与岩家河组($\in_1y$)的岩性组合特征。

下部灯影组(Z_2dn—$\in$)厚层白云岩,是一个具有跨系发育特征的地层单位。上部岩家河组($\in_1y$)厚约54m。由上、下两部分岩性组成:下部为深灰色薄层白云岩夹黑色粉砂质页岩,上部由黑色含炭质灰岩夹黑色页岩组成。

该点沿334省道再向西行约80m处为岩家河组与水井沱组的分界点。点东侧为岩家河组($\in_1y$)黑色含炭质灰岩,点西侧为水井沱组($\in_1s$)薄层炭质页岩、粉砂质页岩。

7. 横墩岩隧道西出口约 200m

该处为寒武系水井沱组中地垒构造组合观察点(图版Ⅴ-6、图版Ⅴ-7)。主要观察描述内容:观察描述和测量水井沱组中断层的产状,根据断层运动判别标志确定断层的性质,命名断层构造组合的名称,并对其进行素描。

水井沱组($\in_1s$)的下部为黑色薄—极薄层炭质页岩、粉砂质页岩,夹含硅质白云岩、白云岩、白云质灰岩透镜体,其水平长轴直径一般在0.20~1.5m;中部为黑色炭质页岩、粉砂质页岩夹薄—中厚层灰岩;上部岩性为黑色、灰黑色薄—中层状灰岩夹薄层状泥灰岩、钙质页岩。水平层理发育,厚约52.75m。扁透镜状灰岩俗称"锅底石"或"飞碟石"。

8. 横墩岩隧道西出口约 500m

该处为寒武系水井沱组与石牌组分界点和劈理观察点。点东侧为水井沱组($\in_1s$)黑色、灰黑色薄—中层状灰岩夹薄层状泥灰岩、钙质页岩,点西侧为石牌组($\in_1sp$)黄绿色薄层及极薄层粉砂质泥岩,粉砂岩夹少量钙质细砂岩及薄层鲕粒灰岩。主要观察描述内容:观察描述水井沱组与石牌组的岩性变化特征和分界标志;观察描述石牌组($\in_1sp$)中劈理发育特征,根据劈理与层理交切关系判断其形成的应力场特征。

石牌组($\in_1sp$)的下部为黄绿色薄层及极薄层粉砂质泥岩,粉砂岩夹少量钙质细砂岩及薄层鲕粒灰岩。中部以灰绿色、黄绿色薄层粉砂岩夹灰色中—厚层钙质细砂岩、粉砂岩等,偶夹薄层灰岩。上部岩性为紫红色、灰色中厚层灰岩,鲕粒灰岩与灰绿色薄层状粉砂岩,粉砂质页岩不等厚互层。粉砂质页岩中产三叶虫化石。厚约158.46m。

路线总结:南华系—震旦系地层岩性组合的基本特征;绘制信手地质剖面中地层界线点、构造观察点记录格式及搜集数据中容易出现的问题。

从九曲垴中桥到横墩岩隧道东出口信手地质剖面图的终点可根据不同专业的要求而定,建议做到横墩岩隧道西出口岩家河组与水井沱组的分界处。

三、变质核杂岩的概念及基本特征介绍

变质核杂岩(metamorphic core complex)是指被构造上拆离及伸展的未变质沉积盖层所

覆盖的、呈孤立平缓穹形或拱形强烈变形的变质岩和侵入岩构成的隆起(Coney,1980)。它是由于岩石圈的伸展、拆离、基底隆升和地表的剥蚀作用,使地壳深部的变质岩和深成岩逐渐上升而出露地表,这套深部岩石称为变质核杂岩,也称为火山侵入杂岩。

变质核杂岩的基本特征:①形态特征,即外形近圆形或椭圆形;②结构特征,即上拆离盘、拆离断层、下拆离盘;③拆离断层特征,即分隔上拆离盘与下拆离盘,由下至上断层岩由糜棱岩变为断层角砾岩;④变质特征,即下拆离盘岩石变形变质程度深,上拆离盘岩石基本未变质变形或相对较弱;⑤地层缺失,即盖层底部缺失部分地层或地层厚度减薄。

路线5 问天简—九畹溪大桥寒武系岩石地层剖面及伸展滑脱褶皱构造观察路线

一、教学内容及要求

(1)观察描述寒武系石牌组、天河板组、石龙洞组、覃家庙组、三游洞群地层岩性特征和分界标志。

(2)观察和认识天河板组中生物碎屑灰岩(核形石灰岩、鲕粒灰岩)及古杯、三叶虫等古生物化石。

(3)观察和识别石龙洞组中竹叶状灰岩(风暴角砾岩)、古岩溶(喀斯特)角砾岩,以及岩崩滑坡角砾岩。

(4)观察描述覃家庙组中的大型顺层伸展滑脱平卧褶皱,判别其运动方向和应力场特征,并绘制素描图。

(5)观察描述三游洞群中的次级断层,判别其运动方向、性质和应力场特征。

二、教学路线中重要观察点简介

1. 问天简观景台

该点为石牌组上部泥质条带灰岩岩性观察点。主要观察描述内容:观察描述石牌组岩性特征及其中的劈理构造。

石牌组($\in_1 sp$):由灰绿色、黄绿色黏土岩,砂质页岩,细砂岩,粉砂岩夹薄层灰岩,生物碎屑灰岩组成,含三叶虫化石。下段:细砂岩;中段:团块状灰岩;上段:条带状灰岩。

2. 334省道棕岩头隧道东约500m处

该处为石牌组($\in_1 sp$)与天河板组($\in_1 t$)的分界点。点东侧为石牌组($\in_1 sp$)中厚—薄层状灰绿色页岩、粉砂质泥岩夹鲕状灰岩条带,点西侧为天河板组($\in_1 t$)灰色条带状灰岩、白云质灰岩与泥灰岩互层。主要观察描述内容:观察描述天河板组岩性、岩性组合特征及典型生物碎屑灰岩(核形石灰岩、鲕粒灰岩)。

天河板组($\in_1 t$),底部为灰色薄层鲕粒灰岩及薄层状白云质灰岩,有溶洞;下部为深灰色薄—中层状泥质条带灰岩,偶夹砂砾屑泥晶灰岩;中部为深灰色薄—中层状泥质条带状灰岩,其中局部层段为核形石灰岩(图版Ⅵ-1)、鲕粒灰岩。产古杯(图版Ⅵ-2)及三叶虫化石。发育水平层理、小型槽状斜层理。上部岩性为深灰色薄—中层状泥质条带灰岩,局部泥质条带中粉砂质含量较高,向上白云质成分增加,钙质成分减少。厚约90m。

3. 棕岩头隧道东出口

该点为天河板组($\epsilon_1 t$)与石龙洞组($\epsilon_1 sl$)分界点。点东侧为天河板组($\epsilon_1 t$)深灰色薄—中层状泥质条带灰岩,点西侧为石龙洞组($\epsilon_1 sl$)厚36.23~86.3m。主要观察描述内容:观察描述和识别石龙洞组岩性特征及风暴角砾岩、古岩溶(喀斯特)角砾岩及岩崩滑坡角砾岩。

石龙洞组的下部为灰白色中厚层夹薄层中细晶白云岩、厚层状夹中层状白云岩,偶见遗迹化石;中部岩性为厚层块状细晶白云岩夹中层状白云岩,发育"雪花"状构造、古喀斯特构造;上部岩性为灰白色厚层块状白云岩夹中层状白云岩、风暴角砾岩、砾屑白云岩沉积序列。与下伏天河板组呈整合接触。

4. 茶园坡隧道东出口处

该点为石龙洞组与覃家庙组分界点。点下部为石龙洞组($\epsilon_1 sl$)灰白色厚层块状白云岩夹中层状白云岩、风暴角砾岩(图版Ⅵ-3)、砾屑白云岩;点上以覃家庙组($\epsilon_2 q$)薄层状白云岩和薄层状泥质白云岩为主,夹有中—厚层状白云岩及少量页岩、石英砂岩,岩层中常有波痕、干裂构造,并有石盐和石膏假晶的地层。主要观察描述内容:观察和识别石龙洞组古岩溶(喀斯特)角砾岩及岩崩滑坡角砾岩。

5. 茶园坡隧道西出口九畹溪大桥

该处为覃家庙组($\epsilon_2 q$)与三游洞群($\epsilon_3 Sy$)分界点和大型伸展滑脱平卧褶皱构造观察点(图版Ⅵ-4)。点东侧为覃家庙组($\epsilon_2 q$)中厚层、厚层白云岩;点西侧为三游洞群($\epsilon_3 Sy$)灰色、浅灰色薄层—块状微—细晶白云岩,泥质白云岩夹角砾状白云岩,局部含燧石的地层序列。主要观察描述内容:观察和描述覃家庙组大型伸展滑脱平卧褶皱构造,并绘制其素描图。

6. 抬上坪隧道西出口

该点为三游洞群典型岩性观察点和高角度正断层观察点。该处三游洞群($\epsilon_3 Sy$)为厚层白云岩,含生物礁灰岩,其中发育有一系列高角度正断层。主要观察描述内容:观察和描述三游洞群典型岩性特征及其中发育的高角度正断层;思考和讨论其与大型伸展滑脱平卧褶皱构造的关系,并绘制其素描图。

路线6 路口子—链子崖奥陶系—二叠系岩石地层剖面及大型滑坡体、危岩体观察路线

一、教学内容及要求

(1)介绍和观察了解奥陶系—二叠系地层岩性的基本特征。
(2)观察和识别路口子滑坡崩滑堆积角砾岩与断层构造角砾岩的特征。

(3) 介绍和观察新滩大型滑坡体的地质地貌特征及形成过程。

(4) 介绍和观察链子崖危岩体的地质地貌特征及地质灾害防治工程。

二、教学路线中重要观察点简介

1. 鲤鱼潭隧道西出口

该点为奥陶系牯牛潭组岩性观察点。点下部为三游洞组（$\in_3 Sy$）厚层白云岩，含生物礁灰岩；上部为牯牛潭组（$O_2 g$）杂色瘤状灰岩，厚 23.3m。主要观察描述内容：介绍奥陶系地层分组、岩性特征，观察了解奥陶系牯牛潭组岩性特征。

该处牯牛潭组下部为灰色薄层生屑泥晶灰岩、灰—紫红色中—厚层生屑泥晶灰岩，偶夹灰黄色薄层粉砂质泥岩，泥岩中夹瘤状灰岩及砾屑灰岩；中部岩性为灰绿色中层状泥晶灰岩与瘤状灰岩不等厚互层状，发育泥质条带；上部岩性为紫灰色中层状泥晶灰岩与瘤状灰岩、网格状含生屑泥质灰岩互层，发育泥质纹层、泥质条带。与下伏大湾组呈整合接触。

奥陶系地层分组从下至上为南津关组（$O_1 n$）、红花园组（$O_1 h$）、大湾组（$O_{1-2} d$）、牯牛潭组（$O_2 g$）、宝塔组（$O_{2-3} b$）和龙马溪组（$O_3—S_1 l$）。

南津关组（$O_1 n$）指整合于三游洞组与红花园组之间的一套以浅灰色、灰色中至厚层状碳酸盐岩为主的地层。底部为生屑灰岩、灰岩，含三叶虫、腕足类等；下部为白云岩；中部为含燧石灰岩、鲕状灰岩、生屑灰岩，含三叶虫；上部为生屑灰岩夹黄绿色页岩，富含三叶虫、腕足类等。其底界以生屑灰岩的出现为标志。

红花园组（$O_1 h$）指整合于南津关组灰岩夹页岩或灰岩之上、大湾组页岩之下的地层序列，由灰色、深灰色中至厚层状夹薄层状微至粗晶灰岩，生物碎屑灰岩组成，常含燧石结核和透镜体。下部偶夹页岩，含丰富的头足类、海绵骨针及三叶虫、腕足类化石。

大湾组（$O_{1-2} d$）为一套富含腕足类、三叶虫、笔石等泥质较高的碳酸盐岩地层。下部为灰色、灰绿色薄至中厚层状泥质瘤状生物灰岩夹黄绿色、灰绿色泥岩；中部为紫红色、暗红色生屑灰岩、泥灰岩；上部为灰色、灰绿色薄至中厚层状泥质瘤状生物灰岩夹泥岩。与上覆牯牛潭组中厚层状灰岩和下伏红花园组深灰色厚层状含头足类粗生屑灰岩均呈整合接触。

牯牛潭组（$O_2 g$）指整合于大湾组和庙坡组之间的一套青灰色、灰色及紫灰色薄至中厚层状灰岩与瘤状泥质灰岩互层，富含头足类和三叶虫等化石的地层序列，均以页岩（泥岩）的结束或出现作为划分其底、顶界线的标志。区域上，当无庙坡组时，则与上覆宝塔组的龟裂纹灰岩呈整合接触。

宝塔组（$O_{2-3} b$）指整合于庙坡组黑色页岩之上、龙马溪组黑色硅质页岩之下的一套含头足类和三叶虫等化石，上部以灰绿色泥质瘤状灰岩为主，下部以中厚—厚层状紫红色、灰绿色"龟裂纹"灰岩为主，夹薄层状泥质灰岩的地层序列。

龙马溪组（$O_3—S_1 l$）指整合于宝塔组泥质瘤状灰岩之上，新滩组黄绿色页岩之下的一套富含笔石的黑色页岩、炭质页岩、硅质岩、炭质硅质岩，夹泥灰岩或硅质灰岩透镜体，含腕足类和三叶虫化石的地层序列。在区域上往往被风化呈淡红色至褐紫色、紫灰色。现在定义的龙马溪组包括俗称的五峰组及龙马溪组底部黑色页岩之和。

2. 路口子西约 50m 处

该点为志留系龙马溪组岩性观察点和路口子滑坡崩滑角砾岩观察点。主要观察描述内容:观察识别路口子滑坡崩滑角砾岩,介绍志留系地层分组、岩性特征。

志留系分为上、中、下统。下统为龙马溪群(S_1l),厚度为180~579m,灰绿色页岩夹石英砂岩。中统为罗惹坪群(S_1lr),厚度为534~900m,紫红色、灰绿色页岩夹石英砂岩。上统为纱帽群(S_1s),厚度为118~178m,红色砂岩夹页岩。

3. 链子崖风景区

该处为泥盆系—二叠系地层分层、岩性组合特征介绍和灾害地质介绍点。主要介绍和观察内容:介绍和了解三峡地区代表性的新滩大型滑坡体(图版Ⅵ-5)的地质地貌特征及成因机制,介绍链子崖危岩体(图版Ⅵ-6)的基本地质特征及大型地质灾害防治工程。

该处泥盆系从老到新分为云台观组(D_2y)、黄家磴组(D_3h)、写经寺组(D_3x)和梯子口组($D_3—C_1t$)。

(1)云台观组(D_2y)。灰白色、浅灰色厚层块状—中厚层状细粒石英岩状砂岩,夹少量细粒石英砂岩、石英粉砂岩及不稳定的薄层泥质粉砂岩,底部为含砾石英砂岩,产植物化石。发育大型交错层理,底部常见不稳定的透镜状石英质细砾岩,属无障壁海岸前滨相-近滨相碎屑岩沉积。厚15~64m。

(2)黄家磴组(D_3h)。中厚层状石英砂岩夹薄层石英细砂岩、泥质粉砂岩、粉砂质泥岩,或石英细砂岩与粉砂岩、泥岩、砂质页岩不等厚互层,基本层序为中层状石英细砂岩(A)→粉砂岩、泥岩(B),为一套退积型沉积序列。厚14~18m。

(3)写经寺组(D_3x)。底部为灰色页片状泥岩夹中薄层状生物屑泥晶灰岩、紫红色鲕状赤铁矿层,向上为灰色中厚层状生物屑泥晶灰岩夹灰黄色薄层状泥质灰岩、泥晶灰岩、钙质泥岩。厚13~19m。

(4)梯子口组($D_3—C_1t$)。底部为黄绿—深灰色泥岩夹灰色中—厚层状含菱铁矿石英细砂岩,向上为灰色中厚层状石英细砂岩,石英杂砂岩夹黑色、灰绿色薄层状含炭质粉砂质泥岩,泥质粉砂岩。上部为深灰色、灰黑色薄层状泥岩夹粉砂岩中含植物化石碎片。基本层序为泥质粉砂岩或粉砂质泥岩(A)→中薄层状粉砂岩、砂岩(B)→中厚层状石英砂岩(C)组成的三角洲进积层序。属三角洲前缘相-潟湖相,与下伏写经寺组呈整合接触。厚10~13m。

石炭系从老到新分为大埔组(C_2d)和黄龙组(C_2h)。

(1)大埔组(C_2d)。浅灰色、灰白色厚层—块状白云岩,白云质灰岩。厚2~20m。

(2)黄龙组(C_2h)。灰色、浅灰色厚层—块状泥晶灰岩、生物碎屑灰岩,底部为亮晶灰岩,含灰质白云岩角砾、团块,富产䗴类;顶界为起伏不平古岩溶面。厚2~119m。

二叠系从老到新分为梁山组(P_1l)、栖霞组(P_1q)、茅口组(P_2m)和孤峰组(P_2g)。

(1)梁山组(P_1l)。底部为深灰色中层状石英砂岩,由下而上为炭质页岩、粉砂质页岩、粉砂岩夹煤线。局部层段岩性为深灰色、灰黄色薄层状石英砂岩,与薄层状粉砂质泥岩、粉砂岩不等厚互层状。厚2.8~42m。

(2)栖霞组(P_1q)。深灰色中—厚层骨屑泥晶灰岩、瘤状生物泥晶灰岩、粉屑微晶灰岩、含炭藻屑泥晶灰岩、含团块状燧石。顶部为含生屑黏土岩、水云母黏土岩,产䗴类、有孔虫、珊瑚等化石。属浅-深水陆棚相。厚130~212m。

(3)茅口组(P_2m)。灰色含骨屑、砂屑微晶及亮晶粒屑灰岩,微晶生物屑灰岩、细晶白云岩,灰岩中瘤状构造常见。含硅质岩及灰岩扁豆体。厚178m。

(4) 孤峰组（P_2g）。浅灰色薄层硅质岩夹炭质硅质页岩，或呈互层状产出。产菊石、腕足类、双壳类。厚 9～11m。

新滩滑坡介绍

1. 新滩滑坡地质灾害概况

1985 年 6 月 12 日凌晨，位于湖北省秭归县长江左岸西陵峡上段兵书宝剑峡口北岸，东距三峡大坝仅 27km 的新滩镇旧址一带，发生了规模空前的大型滑坡。新滩滑坡发生时将大约 1/10 滑体推入长江，激起的涌浪高 54m，余浪波及上、下游江面达 42km，并一度在江中形成高出水面数米，长 93m、宽 250m 的碍航滑舌，致使长江航运中断 12 天。灾害发生后新滩镇旧城建筑物全部毁坏，江中行驶及停靠的 70 余艘机动、非机动船只也遭到了灭顶之灾或严重破坏。

由于有关科研单位与政府部门对该滑坡执行了长期监测和准确预报，并及时采取了撤离避灾措施，使滑坡区内 457 户，1371 人无一人受到伤亡。因此，新滩滑坡被誉为我国滑坡灾害防治研究史上的成功范例。

2. 工程地质基本特征

新滩滑坡具北高南低的地势特征，其前缘直抵江边，高程为 70m（库区蓄水前正常水位），后缘在广家崖陡壁下，高程为 900m。滑坡的平面形态为尾部窄、前锋宽的长舌状，南北长 1900m，东西宽 210～710m，面积约 0.73km²。

滑坡自北而南倾向长江滑动，平均坡度 23°。滑体物质主要由来源于尾缘及东西边界陡壁上的泥盆系、石炭系、二叠系的砂岩和灰岩等崩塌堆积而成的块石土构成，平均厚度在 30m 左右（最大厚度 110m），总体积为 3000 万 m³。

滑坡尾崩坡积物下伏志留系基岩的岩性由砂、页岩组成，形态比较复杂。发育在崩坡积物与下伏基岩之间的滑动面或滑动层为含砾黏土、亚黏土层，厚 0.5～0.8m，呈天然潮湿状态。

新滩滑坡属堆积块石土类型滑坡，具有后缘前推式特点。因此，新滩滑坡具有多阶结构形态，明显可分为主动、过渡及被动 3 个滑动区段。

3. 滑坡预报主要依据

(1) 滑坡后缘的原有开口裂隙，于 1985 年 6 月 10 日晚，一夜之间坐落了 2m 的垂降距离，东、西两侧的有关地裂缝也增宽至 10～30m，并与后缘裂隙沟通而形成了规模显著的弧形张裂圈，其前缘坡脚极度潮湿，剪鼓胀异常明显。

(2) 滑坡局部地段出现鼓包、出路错断、路面隆起、梯田石垒培坎倒塌。

(3) 滑坡初始阶段伴有微地动、地声、地热现象及动物的非正常反应。

(4) 姜家坡前缘小崩小塌规模渐大，频度增高；6 月 10 日凌晨 4 时 15 分，姜家坡陡坎西侧望人角一带，发生了约 $70×10^4 m^3$ 的土石崩滑灾害，并在滑前 5 分钟出现管涌，喷沙冒水 10 余米高，预示大规模滑坡即将发生的种种征兆。

4. 滑坡形成过程及成因

滑坡之后有关人员汇总研究发现，崩坡积物不断增厚产生的斜坡加载作用与连续下降的雨水渗透到黏土质滑动带或润滑层中的软化降黏作用，是导致新滩滑坡边坡失稳滑动的根本原因或主要动力。

新滩滑坡的产生发展总体经历了缓慢变形（1979 年 8 月前）、匀速变形（1979 年 8 月至 1982 年 7 月）、加速变形（1982 年 7 月至 1985 年 5 月）、急剧变形（1985 年 5 月中旬至同年 6 月

11日)4个阶段。

新滩滑坡经历了斜坡演化至急剧变形阶段,其首先从尾部开始运动,然后经过过渡区(中间地带)而达前锋临江被动滑动区,最终将滑体总量约1/10的物质直接推送到长江水体之中。

链子崖危岩体介绍

链子崖危岩体在长江南岸,下距宜昌市73km,距三峡坝址27km,属湖北省秭归县,对岸为1985年再次大规模活动的新滩滑坡和新建的新滩(现屈原)镇(老新滩镇已被滑坡推入江中)。

链子崖危岩体是岩层开裂变形体,发育在下二叠统栖霞组(P_1q)坚硬石灰岩组成的阶梯状陡壁上,底厚为1.8~4.2m的马鞍山组(P_1m)软弱煤系层,岩层倾向上游斜向长江。开裂变形的主要原因是煤层开挖采空和陡壁卸荷等。链子崖危岩体由南至北(江边)分为3段,分别自T0~T6、T7、T8~T12长大裂缝切割和围限,体积依次为$87\times10^4m^3$、$2\times10^4m^3$、$226\times10^4m^3$,均处于蠕变变形阶段,其变形破坏的方式以崩塌为主,且存在特殊不利情况下发生大规模滑移的条件,而且陡崖崩塌后退越多,大规模滑移破坏的可能性越大,还存在双面滑坡和崩塌综合变形破坏的可能。此外,在危岩体的东侧崖下近南北向分布的猴子岭斜坡上,堆积有体积为$170\times10^4m^3$的崩塌块石;在危岩体后上方的崖顶斜坡中,尚有体积为$230\times10^4m^3$的雷劈石滑坡和两处顺层蠕滑体(体积各为$1.2\times10^4m^3$和$0.4\times10^4m^3$)。

链子崖危岩体防治的主要目标是:改善和提高其稳定性,防止大规模崩塌和整体滑移入江造成阻航和严重碍航等灾害。防治工程在研究了部分开挖清除、水平悬臂抗滑梁、砌体挡墙、抗滑桩、洞室锚固、钻孔锚固、采空区回填、排水等多种方案的基础上,抓住危害性最大的临江$226\times10^4m^3$的危岩体,针对其变形破坏的主要因素,采用了如下工程措施:对底部煤层采空区做混凝土承重阻滑工程(键),处理面积为$6\ 000m^2$,防止上部危岩体进一步不均匀沉降变形和滑动;对上覆陡崖危岩体和顺层蠕滑体,进行预应力锚索加固,其中陡崖部位锚固,采用1 000kN、2 000kN、3 000kN三种量级的锚索,上小下大,上防倾倒,下防滑移;对控制层间滑动的软弱夹层,进行混凝土回填加固;对整个陡崖斜坡,进行挂网锚喷;对较大裂缝设置防雨盖板;对雷劈石滑坡进行地表排水处理;对猴子岭斜坡做防冲拦石工程,以防T0~T6,T7等缝段陡崖崩石入江危害航运。上述防治工程中承重阻滑工程(键)和锚固(索)工程是链子崖危岩体防治的主体工程,现已大部分完工。

目前,根据变形监测资料,变形量大部逐渐变小,有的先出现与长期蠕变方向相反的微量变形后再趋于稳定,这表明防治工程效果良好。

路线7、路线8 泗溪公园南华系莲沱组实测岩石地层剖面及节理构造观察路线

一、教学内容及要求

(1)介绍实测地层剖面分层与岩性描述方法,绘制南华系莲沱组(Nh_1l)地层信手剖面图。

(2)观察描述震旦系灯影组火炬状节理构造,并绘制素描图。

(3) 根据共轭剪节理运动方向判别标志,推断火炬状节理形成的最大主压应力方向。

(4) 完成南华系莲沱组(Nh_1l)岩石地层实测地层剖面的工作,绘制实测地层剖面图。

二、教学路线中重要观察点简介

1. 泗溪日月坪 130m 电杆处

该点为南华系莲沱组(Nh_1l)实测地层剖面的起点,也是三斗坪岩体与南华系莲沱组沉积角度不整合的分界点。该处三斗坪岩体岩性为黑云母角闪云闪长岩,南华系莲沱组底部为紫红色厚层状砾岩。

实测地层剖面的终点位于泗溪日月坪村西山坡上,也是南华系莲沱组与南沱组的分界点,该处莲沱组岩性为一套紫红色中—厚层状细砂岩与紫红色粉砂质泥岩互层,南沱组为灰绿色块状冰碛砾岩。

南华系莲沱组(Nh_1l)实测地层剖面分层岩性基本特征:

0 层:三斗坪岩体(黑云母角闪云闪长岩)

～～～～～～～角度不整合～～～～～～～

莲沱组(Nh_1l)

1 层:紫红色厚层状砾岩

2 层:紫红色中—厚层状含砾石英粗砂岩

3 层:紫红色厚层状长石石英粗砂岩

4 层:紫红色中层状中砂岩与紫红色薄层粉砂质页岩互层

5 层:紫红色中层状细砂岩

6 层:紫红色中—薄层状细砂岩与灰绿色泥岩互层

7 层:紫红色中—厚层状细砂岩夹紫红色薄层页岩

8 层:紫红色中—薄层状长石石英细砂岩与紫红色薄层泥岩互层

9 层:灰黄色巨厚层状长石石英砂岩,底部含砾

10 层:紫红色中—厚层状细砂岩与紫红色粉砂质泥岩互层

——————平行不整合——————

南沱组

11 层:灰绿色块状冰碛砾岩(又称冰川混积岩)

(未见顶)

2. 泗溪公园左侧采石场

该处为典型火炬状节理观察点(图版Ⅶ-1)。在该点采石场附近多处可见有发育比较完整的火炬状节理。主要观察描述内容:观察描述震旦系灯影组火炬状节理构造,测量节理产状,并绘制素描图;根据共轭剪节理运动方向判别标志,并利用赤平投影方法,推断火炬状节理形成的最大主压应力方向(图版Ⅶ-2)。

火炬状节理属共轭剪节理,通常其锐角角平分线为最大主压应力方向,而最小应力方向在垂直两组共轭节理截面内并垂直于最大主压应力方向。

路线9 高家溪—花鸡坡—棺材岩—黄牛岩南华系—震旦系岩石地层剖面及角度不整合观察路线

一、教学内容及要求

(1)踏勘了解实习填图区的地形地貌及穿越条件,学习野外地质调查研究的基本工作方法。

(2)了解填图区基本地质概况、地层展布、构造线方向,学会设计填图路线。

(3)厘定填图单位,学习野外地质界线的勾绘,"V"形法则的应用。

(4)观察描述莲沱组与三斗坪单元(岩体)之间角度不整合特征。

(5)观察描述南沱组冰碛砾岩(又称冰川混积岩)、陡山沱组底部"盖帽白云岩"岩性特征,以及两者接触面岩性特征,并绘制素描图。

(6)观察描述陡山沱组四段黑色炭质泥页岩中碳酸盐岩结核结构特征、灯影组一段底部沉积岩的帐篷构造、管状构造,并绘制素描图。

二、教学路线中重要观察点简介

1. 高家溪新桥

该处为南华系莲沱组与三斗坪单元(岩体)不整合界面观察点(图版Ⅶ-3),也是实习填图区踏勘的起点。主要观察描述内容:观察描述角度不整合接触界面的形态、颜色特征,观察描述角度不整合接触界面上覆地层、下伏岩体的组成、结构变化特征。

该点可见下伏三斗坪单元与上覆莲沱组清晰的角度不整合接触界面,不整合接触面之上为莲沱组紫红色砾岩、含砾粗砂岩,砾岩即为通常所称的底砾岩,砾石大小比较均一,次棱角—次圆状,成分单一,主要成分为石英、燧石质岩石矿物。由不整合接触面向上莲沱组砾岩、含砾粗砂岩粒度逐渐变细,反映沉积水体深度逐渐加深的演化过程。

2. 花鸡坡

该处为南沱组冰碛砾岩与陡山沱组一段的经典分界点。主要观察描述内容:观察描述南沱组冰碛砾岩中砾石的成分、大小及冰川擦痕,观察描述陡山沱组"盖帽白云岩"组成、结构构造特征,观察描述南沱组冰碛砾岩与陡山沱组接触界面的岩性特征。

该点南沱组冰碛砾岩为灰绿色,基质为砂泥质成分,砾石的成分复杂、形态各异,大小不一,大者直径可达40cm,花岗岩砾石常见(图版Ⅶ-4),有些砾石表面还可见有钉子形冰川擦痕。陡山沱组一段底部的"盖帽白云岩"为一套灰色中—薄层角砾状白云岩夹硅质岩,白云岩晶洞发育并有方解石、重晶石、黄铁矿等矿物充填,沿裂隙常见有黑灰色含硅质白云质碳酸盐岩脉穿插其间。

在陡山沱组一段"盖帽白云岩"底部与南沱组冰碛砾岩顶部之间的接触界面上还可见有一层几厘米厚的薄层灰白色泥质岩,它是由火山凝灰岩变质而成的泥质岩,也称为斑脱岩(图版

Ⅷ-1),是一种确定该岩石层位沉积时代的重要测年对象。

最近,王家生等(2005,2008,2012)对三峡地区陡山沱组底部"盖帽白云岩"的研究,发现"盖帽白云岩"中有甲烷渗漏形成的冷泉碳酸盐岩脉(图版Ⅷ-2),并认为它是新元古代"雪球"事件之后气候变暖天然水合物中甲烷释放全球环境突变背景下的沉积产物。

3. 棺材岩(崖)

该处为震旦系陡山沱组四段与灯影组一段的分界点。主要观察描述内容:观察描述陡山沱组四段与灯影组一段接触面形态变化;观察描述灯影组一段底部的结构构造特征;观察描述灯影组一段底部沉积岩中发育的帐篷构造、管状构造特征,并绘制素描图。

该点陡山沱组四段含碳酸盐岩结核黑色炭质泥页岩被采空后形成岩崩滑坡危岩体,以及崩滑堆积角砾岩(图版Ⅷ-3),现已进行了地质灾害防治工程的处理,但含透镜状碳酸盐结核的印模在灯影组底部上清晰可见,而且透镜状印模(图版Ⅷ-4)的长轴还具有一定的定向性,这可能与未完全固结沉积物(软沉积)的重力滑动有关。在灯影组一段底部中—薄层白云岩中还可见帐篷构造、管状构造(图版Ⅷ-5),这是上部地层基本固结,但下部地层仍有大量流体向上排出的重要证据。

4. 黄牛岩

该处也为震旦系陡山沱组四段与灯影组一段的分界点。主要观察描述内容:观察描述陡山沱组四段黑色炭质泥页岩中大量发育的扁球状、透镜状碳酸盐结核,并绘制素描图;观察描述灯影组一段底部的结构构造特征。

该点陡山沱组四段为含大量碳酸盐结核黑色炭质泥页岩(图版Ⅷ-6、图版Ⅸ-1),碳酸盐结核主体为白云质灰岩,扁球状、透镜状碳酸盐结核大者长轴直径可达100cm,小的长轴直径也有10~20cm,形态主要为扁球状、扁椭球状。碳酸盐结核内部普遍具有同心环带结构,个别大的碳酸盐结核内部还包含有若干小的碳酸盐结核,其成因和地质意义还有待进一步研究。此外,在灯影组一段底部也可见有帐篷构造(图版Ⅸ-2)。

路线10 莲沱镇—王丰岗南华系—震旦系标准岩石地层剖面及角度不整合观察路线

一、教学内容及要求

(1)观察描述莲沱组与下伏内口单元的角度不整合界面的特征。
(2)介绍震旦系标准地层剖面的历史沿革、研究现状。
(3)观察和了解震旦系标准地层剖面地层层序、岩性组合特征。

二、教学路线中重要观察点简介

1. 乐天溪镇莲沱大桥下

该处为震旦系莲沱组与下伏新元古代黄陵花岗岩体角度不整合接触关系的经典观察点。

主要观察描述内容:观察角度不整合接触界面的形态、颜色特征,观察角度不整合接触界面上覆地层与下伏岩体的组成、结构变化特征。

该点可见下伏内口单元与上覆莲沱组清楚的角度不整合接触界面,不整合接触面之上为莲沱组紫红色砾岩、含砾粗砂岩,砾岩即为通常所称的底砾岩,砾石大小均一,次棱角—次圆状,成分单一,主要成分为石英、燧石质岩石矿物。由不整合接触面向上莲沱组砾岩、含砾粗砂岩粒度逐渐变细,反映沉积水体深度逐渐加深的演化过程。在下伏花岗岩岩体顶部与上覆莲沱组接触面之间还可以看到经长期风化剥蚀沉积形成的黄色薄层古风化壳。

2. 乐天溪镇莲沱村王丰岗

该处为震旦系标准地层剖面和莲沱组命名地。主要介绍和观察内容:简要介绍莲沱组的历史沿革、岩性特征及整个区域上与下伏地质体的构造接触关系,介绍和观察震旦系标准地层剖面的地层层序、岩性组合特征。

莲沱组背景介绍

1924年李四光和赵亚曾建立"南沱组",将其与下部的砂岩称为"南沱粗砂岩"。1963年刘鸿允、沙庆安将李四光等命名的"南沱粗砂岩"改称"莲沱群"。1978年易名为"莲沱组",沿用至今。莲沱组为一套含凝灰质成分较多的粗碎屑岩组。交错层理发育,为以河流相为主的陆相沉积,厚50~260m。底部有1.5m厚的肉红色、灰绿色砂砾岩,不整合于黄陵花岗岩或崆岭群之上(图版Ⅸ-3)。

路线11 下岸溪石料场—下堡坪新元古代黄陵复式花岗岩侵入体、包体及多期岩脉穿插关系观察路线

一、教学内容及要求

(1)介绍新元古代黄陵花岗岩基单元(岩体)和超单元(复式岩体)的划分、岩性特征及侵位的先后序列。

(2)观察描述下岸溪内口单元的岩性、暗色包体特征及多期岩脉穿插侵入关系和标志,并对其进行素描。

(3)观察描述、识别和测量内口单元中多组节理的分期配套特征,并进行优选方位的统计测量,判别其形成的构造应力特征。

(4)观察描述下堡坪鹰子咀单元岩性、包体特征,以及多期岩脉侵入接触关系,确定脉体侵位的先后次序,并与内口单元岩性特征进行对比。

(5)观察不同花岗岩单元(岩体)之间的脉动侵入关系,描述花岗岩中的原生构造(流面、流线构造)。

二、教学路线中重要观察点简介

1. 下岸溪石料场

该点为三峡大坝大江截流所用石料的采石场遗址,场地十分开阔,也是内口中粗粒斑状花

岗闪长岩(二长花岗岩)单元特征的典型观察点。主要观察描述内容:简要介绍黄陵复式花岗岩体单元划分、岩性特征及侵位顺序;观察描述内口单元岩性特征(颜色、岩性、主要矿物);观察描述内口单元中不同岩性的暗色包体(如闪长质、黑云母石英闪长质包体等)及其形态特征(图版Ⅸ-4、图版Ⅸ-5);观察识别内口单元中粗粒斑状花岗闪长岩(二长花岗岩)与闪长玢岩(图版Ⅸ-6)之间侵入关系及标志,并对其进行素描;观察识别发育于内口单元中的多组节理的分期配套特征(图版Ⅹ-1),并对其优选方位统计测量,判别形成时构造应力性质和特征。

2. 雾下公路陈家大瓦屋

该露头位于新元古代黄陵花岗岩岩基核部的孙家河谷中,地形陡峻,露头很好。主要观察描述内容:观察鹰子咀中粒花岗闪长岩单元岩性特征(图版Ⅹ-2),并与内口单元岩性特征做对比;观察描述鹰子咀中粒花岗闪长岩中多期次的岩脉侵入接触关系、产状(图版Ⅹ-3);观察不同期次岩脉侵入穿插关系、接触界面的特征,如烘烤边、冷凝边构造,确定脉体侵位形成的先后次序;观察不同花岗岩单元之间的脉动侵入关系;观察描述花岗岩中的原生构造(流面、流线),并测量产状;观察描述内口单元中粒斑状花岗闪长岩中不同形态的包体,对典型包体进行素描。

路线12 古村坪—茅垭中—新元古代变基性—超基性岩(庙湾蛇绿混杂岩)岩石构造剖面观察路线

一、教学内容及要求

(1)介绍蛇绿岩的基本概念及岩石单元组成,并对比介绍中—新元古代庙湾蛇绿混杂岩基本组成、形成时代及构造变形变质演化特征。

(2)观察描述中—新元古代庙湾蛇绿混杂岩中各岩石单元特征。

(3)观察描述变形变质玄武岩的岩性特征,并对其中发育的强烈变形面理、线理和褶皱构造进行素描。

(4)观察识别变辉绿岩与变辉长岩之间侵入、穿插关系及标志,并对其进行素描。

(5)观察识别发育于变基性—超基性岩中早期韧性面理、线理,以及晚期脆性断裂破碎带的性质,并根据其伴生次级构造判断断裂运动方向和力学性质。

二、教学路线中重要观察点简介

1. 古村坪民房旁观察点

该处可见有庙湾蛇绿混杂岩中变辉绿岩与变辉长岩的相互侵入关系。主要观察描述内容:观察描述变辉长岩(图版Ⅹ-4)和变辉绿岩的岩性、粒度及颜色等特征;观察两者之间侵入的先后关系和标志,判断其形成顺序。

2. 薄刀岭采石场

该处为变超基性岩蛇纹石化橄榄岩早期韧性变形、晚期构造断裂破碎带观察点(图版Ⅹ-

5至图版Ⅺ-1）。主要观察描述内容：观察描述变超基性岩蛇纹石化橄榄岩的岩性、断裂破碎带几何学、运动学特征；观察破碎带中次级断层、节理、劈理等伴生构造特征；根据断裂破碎带中次级构造及交切关系，对变超基性岩的变形顺序进行解析。

3. 茅垭道班

该处主要出露韧性变形变质变玄武岩及少量变沉积岩。主要观察描述内容：观察描述和识别变质变玄武岩及变沉积岩的颜色、岩性、粒度、结构构造特征；观察变质变玄武岩和变沉积岩中发育的面理、线理构造类型，形态特征，测量面理、线理的产状；观察变玄武岩中发育的次级从属褶皱构造，并运用次级小构造对高级构造的特征进行分析和推断。

三、蛇绿岩概念简介

蛇绿岩是消亡大洋残留在造山带中大洋岩石圈残片的重要证据，是主要由基性岩、超基性岩石组成的一种特殊岩石组合，在板块构造的演化中具有极为重要的意义。一个发育完整或经典的蛇绿岩中，岩石类型从底部向上包括如下岩石组合：①超镁铁杂岩，由不同比例的方辉橄榄岩、二辉橄榄岩和纯橄岩组成，通常存在不同程度的蛇纹石化现象；②辉长杂岩，一般具堆晶结构，通常包含堆晶的橄榄岩和辉石岩，比超镁铁杂岩变形程度差；④镁铁质席状岩墙杂岩；⑤镁铁质火山杂岩，通常为枕状、层状。此外伴生岩石类型还包括：①上覆沉积岩主要为条带状硅质岩和少量灰岩；②与纯橄岩伴生的豆荚状铬铁矿；③斜长花岗岩等。

庙湾蛇绿混杂岩研究背景简介

庙湾中—新元古代蛇绿岩残片主要分布于庙湾、梅子厂和小溪口一带，总体呈北西西相带状展布，与下伏小以村岩组呈整合接触关系。变超基性岩连续出露的最大长度达13km，宽度近2km，其岩性以蛇纹岩、蛇纹石化纯橄岩、方辉橄榄岩为主。变基性岩以似层状细粒变玄武岩为主，主要分布于变超基性岩北侧。层状和块状变辉长岩岩体、岩脉，以及变辉绿岩岩脉、岩墙，主要分布于变超基性岩南侧。

此外，与变超镁铁—镁铁质岩空间上紧密相伴的还有变沉积岩，主要为似层状、透镜状薄层条带状大理岩、石英岩。蛇纹石化超基性岩、变形变质层状—块状变辉长岩和似层状变玄武岩之间呈构造接触，并被新元古代黄陵花岗岩侵入和肢解。

变基性—超基性岩均经历了强烈韧性和脆性变形变质作用的改造。变超基性岩早期的韧性构造变形面理走向呈北西西向，倾角近直立，倾向总体以北倾斜为主，而晚期脆性变形断裂面产状变化较大。变基性岩总体呈面状出露，韧性变形强烈，叠加褶皱发育，产状变化复杂。总体构成一套呈北西西向展布的蛇绿混杂岩系。

路线13 小溪口—梅子厂中—新元古代变基性—超基性岩（庙湾蛇绿混杂岩）岩石构造剖面观察路线

一、教学内容及要求

（1）介绍蛇绿岩的基本概念及岩石单元组成，重点讲解席状岩墙的概念、形成过程、成因类型及识别标志。

(2) 观察变辉绿岩与变辉长岩之间相互侵入穿插关系及识别标志。

(3) 观察描述变辉长岩中伟晶结构与堆晶结构的不同特征,了解其不同成因特征和识别标志。

(4) 观察描述变超基性岩的岩性、断裂破碎带变形变质特征,并对构造破碎带中的次级断裂构造进行测量统计。

(5) 观察和描述变方辉橄榄岩、纯橄岩中铬铁矿发育的不同特征。

(6) 观察描述蛇绿混杂岩中常见的大洋沉积岩变硅质岩－泥质灰岩(石英岩－大理岩)的变形构造特征。

二、教学路线中重要观察点简介

1. 小溪口石桥

该处为变辉绿岩岩脉群、岩墙(即席状岩墙)的重要观察点(图版Ⅺ-2)。主要观察描述内容:观察描述变辉绿岩岩墙中单个岩脉的宽度、边缘矿物粒度的变化特征;观察席状岩墙中发育的冷凝边结构(图版Ⅺ-3),包括双向冷凝边和单向冷凝边,了解其成因及构造意义。

2. 小溪口漫水桥

该处为变辉长岩与变辉绿岩之间互相侵入穿插关系观察点(图版Ⅺ-4)。主要观察描述内容:观察描述变辉长岩脉、变辉绿岩脉的岩性结构构造特征(图版Ⅺ-5),变辉长岩脉和变辉绿岩脉之间的互相侵入穿插关系和标志,确定两者形成的先后顺序。

3. 梅子厂

该地段蛇绿岩岩石构造剖面露头观察段,出露的蛇绿岩岩石单元主要有块状变辉长岩、层状韵律变辉长岩,蛇纹石化橄榄岩、方辉橄榄岩构造破碎带,豆状铬铁矿,条带状硅质—泥质沉积岩(石英岩—大理岩)、层状变玄武岩等岩石单元。从南至北沿公路可观察和描述以下岩石构造单元。

(1) 块状变辉长岩、变伟晶辉长岩和变层状堆晶辉长岩(图版Ⅺ-6、图版Ⅻ-1)。观察描述变辉长岩的伟晶结构和堆晶结构的结构构造、矿物特征,并对其结构构造特征进行素描。

(2) 蛇纹石化橄榄岩、方辉橄榄岩及构造断裂破碎带蛇纹石岩。观察描述蛇纹石化橄榄岩、蛇纹石化方辉橄榄岩和蛇纹岩岩性、结构构造特征,识别早期韧性剪切变形构造(图版Ⅻ-2)和晚期脆性断裂变形构造,并绘制素描图。

(3) 蛇纹石化橄榄岩、方辉橄榄岩中的铬铁矿(图版Ⅻ-3)。观察描述铬铁矿在蛇纹石化橄榄岩、方辉橄榄岩中赋存和富集的特点、矿物形态特征,了解铬铁矿不同富集特征的成因解释和意义。

(4) 条带状硅质—泥质沉积岩(石英岩—大理岩)。观察描述条带状硅质—泥质沉积岩的矿物组成、条带状矿物的分布产状、排列特征。观察描述条带状硅质—泥质沉积岩与层状玄武岩、蛇纹石化橄榄岩之间的接触关系。

(5) 层状—似层状变玄武岩。观察层状变形变质玄武岩的结构构造、矿物组成、变形特征,以及与变条带状硅质—泥质沉积岩的接触关系。

三、思考与讨论

本路线为一条出露连续的综合观察教学路线,变基性—超基性岩及其成因研究的教学内容丰富。在地质路线教学过程中可给学生提出以下问题进行思考与讨论。

(1)席状岩墙中冷凝边与韧性剪切作用导致的矿物颗粒逐渐细粒化有什么区别?

(2)为什么变辉长岩和变辉绿岩变形较弱,而变超基性岩和变玄武岩变性较强,且构造破碎?

(3)变辉绿岩侵入变辉长岩在教学路线中多处可见,其构造意义如何?

(4)根据所观察的变基性—超基性岩岩石组合及构造变形特征进行归纳总结,其与经典蛇绿岩概念有何异同?

路线 14 七里峡—雾渡河—水月寺新元古代基性岩墙群、太古宙花岗片麻岩(TTG 片麻岩)及大型韧-脆性走滑断裂带观察路线

一、教学内容及要求

(1)观察描述新元古代晓峰岩套中不同岩性岩脉(墙)的特征(结构、构造、矿物粒度及组成),以及暗色包体特征。

(2)观察描述新元古代晓峰岩套中不同岩脉(墙)的穿插关系、侵位顺序,观察岩墙与围岩花岗质片麻岩的侵入接触关系。

(3)介绍太古宙东冲河花岗质片麻岩(TTG 片麻岩)的基本概念和知识,观察描述花岗质片麻岩的岩性、构造变形变质特征,并测量片麻理产状。

(4)观察太古宙东冲河花岗质片麻岩(TTG 片麻岩)中暗色包体的岩性、变形形态特征,并观察描述两者之间形成的先后顺序。

(5)观察和描述雾渡河韧-脆性断裂带的产状、变形特征,识别剪切运动方向标志,判别剪切运动的方向。

二、教学路线中重要观察点简介

1. 晓峰镇七里峡大桥

该处为新元古代近直立基性—中酸性岩脉(墙)群观察点。沿七里峡公路剖面一线或河谷中可展开教学。主要观察描述内容:观察描述岩墙(脉)群的岩性、结构构造、颜色、粒度变化,识别不同岩性的岩脉特征;观察描述中酸性岩脉中的暗色包体(图版Ⅻ-4),对其形态、规模和产状,并进行素描;观察鉴别晓峰岩套中不同类型岩脉(墙)的穿插关系(图版Ⅻ-5),尤其要注意侵入冷凝边结构构造的观察,判别侵位形成的先后顺序;观察测量岩墙及围岩片麻理的产状,绘制岩墙素描图。

2. 兴山水月寺

该处水月寺镇东南约 3km 河谷中出露大量太古宙东冲河花岗质片麻岩(TTG)、斜长角闪岩包体、辉绿岩脉，以及大量肉红色的圈椅埫钾长花岗岩滚石。主要观察描述内容：介绍太古宙花岗质片麻岩的基本概念和知识，观察描述太古宙花岗质片麻岩的岩性特征、构造片麻理的表现特征，测量片麻理的产状；观察描述太古宙花岗质片麻岩与斜长角闪岩包体(图版Ⅻ-6、图版Ⅷ-1)、辉绿岩脉的变形变质特征，根据它们的穿插先后关系等标志，判定其形成先后顺序；观察描述沟谷中散布的古元古代圈椅埫钾长花岗岩滚石的颜色、结构、构造、主要矿物组成及变形特征。

3. 雾渡河镇

雾渡河大断裂是本区一条重要的边界性断裂带，沿观音堂—雾渡河—花庙一带展布，出露长 37km，走向 NW320°～330°。早期以韧性剪切走滑为特征，晚期(燕山期)为脆性断裂活动。地貌多表现为负地形，在观音堂—茅坪河—岔路口一带断层三角面十分发育。断层破碎带发育硅化、帘石化、褐铁矿化、黄铁矿化等断裂存在和活动的重要标志。主要观察描述内容：观察雾渡河断裂在地形图或地质图上地貌、水系的特征，通过次级断裂构造测量大断裂的走向；观察描述韧性剪切带中糜棱岩的变形特征，根据剪切带中发育的小构造(如剪切-牵引褶皱、透镜体)判别剪切运动方向；观察描述韧性剪切带糜棱岩中主要矿物的变形特征(如斜长石、钾长石的旋转残斑，石英的拉长)，并选择典型露头进行素描；观察剪切带中的金属矿化(褐铁矿、黄铁矿)现象。

三、地质背景简介

1. 七里峡晓峰岩墙群(岩套)

七里峡一带发育的中—基性岩墙群前人称之为晓峰岩套，该类岩墙单个脉体的规模较小，数量多，且岩性变化大，脉岩十分发育。该岩墙群由大量密集的陡立岩墙(脉)组成，单个脉体一般宽为 1～10m，沿走向长 30～70m，多倾向南东，少数倾向北西。

七里峡岩墙群岩石类型比较复杂，主要岩性为细粒闪长岩、闪长玢岩、石英闪长岩、石英二长闪长玢岩、斜长花岗斑岩等。该类岩脉与围岩具有清晰截然的边界，并具明显的优选方位，空间展布呈北东向，与围岩的接触界面陡立，并可见冷凝边等构造，明显受北东向和北西向两组断裂控制，属典型的岩墙扩张侵位，表明其为伸展构造环境的产物。

2. 太古宙东冲河花岗质片麻岩(TTG 片麻岩)

太古宙东冲河花岗质片麻岩(也称灰色片麻岩)主要出露于黄陵西北部水月寺一带的变形变质花岗质片麻岩，以英云闪长质片麻岩、奥长花岗质片麻岩和花岗闪长质片麻岩组合(即 TTG 花岗岩组合)为特征。片麻岩中包体非常发育，以暗色包体为主，可能为围岩捕房体或原岩部分熔融的残余。

3. 雾渡河大断裂

雾渡河断层为黄陵穹隆地区具有分界性质、长期活动的呈北西走向的重要大断裂，穿切测区北部，沿观音堂—雾渡河—花庙一带展布，出露长 37km，走向 320°～330°。主要由不同期次的碎粉岩、碎粒岩、碎斑岩，以及糜棱质断层砾岩组成；在盖层区破碎带宽约 10～20m，主要由断层角砾岩、碎粉岩等组成。

路线 15 雾渡河—殷家坪古元古代麻粒岩相变质岩、花岗质片麻岩、基性岩墙及韧性变形构造观察路线

一、教学内容及要求

(1) 观察描述麻粒岩相变质岩岩性特征，描述其主要变质矿物组成、结构构造特征。
(2) 观察描述变质岩中发育大量基性岩脉(墙)的特征。
(3) 观察描述高级变质岩区花岗质片麻岩中韧性构造变形现象等。
(4) 观察基性麻粒岩中退变质形成的"白眼圈"结构，以及部分熔融等地质现象。

二、教学路线中重要观察点简介

1. 雾殷公路(雾渡河—殷家坪公路)

该点发育有大型宽缓褶皱及次级小褶皱。主要观察内容：观察描述花岗质片麻岩中发育大型的宽缓褶皱及其次级小褶皱(图版 XIII-2)，测量褶皱要素(两翼、转折端、枢纽)产状，褶皱右翼厚层片麻岩中还夹有透镜状斜长角闪岩，绘制该露头褶皱构造剖面素描图；观察描述雾殷公路途中常见的典型辉绿岩脉，尤其是辉绿岩脉切穿围岩片麻理的现象，测量岩脉的产状并分析其与片麻理构造的关系。

2. 坦荡河

该点为矽线石榴黑云斜长片麻岩观察点(图版 XIII-3)。主要观察描述内容：观察描述露头上的矽线石榴黑云斜长片麻岩中的石榴石斑晶。该点公路旁的坦荡河河滩中，可见有不同类型的麻粒岩相高级变质岩(石榴黑云斜长片麻岩、黑云斜长片麻岩、基性麻粒岩等)，观察描述基性麻粒岩退变质形成的"白眼圈"结构(图版 XIII-4)，典型现象可进行素描。

3. 雾殷公路 30km 处左右

雾殷公路殷家坪附近片麻岩中发育典型小型韧-脆性断层，观察描述逆冲断层中的次级变形构造：韧性剪切变形形成的"S"形糜棱片理(图版 XIII-5)，断层破碎带中残留的透镜体等构造现象。

沿雾殷公路剖面露头良好，各种丰富的韧性、脆性构造变形现象(图版 XIII-6、图版 XIV-1)，部分熔融现象(图版 XIV-2)常见，是研究华南前寒武纪麻粒岩相高级变质岩区构造变形变质现象的典型地区。

主要参考文献

白瑾,黄学光,王惠初,等.中国前寒武纪地壳演化[M].北京:地质出版社,1996.

陈曼云,金巍,郑常青.变质岩鉴定手册[M].北京:地质出版社,2009.

Davis G A,郑亚东.变质核杂岩的定义、类型及构造背景[J].地质通报,2002,21(4-5):185-192.

地质矿产部西安地质矿产研究所,中国科学院南京地质古生物研究所.西秦岭碌曲、迭部地区晚志留世与泥盆纪地层古生物(上册、下册)[M].南京:南京大学出版社,1987.

董树文,李廷栋,陈宣华,等.我国深部探测技术与实验研究进展综述[J].地球物理学报,2012,55(12):3 884-3 901.

冯少南.长江三峡地区生物地层学(3)晚古生代分册[M].北京:地质出版社,1984.

富公勤,袁海华,李世麟.黄陵断隆北部太古界花岗岩-绿岩地体的发现[J].矿物岩石,1993,13(1):5-13.

高山,Qiu Yu Min,凌文黎,等.崆岭高级变质地体单颗粒锆石 SHRIMP U-Pb 年代学研究—扬子克拉通>3.2Ga 陆壳物质的发现[J].中国科学(D辑),2001,31(1):27-35.

高山,张本仁.扬子地台北部太古宙 TTG 片麻岩的发现及其意义[J].中国地质大学学报,1990,15(6):675-679.

葛肖虹,王敏沛,刘俊来.重新厘定"四川运动"与青藏高原初始隆升的时代、背景:黄陵背斜构造形成的启示[J].地学前缘,2010,17(4):206-217.

花友仁.扬子板块的地壳演化与地层对比[J].地质与勘探,1995,31(2):15-22.

江麟生,陈铁龙,周忠友.黄陵地区的几个主要基础地质问题[J].湖北地矿,2002,16(1):8-13.

姜继圣.黄陵变质地区的同位素地质年代及地壳演化[J].长春地质学院学报,1986(3):1-11.

焦文放,吴元保,彭敏,等.扬子板块最古老岩石的锆石 U-Pb 年龄和 Hf 同位素组成[J].中国科学(D辑),2009,39(7):972-978.

雷奕振.长江三峡地区生物地层学(5)白垩纪—第三纪[M].北京:地质出版社,1987.

李福喜,聂学武.黄陵断隆北部崆岭群地质时代及地层划分[J].湖北地质,1987,1(1):28-41.

李继亮.全球大地构造相刍议[J].地质通报,2009,28(10):1 375-1 381.

李继亮.增生型造山带的基本特征[J].地质通报,2004,23(9-10):947-951.

李细光,姚运生,曾佐勋,等.三峡库首区现今构造应力场的形成体制分析[J].地质力学学报,2006,12(2):174-181.

李益龙,周汉文,李献华,等.黄陵花岗岩基英云闪长岩的黑云母和角闪石 $^{40}Ar-^{39}Ar$ 年龄及其冷却曲线[J].岩石学报,2007,23(5):1 067-1 074.

李志昌,方向.鄂西黄陵地区太古宙变质岩La-Ce同位素体系[J].地球化学,1998,27(2):117-124.

李志昌,王桂华,张自超.鄂西黄陵花岗岩基同位素年龄谱[J].华南地质与矿产,2002(3):19-28.

凌文黎,高山,程建萍,等.扬子克拉通陆核与陆缘新元古代岩浆事件对比及其构造意义——来自黄陵和汉南侵入杂岩ELA-ICPMS锆石U-Pb同位素年代学的约束[J].岩石学报,2006,22(2):387-396.

凌文黎,高山,郑海飞,等.扬子克拉通黄陵地区崆岭杂岩Sm-Nd同位素地质年代学研究[J].科学通报,1998,43(1):86-89.

凌文黎,张本仁,周炼,等.扬子陆核古元古代晚期构造热事件与扬子克拉通演化[J].科学通报,2000,45(21):2 343-2 348.

刘观亮.崆岭群时代取得新进展[J].中国区域地质,1987(1):93.

刘海军,许长海,周祖翼.黄陵隆起形成(165~100Ma)的碎屑岩磷灰石裂变径迹热年代学约束[J].自然科学进展,2009,19(12):1 326-1 332.

卢衍豪.三叶虫[M].北京:地质出版社,1963.

陆松年,杨春亮,李怀坤,等.华北古大陆与哥伦比亚超大陆[J].地学前缘,2002,9(4):225-232.

马大铨,杜绍华,肖志发.黄陵花岗岩基的成因[J].岩石矿物学杂志,2002,21(2):151-161.

马大铨,李志昌,肖志发.鄂西崆岭杂岩的组成、时代及地质演化[J].地球学报,1997,18(3):233-241.

牛耀龄.关于地幔柱大辩论[J].科学通报,2005,50(17):1 797-1 800.

潘桂棠,肖庆辉,陆松年.大地构造相的定义、划分、特征及其鉴别标志[J].地质通报,2008,27(10):1 613-1 637.

彭敏,吴元保,汪晶,等.扬子崆岭高级变质地体古元古代基性岩脉的发现及其意义[J].科学通报,2009,54(5):641-647.

彭松柏,Timothy Kusky,李昌年,等.鄂西黄陵背斜南部元古宙庙湾蛇绿岩的发现及其构造意义[J].地质通报,2010,29(1):8-20.

Stern R J.板块构造启动的时间和机制:理论和经验探索[J].科学通报,2007,52(5):489-501.

桑隆康,马昌前.岩石学(第二版)[M].北京:地质出版社,2012.

沈传波,梅廉夫,刘昭茜,等.黄陵隆起中—新生代隆升作用的裂变径迹证据[J].矿物岩石,2009,29(2):54-60.

史仁灯.蛇绿岩研究进展、存在的问题及思考[J].地质评论,2005,51(6):681-693.

汪啸风,陈孝红,张仁杰,等.长江三峡地区珍贵地质遗迹保护和太古宙—中生代多重地层划分与海平面升降变化[M].北京:地质出版社,2002.

汪啸风.长江三峡地区生物地层学(2)早古生代分册[M].北京:地质出版社,1987.

王辉,金红林.基于GPS资料反演中国大陆主要断裂现今活动速率[J].地球物理学进展,

2010,25(6):1 905-1 916.

王家生,甘华阳,魏清,等.三峡"盖帽"白云岩的碳、硫稳定同位素研究及其成因探讨[J].现代地质,2005,19(1):14-20.

王家生,王舟,胡军,等.华南新元古代"盖帽"碳酸盐岩中甲烷渗漏事件的综合识别特征[J].地球科学——中国地质大学学报,2012,37(增刊2):14-22.

王军,褚杨,林伟,等.黄陵背斜的构造几何形态及其成因探讨[J].地质科学,2010(3):615-625.

魏君奇,王建雄.崆岭杂岩中斜长角闪岩包体的锆石年龄和Hf同位素组成[J].高校地质学报,2012,18(4):589-600.

魏君奇,王建雄,王晓地,等.黄陵地区崆岭群中基性岩脉的定年及意义[J].西北大学学报,2009,39(3):466-471.

夏金梧,李长安,周继颐.三峡库首区仙女山等断裂活动性同位素测年研究[J].水文地质工程地质,2005(1):7-12.

向芳,罗来,林良彪,等.重庆—宜昌地区长江阶地和相关沉积研究及其对三峡研究的意义[J].成都理工大学学报(自然科学版),2009(5):475-479.

熊成云,韦昌山,金光富,等.鄂西黄陵背斜地区前南华纪古构造格架及主要地质事件[J].地质力学学报,2004,10(2):97-111.

熊庆,郑建平,余淳梅,等.宜昌圈椅埫A型花岗岩锆石U-Pb年龄和Hf同位素与扬子大陆古元古代克拉通化作用[J].科学通报,2008,53(2):2 782-2 792.

徐义刚,何斌,黄小龙,等.地幔柱大辩论及如何验证地幔柱假说[J].地学前缘(中国地质大学,北京),2007,14(2):1-9.

徐义刚.地幔柱构造、大火成岩省及其地质效应[J].地学前缘(中国地质大学,北京),2002,9(4):341-353.

杨淑贤,高士钧,蔡永建,等.三峡及邻区新构造期以来应力场分区研究[J].大地测量与地球动力学,2005,25(4):42-45.

殷鸿福,张洪涛,其和日格,等.关于"非史密斯地层学"的一点意见[J].中国区域地质,1997,18(3):225-228.

殷鸿福,张克信,王国灿,等.非威尔逊旋回与非史密斯方法—中国造山带研究的理论与方法[J].中国区域地质,1998(增刊):1-9.

尹赞勋.关于龙马溪页岩[J].地质论评,1943,8(1-6):1-8.

袁海华.直接测定颗粒锆石$^{207}Pb/^{206}Pb$年龄的方法[J].矿物岩石,1991(11):72-76.

袁学诚.论中国大陆基底构造[J].地球物理学报,1995,38(4):448-459.

曾佐勋,朱志澄.构造地质学[M].武汉:中国地质大学出版社,2008.

张进,邓晋福,肖庆辉,等.蛇绿岩研究的最新进展[J].地质通报,2012,31(1):1-11.

张克信,陈能松,王永标,等.东昆仑造山带非史密斯地层序列重建方法初探[J].地球科学,1997,22(4):343-346.

张克信,殷鸿福,朱云海,等.史密斯地层与非史密斯地层[J].地球科学,2003,28(4):361-369.

张克信,朱云海,殷鸿福,等.大地构造相在东昆仑造山带地质填图中的应用[J].地球科学,2004,29(6):661-666.

张克信. 东昆仑造山带混杂岩区非史密斯地层研究[M]. 武汉:中国地质大学出版社,2000.

张旗,翟明国. 太古宙 TTG 岩石是什么含义? [J]. 岩石学报,2012,28(11):3 446-3 456.

张旗,周国庆. 中国蛇绿岩[M]. 北京:科学出版社,2001.

张少兵,郑永飞. 扬子陆核的生长和再造:锆石 U-Pb 年龄和 Hf 同位素研究[J]. 岩石学报,2007,23(2):393-402.

张少兵. 扬子陆核古老地壳及其深熔产物花岗岩的地球化学研究[D]. 合肥:中国科学技术大学,2008.

张文堂,李积金,钱义元,等. 湖北峡东寒武纪及奥陶纪地层[J]. 科学通报,1957(5):145-146.

张文堂. 中国的奥陶纪—全国地层会议学术报告汇编[M]. 北京:科学出版社,1962.

张振来. 长江三峡地区生物地层学(4)三叠纪—侏罗纪分册[M]. 北京:地质出版社,1987.

赵风清,赵文平,左义成,等. 崆岭杂岩中混合岩的锆石 U-Pb 年龄[J]. 地质调查与研究,2006,29(2):81-85.

赵国春,孙敏,Wilde S A. 早—中元古代 Columbia 超级大陆研究进展[J]. 科学通报,2002,47(18):1 361-1 364.

赵珊茸,边秋娟,王勤燕. 结晶学及矿物学[M]. 北京:高等教育出版社,2011.

赵温霞. 周口店地质及野外地质工作方法与高新技术应用[M]. 武汉:中国地质大学出版社,2003.

赵自强. 长江三峡地区生物地层学(1)震旦纪[M]. 北京:地质出版社,1985.

郑维钊,刘观亮,汪雄武. 黄陵背斜北部崆岭群的太古宙信息[J]. 中国地质科学院宜昌地质矿产研究所所刊,1991,16:97-108.

郑永飞,张少兵. 华南前寒武纪大陆地壳的形成和演化[J]. 科学通报,2007,52(1):1-10.

郑月蓉. 三峡地区极短周期内剥蚀速率,下切速率及地表隆升速率对比研究[J]. 成都理工大学学报(自然科学版),2010,37(5):513-517.

中国科学院地质研究所. 中国区域地层表(草案)[M]. 北京:科学出版社,1963.

周忠友,杨金香,周汉文,等. 湖北黄陵杂岩在 Rodinia 超大陆演化中的意义[J]. 资源环境与工程,2007,21(3):380-384.

Bader T, Ratschbacher L, Franz L, et al. The Heart of China revisited, I. Proterozoic tectonics of the Qin Mountains in the core of supercontinent Rodinia[J]. Tectonics, 2013(32): 661-687.

Bai X, Ling W L, Duan R C, et al. Mesoproterozoic to Paleozoic Nd isotope stratigraphy of the South China continental nucleus and its geological significance[J]. Science China, Earth Science,2011,41(7):972-983.

Cen Y, Peng S B, Kusky T M, et al. Granulite facies metamorphic age and tectonic implications of BIFs from the Kongling Group in the northern Huangling anticline[J]. Journal of Earth Science,2012,23(5):648-658.

Chappell B W, Stephens W E. Origin of infracrustal (I-type) granite magmas[J].

Transactions of the Royal Society of Edinburgh: Earth Sciences,1988,79(2-3):71-86.

Chappell B W. Two contrasting granite types[J]. Pacific geology,1974(8):173-174.

Chen K, Gao S, Wu Y B, et al. 2.6~2.7 Ga crustal growth in Yangtze craton, South China[J]. Precambrian Research,2012,224:472-490.

Deng H, Kusky T M, Wang L, et al. Discovery of a sheeted dike complex in the northern Yangtze craton and its implications for craton evolution[J]. Journal of Earth Science,2012,23(5):676-695.

Dilek Y, Furnes H. Ophiolite genesis and global tectonics: Geochemical and tectonic fingerprinting of ancient oceanic lithosphere[J]. Geological Society of America Bulletin, 2011, 123(3-4):387-411.

Dilek Y, Polat A. Suprasubduction zone ophiolites and Archean tectonics[J]. Geology,2008(36):431-432.

Dilek Y. Ophiolite pulses, mantle plumes and orogeny. In: Dilek Y, Robinson P T, eds, Ophiolites in Earth History[J]. Geological Society of London,2003:9-19.

Dong S W, Li T D, Lü Q T, et al. Progress in deep lithospheric exploration of the continental China: A review of the SinoProbe[J]. Tectonophysics, 2013(606):1-13.

Gao S, Ling W L, Qiu Y, et al. Constrasting geochemical and Sm-Nd isotopic compositions of Archean metal sediments from the Kongling high-grade terrain of the Yangtze Cration: Evidence for crationic evolution and redistribution of REE during crustal anatexis [J]. Geochim Cosmochim Acta,1999,63(13):2 071-2 088.

Gao S, Yang J, Zhou L, et al. Age and growth of the Archean Kongling terrain, South China, with emphasis on 3.3 Ga granitoid gneisses[J]. American Journal of Science,2011, 311(2):153-182.

Ji W B, Lin W, Faure M, et al. Origin and tectonic significance of the Huangling massif within the Yangtze craton, South China[J]. Journal of Asian Earth Sciences,2013(86):59-75.

Jiang X F, Peng S B, Kusky T M, et al. Geological features and deformational ages of the basal thrust belt of the miaowan ophiolite in the southern Huangling anticline and its tectonic implications[J]. Journal of Earth Science,2012,23(5):705-718.

Kusky T M, Wang L, Dilek Y, et al. Application of the modern ophiolite concept with special reference to Precambrian ophiolites[J]. Science in China Bulletin,2011,54(3):315-341.

Kusky T M, Windley B F, Safonova I, et al. Recognition of Ocean plate stratigraphy in accretionary orogens through Earth history: A record of 3.8billion years of sea floor spreading, subduction, and accretion[J]. Special Issue of Gondwana Research,2013(24):501-547.

Kusky T M. Precambrian ophiolites and related rocks, Introduction, in Kusky T M, Precambrian ophiolites and related rocks, Elsevier[J]. Developments in Precambrian Geology,2004(13):1-35.

Peng M, Wu Y B, Gao S, et al. Geochemistry, zircon U – Pb age and Hf isotope compositions of Paleo – proterozoic aluminous A – type granites from the Kongling terrain, Yangtze Block: Constraints on petrogenesis and geologic implications[J]. Gondwana Research, 2012, 22(1):140 – 151.

Peng S B, Kusky T M, Jiang X F, et al. Geology, geochemistry, and geochronology of the Miaowan ophiolite, Yangtze craton: Implications for South China's amalgamation history with the Rodinian supercontinent[J]. Gondwana Research, 2012a(21):577 – 594.

Peng S B, Kusky T M, Zhou H W, et al. New research progress on the Pre – Sinian tectonic evolution and neotectonics of the Huangling anticline region, Shouth China[J]. Journal of Earth Science, 2012b, 23(5):639 – 647.

Qiu X F, Ling W L, Liu X M, et al. Recognition of Grenvillian volcanic suite in the Shennongjia region and its tectonic significance for the South China Craton[J]. Precambrian Research, 2011, 191(3):101 – 119.

Qiu Y M, Gao S, McNaughton N J, et al. First evidence of > 3.2 Ga continental crust in the Yangtze craton of south China and its implications for Archean crustal evolution and Phanerozoic tectonics[J]. Geology, 2000, 28(1):11 – 14.

Streckeisen A. Classification and nomenclature of plutonic rocks recommendations of the IUGS subcommission on the systematics of Igneous Rocks[J]. Geologische Rundschau, 1974, 63(2):773 – 786.

Walker T L, The geology of Kalahandi state, central provinces[M]. India:Office of the Geological Survey, 1902.

Wang J, Jiang G, Xiao S, et al. Carbon isotope evidence for widespread methane seeps in the Ca. 635 Ma Doushantuo cap carbonate in south China[J]. Geology, 2008, 36(5):347 – 350.

Wei Y X, Peng S B, Jiang X F, et al. SHRIMP zircon U – Pb ages and geochemical characteristics of the neoproterozoic granitoids in the Huangling anticline and its tectonic setting[J]. Journal of Earth Science, 2012(23):659 – 676.

Wu Y B, Gao S, Gong H J, et al. Zircon U – Pb age, trace element and Hf isotope composition of Kongling terrane in the Yangtze Craton: refining the timing of Palaeoproterozoic high – grade metamorphism[J]. Journal of Metamorphic Geology, 2009, 27(6):461 – 477.

Yang J S, Dobrzhinetskaya L, Bai W J, et al. Diamond – and coesite – bearing chromitites from the Luobusa ophiolite, Tibet[J]. Geology, 2007, 35(10):875 – 878.

Yin C Q, Lin S F, Davis D W, et al. 2.1~1.85 Ga tectonic events in the Yangtze Block, South China: Petrological and geochronological evidence from the Kongling Complex and implications for the reconstruction of supercontinent Columbia[J]. Lithos, 2013(182):200 – 210.

Zhang S B, Zheng Y F, Wu Y B, et al. Zircon isotope evidence for ≥3.5 Ga continental Crust in the Yangtze craton of China[J]. Precambrian Research, 2006a(146):16 – 34.

Zhang S B, Zheng Y F, Wu Y B, et al. Zircon U – Pb age and Hf isotope evidence for

3.8 Ga Crustal remnant and episodic reworking of Archean Crust in South China[J]. Earth and Planetary Science Letters,2006c(252):56-71.

Zhang S B, Zheng Y F, Wu Y B, et al. Zircon U-Pb age and Hf-O isotope evidence for Paleoproterozoic metamorphic event in South China[J]. Precambrian Research, 2006b(151):265-288.

Zhang S B, Zheng Y F, Zhao Z F, et al. Neoproterozoic anatexis of Archean lithosphere: Geochemical evidence from felsic to mafic intrusions at Xiaofeng in the Yangtze Gorge, South China[J]. Precambrian Research,2008,163(3):210-238.

Zhang S B, Zheng Y F, Zhao Z F, et al. Origin of TTG-like rocks from anatexis of ancient lower crust: Geochemical evidence from Neoproterozoic granitoids in South China [J]. Lithos,2009(113):347-368.

附件一 秭归主干教学路线分布图

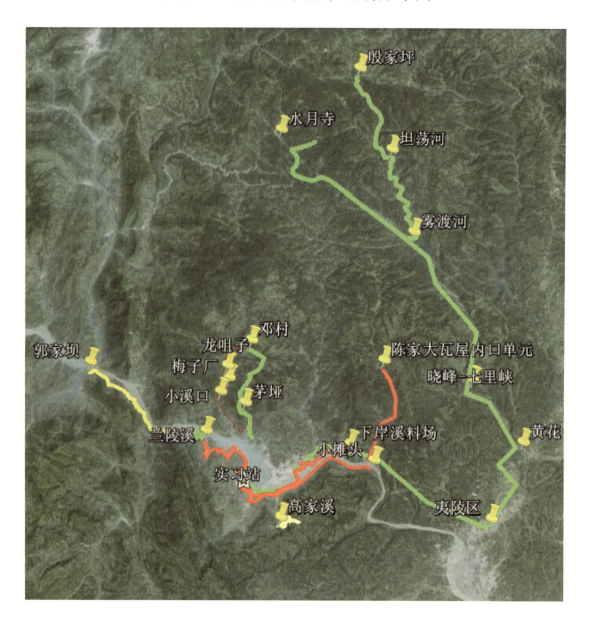

附件二　典型岩石描述实例

岩石野外观察内容是重要的第一手资料,必须认真记录。主要包括岩性、产状、结构、构造和可以辨认清楚的矿物成分,以及估计出来的百分含量。在野外的记录中,对露头岩石中存在的重要现象要进行素描,以便作为岩石成因讨论时的重要资料。最后要注明岩石标本采集的地点和采集样品的数量、标本编号。据乐昌硕(1984)、朱勤文(1989)研究成果并考虑野外工作的适应性,现举出常见岩石描述实例如下。

一、侵入岩描述实例

1. 辉长岩(山东济南)

岩石为暗灰色,色率50%,中粒等粒结构,主要矿物粒径为2~5mm,块状构造,主要矿物为辉石和斜长石。暗色矿物有辉石,呈黑色,短柱状至等粒状,有时可以见到解理,两组解理面近直交;可见少量黄绿色具有玻璃光泽的橄榄石和具有黑云母光泽的黑云母片;暗色矿物含量约50%。浅色矿物为斜长石,呈灰白色,长板状,玻璃光泽,平整的解理面上常见聚片双晶纹。岩石较为新鲜。

岩石定名:暗灰色中粒辉长岩。

2. 黑云母花岗岩(北京杨坊)

岩石较新鲜,呈肉红色,中粗粒结构,块状构造。主要由钾长石、斜长石、石英以及少量黑云母组成。岩石中长英质矿物含量占90%以上,其中钾长石呈浅红色,板状,外形不规则,颗粒大小为2mm×3mm,含量约45%;呈斜长石,浅灰色,板状,自形程度较好,颗粒大小为2mm×2.5mm,含量约20%;石英,呈烟灰色,半透明,他形粒状,含量大于25%,粒径为2~3mm。暗色矿物主要为黑云母,呈鳞片状,黑褐色,含量小于10%,有的已经蚀变为褐色的蛭石或者绿泥石。副矿物为榍石和磁铁矿,含量甚微,小于1%。

岩石定名:浅肉红色中粗粒黑云母花岗岩。

3. 斑状花岗岩(北京八达岭)

岩石为浅灰色,色率10%,似斑状结构,基质为中、粗粒结构,块状构造。斑晶为钾长石,肉红色,常见卡式双晶,玻璃光泽,粒径为1~2cm,含量为10%~15%,基质主要由石英和长石组成。石英呈粒状,无色透明,油脂光泽,贝壳状断口,含量为30%;长石呈灰白色,可见板状晶形,解理面呈玻璃光泽,含量为45%~50%。少量暗色矿物为黑云母和长柱状角闪石。岩石较为新鲜。

岩石定名:浅灰色斑状黑云母花岗岩。

二、喷出岩描述实例

1. 玄武岩(南京方山)

岩石为紫褐色,较新鲜,斑状结构基质隐晶—微晶结构,气孔构造。斑晶为伊丁石和斜长石,含量约10%。伊丁石呈棕色,片状晶体,可见解理,呈玻璃光泽;斜长石灰白—白色,呈细长板状,长轴一般为4mm,解理面较平整而且呈强玻璃光泽,偶尔可见聚片双晶纹。基质中可见1~2mm的斜长石微晶,其余为隐晶质。岩石气孔发育,约占整个岩石的10%~15%,大小不等,在1~10mm之间,一般为5~6mm。气孔呈圆形至椭圆形,孔壁较光滑,没有次生矿物充填。

岩石定名:紫褐色气孔状伊丁玄武岩。

2. 凝灰岩(河北大庙)

岩石为浅灰黄色,凝灰结构,块状构造。岩石主要由小于2mm的凝灰级碎屑组成,其中晶屑约15%,其余为肉眼不可辨认的火山灰,尚有少量角砾(<5%)和浆屑(5%~10%)。晶屑为长石和石英,长石呈无色透明,板状,发育阶梯状解理面,玻璃光泽;石英呈无色透明,粒状,油脂光泽,贝壳状断口。火山灰部分呈瓷状断口,具粗糙感。角砾一般呈灰—黑色,等轴粒状,粒径为2~5mm,隐晶质,光泽暗淡。浆屑呈黑色或黄色,蝌蚪状,长轴为5~15mm,一般无定向性。

岩石定名:浅灰黄色流纹质凝灰岩。

3. 熔结凝灰岩(北京延安小张家口)

岩石为浅灰红色,熔结凝灰结构,假流纹构造。岩石主要由塑性岩屑、晶屑和火山灰(含塑性玻屑)组成。塑性岩屑呈肉红色,透镜状、长扁豆状或长条状定向分布,长约5mm至几厘米,含量约20%,有的边缘呈撕裂状,较大者可见斑状结构,斑晶为长石和石英。晶屑为石英和长石,含量约为10%,石英以粒状、油脂光泽为特征,长石呈无色板状,解理面呈阶梯状,玻璃光泽。含少量(5%)角砾和岩屑,呈多边形棱角状,有紫红色、灰色和黑色等,均为隐晶质。

岩石定名:灰红色流纹质熔结凝灰岩。

三、沉积岩描述实例

1. 砾岩(河北宣化)

岩石为浅灰色,碎屑物约占85%,胶结物约占15%。碎屑中砾级约占75%,砾石大小很不均匀,最大可以达到20mm,多数为5~10mm(约占砾级碎屑的60%),呈次圆状—圆状,分选性差。岩石呈细砾结构块状构造。局部可见砾石呈不明显的定向排列。

砾石成分以白云岩和石灰岩为主,此外还有硅质岩和少量喷出岩。白云岩砾石多呈白色,硬度小,其粉末滴加5%的稀盐酸起泡微弱,有的白云岩具有硅质条带。石灰岩砾石滴加5%冷稀盐酸剧烈起泡。硅质岩砾石中主要是灰—黑色燧石,隐晶质,致密坚硬,亦有少量石英以及棕红色碧玉。喷出岩砾石较少,呈灰色和紫红色,可能为中性喷出岩。

小于2mm的碎屑多呈次圆状,以岩石碎屑为主,成分类似于砾石的成分。这些碎屑为杂基,与胶结物一起构成填隙物。

胶结物为浅灰色,局部带有浅绿色,滴盐酸剧烈起泡,可知含有较多钙质。其中少量绿色矿物可能为绿泥石。

岩石定名:浅灰色钙质胶结碳酸盐岩质细砾岩。

2. 砂岩(河北宣化)

岩石为暗紫褐色,颜色不均匀。碎屑约占90%以上,胶结物含量小于10%。碎屑分选良好,大小均一,粒径为0.3~0.5mm,为中粒砂状结构。碎屑几乎全为石英,无色透明,磨圆度高(圆形为主)。胶结物主要为铁质,含少量硅质。铁质胶结物为暗紫褐色,分布不均匀,有的地方呈团块状或者条带状,部分已经风化成为褐铁矿。硅质胶结物无色,多已经结晶为石英质,致密坚硬,使岩石呈明显的油脂光泽,块状构造。

岩石定名:暗紫褐色铁质中粒石英砂岩。

3. 石灰岩(山东张夏)

岩石为暗紫褐色,滴加5%的稀盐酸剧烈起泡。具有鲕粒结构,鲕粒占70%左右,暗棕色,大小均一,一般在1.5~2mm之间,个别达3mm,圆形为主,少量呈椭圆形,可见鲕粒具有同心层状结构,中心核为方解石单体,方解石解理面呈明显的玻璃光泽。鲕粒之间的填隙物部分色调较鲕粒稍浅,为隐晶质,根据颜色推测,其成分为混入较多铁质的泥晶基质。岩石断口不平整,块状构造。

岩石定名:暗紫棕色鲕粒灰岩。

四、变质岩描述实例

1. 角岩(河北庞家堡)

岩石为黑色,斑状变晶结构,块状构造。变斑晶为堇青石,圆柱状,粒径为1~0.5mm,含量约20%,烟灰色,玻璃光泽,无解理,贝壳状断口,风化面上有的形成褐铁矿化薄膜(可与石英区别)。基质为隐晶质,可能为角岩结构。

岩石定名:黑色堇青石角岩。

2. 角岩(北京周口店)

岩石为深灰色,块状构造,斑状变晶结构。变斑晶为红柱石,自形,长柱状,横断面为正方形,大小相近,长约5~10mm,因遭风化后光泽暗淡。在岩石的新鲜面上斑晶和基质不好区分,但是在风化表面上,因为红柱石变斑晶比基质具有更强的抗风化能力,故经过差异风化后,红柱石变斑晶明显,含量约为15%。基质颗粒细小不容易鉴定,只能分辨其中有细小的黑云母,为暗褐色,珍珠光泽,呈细小鳞片状。此岩石为泥质岩经过接触热变质而成。

岩石定名:深灰色红柱石角岩。

3. 片岩(山西繁峙)

岩石为灰白色,片状构造,斑状变晶结构,基质为鳞片变晶结构。变斑晶为石榴石,呈暗紫红色,粒状,大小为5mm左右,有的晶体可以见到完好的晶形,含量约5%。基质由白云母和石英组成,白云母呈鳞片状,含量约60%;石英为细小他形粒状,含量约35%。由于基质中有大量的白云母,使岩石具有明显的丝绢光泽。

岩石定名:灰白色石榴石云母片岩。

4. 黑云母斜长片麻岩(河北建屏)

岩石为灰白色,具明显的片麻状构造,中粒等粒变晶结构(花岗变晶结构)。主要矿物成分有斜长石(50%)、石英(25%~30%)、黑云母(20%)。斜长石为白色板状,石英他形,略有拉长状。黑云母为黑褐色,片状,与粒状长英矿物相间分布,岩石呈现片麻状构造。斜长石有的绿帘石化。

岩石定名：黑云母斜长片麻岩。

5. 混合片麻岩（辽宁建平）

岩石为灰白色，中粒鳞片粒状变晶结构，片麻状构造，暗色矿物断续定向排列构成片麻理，其含量约30%。暗色矿物为黑色柱状角闪石和黄褐色具珍珠光泽的黑云母。浅色矿物为长石和石英，石英呈粒状，含量约15%；长石大部分为灰白色，可见少量浅肉红色，板状，解理面上呈玻璃光泽。

基体与脉体的界线一般不明显，但暗色矿物分布不均，可见长英质岩石条带，在暗色矿物含量较高（基体）的片理面上呈强烈的珍珠光泽。

岩石定名：角闪黑云混合片麻岩。

附件三 常见矿物的野外鉴定特征

橄榄石(olivine, Ol)：$(Mg, Fe^{2+})_2[SiO_4]$

斜方晶系。晶体呈短柱状或厚板状，但完好晶形者少见，多为粒状。通常呈橄榄绿色(黄绿色)。玻璃光泽。解理性差，贝壳状断口。硬度为 6.5～7。易蚀变为蛇纹石。

其形成与深部岩浆作用有关，是超基性岩及基性岩的主要造岩矿物，是地幔岩和石陨石的主要矿物之一。也有接触变质和区域变质成因。

辉石族(pyroxene group, Px)：$W_{1-p}(X,Y)_{1+p}[Z_2O_6]$，其中 W 为 Ca^{2+}、Na^+，X 为 Mg^{2+}、Fe^{2+}、Mn^{2+}、Li^+ 等，Y 为 Al^{3+}、Fe^{3+} 等，Z 主要为 Si^{4+}，次为 Al^{3+}。

斜方或单斜晶系。常呈短柱状，横断面为近正方形的八边形。颜色随阳离子的种类和含量而异，含 Fe 多者色较深。玻璃光泽。//C 轴的两组柱面中等—完全解理，夹角近 90°，硬度为 5～7。

普通辉石(augite, Aug)：$Ca(Mg, Fe^{2+}, Fe^{3+}, Ti, Al)[(Si, Al)_2O_6]$

单斜晶系。晶体呈短柱状，横断面近正八边形。集合体呈粒状或块状。绿黑色、褐黑色或黑色。玻璃光泽。两组柱面中等—完全解理，夹角为 87°和 93°，硬度为 5.5～6。

其为内生作用的产物，是基性、超基性岩的主要造岩矿物，与橄榄石、斜长石等共生。也可见于变质岩中。在月岩中也很丰富。

透辉石(diopside, Di)-钙铁辉石(hedenbergite, Hd 或 Hed)：$CaMg[Si_2O_6]$-$CaFe[Si_2O_6]$

单斜晶系。晶体常呈短柱状，横断面为正方形或八边形。集合体呈粒状、柱状、放射状或致密块状。透辉石呈无—浅绿色，条痕无色；钙铁辉石为深绿—墨绿色，氧化后呈褐色或褐黑色，条痕呈浅绿—深绿色。玻璃光泽。两组柱面中等—完全解理，夹角为 87°和 93°，硬度为 5.5～6.5。

透辉石为矽卡岩的主要矿物之一，与石榴石共生。透辉石也是基性和超基性岩的常见矿物，高级区域变质和热变质作用也可形成。钙铁辉石也可见于热变质的含铁沉积物中。

硬玉(jadeite, Jd)：$NaAl[Si_2O_6]$

单斜晶系。晶体极少见，通常呈致密块状集合体。最常见苹果绿色，也有白色、浅绿色或浅蓝色。玻璃光泽。刺状断口，质地坚韧。硬度为 6.5～7。

硬玉为典型的变质矿物之一，主要产于碱性变质岩中。

角闪石族(amphibole group, Am 或 Amp)：$W_{0-1}X_2Y_5[Z_4O_{11}]_2(OH)_2$，其中 W 为 Na^+、K^+、Ca^{2+}、H_3O^+，X 为 Ca^{2+}、Na^+、Mn^{2+}、Fe^{2+}、Mg^{2+}、Li^+，Y 为 Mn^{2+}、Fe^{2+}、Mg^{2+}、Fe^{3+}、Al^{3+}，Z 为 Si^{4+}、Al^{3+}、Ti^{4+}。

斜方或单斜晶系。晶体呈长柱状或针状，横断面为菱形或近菱形的六边形，集合体呈针状、纤维状。颜色随阳离子的种类和含量，尤其因 Fe 的含量而异。玻璃光泽。//C 轴的两组柱面完全解理，夹角近 120°(或 60°)，解理等级略高于辉石。硬度为 5～6。

普通角闪石(hornblende, Hb 或 Hbl)：$NaCa_2(Mg, Fe, Al)_5[(Si, Al)_4O_{11}]_2(OH)_2$

单斜晶系。晶体呈较长的柱状或针状，横断面呈菱形或近菱形的六边形，集合体常呈柱状、针状或纤维状。浅绿—深绿色或黑绿色；条痕呈白色或无色。玻璃光泽。两组柱面完全解理，夹角为 124°和 56°，硬度为 5～6。

普通角闪石为中酸性岩浆岩(如闪长岩、正长岩、花岗岩)及角闪岩相区域变质岩(如角闪岩、角闪片岩、角闪片麻岩)的主要造岩矿物之一,辉长岩中也可见到。

透闪石(tremolite,Tr)-阳起石(actinolite,Act):$Ca_2Mg_5[Si_4O_{11}]_2(OH)_2 - Ca_2(Mg,Fe)_5[Si_4O_{11}]_2(OH)$

当透闪石中FeO含量在6%~13%时,称阳起石。

单斜晶系。晶体常呈长柱状或针状,集合体成细长柱状、针状、放射状、纤维状,或粒状、块状。透闪石常呈白色或灰白色;阳起石为浅绿—墨绿色,因Fe含量之多少而异。玻璃光泽,纤维状者具丝绢光泽。两组柱面中等—完全解理,夹角为124°和56°。硬度为5~6。性脆。

为接触变质矿物,主要产于矽卡岩中。也见于结晶片岩及区域变质的泥质大理岩中。

蓝闪石(glaucophane,Gl 或 Glau):$Na_2Mg_3Al_2[Si_4O_{11}]_2(OH)_2$

单斜晶系。晶体呈细长柱状,通常成纤维状集合体。灰蓝色、深蓝色至蓝黑色,条痕带浅蓝的灰色。玻璃光泽,纤维状者呈丝绢光泽。两组柱面完全解理,夹角为124°和56°。硬度为6。

为变质成因的矿物,是由硬砂岩或泥岩等在低温高压变质条件下所形成的蓝片岩(即蓝闪石片岩)及云母片岩的特征矿物。板块学说认为蓝片岩见于板块俯冲带的靠大洋板块一侧的低温高压变质带。

云母族(mica group,Mc):$XY_{2\sim3}[Z_4O_{10}](OH,F)_2$,其中X主要为$K^+$,次为$Na^+$,有时为$Ca^{2+}$、$Rb^+$、$Cs^+$等;Y主要为Mg、Al、Fe、Li,少量为$V^{3+}$、$Cr^{3+}$、$Zn^{2+}$、$Mn^{2+}$、$Ti^{4+}$等;Z主要是Si和Al,一般Si:Al=3:1;少数有Fe^{3+}。

黑云母(biotite,Bi 或 Bt):$K(Mg,Fe^{2+})_3[AlSi_3O_{10}](OH,F)_2$

单斜晶系。晶体呈假六方板状、短柱状或片状,通常为片状或鳞片状集合体。通常呈黑色、深褐色。玻璃光泽,解理面上珍珠光泽。透明—半透明。一组底面极完全解理,薄片具弹性。硬度为2~3。易风化而变成蛭石。

主要是中酸性和碱性岩浆岩及伟晶岩、区域变质岩(片麻岩、片岩)的重要造岩矿物之一。黑云母经热液作用蚀变为绿泥石、白云母和绢云母等其他矿物。

白云母(muscovite,Mus 或 Ms):$KAl_2[AlSi_3O_{10}](OH)_2$

单斜晶系。晶体呈假六方板状、短柱状或片状,横切面呈假六边形。通常为片状或鳞片状集合体。细小鳞片状集合体而呈丝绢光泽者称为绢云母(sercite,Seri 或 Se)。一般无色透明,含杂质者微具浅黄、浅绿等色。玻璃光泽,解理面上珍珠光泽。一组底面极完全解理,薄片具弹性。硬度为2.5~3。

各种地质作用均可形成,常产于中酸性岩浆岩及其伟晶岩、片岩、片麻岩中。

长石族(feldspar group,Fsp)

长石族矿物主要为K、Na、Ca和Ba的铝硅酸盐。大多数长石均包括在$K[AlSi_3O_8]$-$Na[AlSi_3O_8]$-$Ca[Al_2Si_2O_8]$之三成分系中。$Na[AlSi_3O_8]$(钠长石,Ab)与$Ca[Al_2Si_2O_8]$(钙长石,An)一般能形成完全类质同象系列,统称斜长石。$K[AlSi_3O_8]$(钾长石,Or)与$Na[AlSi_3O_8]$(钠长石,Ab)在大于660℃时形成完全类质同象系列,统称碱性长石或钾钠长石;温度缓慢降低,则钠长石会离溶出来,呈薄片状存在于钾长石主晶中,而构成两相不均匀的条带状嵌晶—条纹长石。

长石晶体呈柱状或厚板状。双晶很发育,常见多种类型的双晶,被用作鉴定长石类别的重要依据。浅色,常见灰白色或肉红色。玻璃光泽。两组完全解理,夹角等于或近于90°(单斜晶系为90°,三斜晶系近于90°)。硬度为6~6.5。

广泛产于各种成因类型的岩石中,主要为岩浆岩和变质岩的重要造岩矿物。长石经风化作用或热液蚀变易转变为高岭石、绢云母、沸石、方柱石、黝帘石、葡萄石、方解石等。

斜长石(plagioclase, Pl):Na[AlSi$_3$O$_8$]- Ca[Al$_2$Si$_2$O$_8$](或 Na$_{1-x}$Ca$_x$[(Al$_{1+x}$Si$_{3-x}$)O$_8$])

通常根据斜长石中钙长石分子的百分含量,又可分为钠长石、奥(更)长石、中长石、拉长石、培长石、钙长石6个亚种,其中前两者统称酸性斜长石,后三者统称基性斜长石,中长石又称中性斜长石。

三斜晶系。晶体常呈板状或板柱状。常见各种双晶,最常见聚片双晶。在岩石中多呈板状或不规则粒状,集合体呈粒状或块状。通常呈白色、灰白色或无色,少数为浅绿色、浅蓝色,偶呈肉红色、浅红色。基性斜长石颜色加深。玻璃光泽。两组完全—中等解理,夹角在86°左右。硬度为6~6.5。

为岩浆岩和变质岩的主要造岩矿物之一。沉积岩中可有自生的钠长石。斜长石经热液蚀变或风化作用形成高岭石、绢云母等矿物,基性斜长石最易变化,钠长石最稳定。

碱性长石(alkali feldspar, Af 或 Afs):K[AlSi$_3$O$_8$]- Na[AlSi$_3$O$_8$]

包括所有的钾长石(透长石、正长石、微斜长石)和以 Ab 分子为主的歪长石,以及 K[AlSi$_3$O$_8$]- Na[AlSi$_3$O$_8$]固溶体的离溶产物——"条纹长石"。

透长石(sanidine, San):K[AlSi$_3$O$_8$]

单斜晶系。晶形完好,呈短柱状或厚板状。最常见卡斯巴律双晶。无色透明,或呈淡黄色等色调。玻璃光泽。两组完全解理,夹角为90°。硬度为6~6.5。

主要产于中酸性或碱性的喷出岩中,粗面岩中尤为常见。也可见于近地表的浅成岩中及接触变质带中。

正长石(orthoclase, Or):K[AlSi$_3$O$_8$]

单斜晶系。晶体常呈完好的短柱状或厚板状。常见卡斯巴双晶或接触双晶。集合体呈粒状或块状。常为肉红色、粉红色、浅黄色、浅黄褐色等,有时可呈灰白色。玻璃光泽。解理一组完全、一组完全—中等,夹角为90°。硬度为6。

中酸性及碱性岩浆岩的主要造岩矿物之一,也常见于片麻岩、混合岩等深变质岩及长石砂岩中。正长石经热液蚀变或风化作用,易变为高岭石,其次是绢云母,有时也可变为沸石族矿物。

微斜长石(microcline, Mi):K[AlSi$_3$O$_8$]

三斜晶系。晶体呈短柱状。常具格子双晶。通常呈块状和粒状集合体。在伟晶岩中常与石英构成文象结构。通常呈肉红色,有时呈浅黄色或灰白色,富含 Rb、Cs(可达 4%)的绿色者称天河石。玻璃光泽。两组完全解理,夹角为89°40′。硬度为6~6.5。

为伟晶岩、长英岩及中酸性和碱性岩浆岩的主要造岩矿物之一。热液蚀变过程中的钾长石化,多为微斜长石,常见于高温石英脉的两侧;浅变质带中以微斜长石居多;沉积岩里自生作用过程中也可形成微斜长石。

石英族(quartz group)

包括 SiO$_2$ 的一系列同质多象变体。常压下,常见 α-石英(即低温石英,low quartz)和 β-石英(即高温石英,high quartz),石英应为二者之总称,因尤以 α-石英最为常见,故一般指 α-

石英。

α-石英（α-quartz，Q 或 Qz）：SiO_2

三方晶系。常呈完好的柱状晶体，单形多为六方柱和菱面体，柱面上具横纹。显晶质集合体呈粒状、晶簇状、梳状，隐晶质集合体有致密块状、皮壳状、肾状、葡萄状、结核状、瘤状、透镜状、条带状等。暗色（浅灰—褐黑等色）无光泽呈结核状、瘤状、透镜状、条带状的坚韧极致密的隐晶质石英称燧石（flint）。由蜡状光泽半透明的钟乳状、葡萄状、肾状、皮壳状隐晶质石英的不同颜色条带或同心环状相间分布而构成玛瑙（agate）。通常为无色、乳白色、灰白色，因含杂质色心或细分散包裹体而呈各种颜色。玻璃光泽。透明—半透明。无解理，贝壳状断口，断口呈油脂光泽。硬度为 7。

α-石英分布广泛，是三大岩类许多岩石的主要造岩矿物，为花岗伟晶岩脉和大多数热液脉的主要矿物成分。

β-石英（β-quartz，β-Q）（高温石英，high quartz）：SiO_2

六方晶系。呈特征的六方双锥晶形，六方柱发育差。颗粒较小，晶体几乎总呈浑圆状，表面粗糙。灰白色，乳白色。玻璃光泽，断口呈油脂光泽。

常呈分散粒状的斑晶产于酸性喷出岩（如流纹岩）中。常压下，温度小于 573℃ 即转变为 α-石英，但仍保留六方双锥晶形呈副像。

方解石（calcite，Cc）：$Ca[CO_3]$

三方晶系。晶形完好，常见菱面体、复三方偏三角面体、六方柱、平行双面等单形。常成聚片双晶和接触双晶。集合体常呈晶簇状、片状、粒状、块状、钟乳状、结核状等。常呈白色，也见有浅黄、浅红、紫、褐等色。无色透明者称为冰洲石。条痕无色。玻璃光泽。三组菱面体完全解理，菱形解理面上常见长对角线方向的聚片双晶纹。硬度为 3。相对密度中等。块体加冷稀 HCl 剧烈起泡。

分布广泛，具各种成因类型。主要系沉积作用形成，也见于热液矿脉、岩浆岩及变质岩中，是石灰岩、大理岩的主要矿物成分。

白云石（dolomite，Dol）：$CaMg[CO_3]_2$

三方晶系。常呈菱面体晶形，晶面常弯曲成马鞍状。常见聚片双晶。集合体呈粒状、致密块状，有时呈多孔状、肾状。无色、白色或灰白色，含 Fe^{2+} 而微带黄褐色或褐色，含 Mn 呈浅红色。条痕呈无色或白色。玻璃光泽。三组菱面体完全解理，解理面常弯曲。硬度为 3.5～4。块体加冷稀 HCl 不起泡，加热则剧烈起泡；粉末加冷稀 HCl 缓慢起泡，有咝咝声。

广泛分布于沉积岩中，主要见于浅海相沉积物中；可由热液交代和变质作用形成，也有岩浆成因者。

黄铁矿（pyrite，Py）：FeS_2

等轴晶系。常见完好的立方体、五角十二面体及其聚形，常见立方体晶面上具三组互相垂直的聚形条纹。集合体常呈致密块状、散杂粒状、结核状。浅铜黄色，表面具黄褐色锈色，条痕呈绿黑色或黑色。强金属光泽。不透明。无解理，参差状断口。硬度大于小刀（6～6.5）。性脆。相对密度大。无磁性。

形成于各种地质条件下。产于铜镍硫化物岩浆矿床、接触交代矿床、多金属热液矿床中，火山岩系中的含铜黄铁矿层；也可见于沉积岩、沉积矿床和煤层中。

黄铜矿(chalcopyrite,Cpy):$CuFeS_2$

四方晶系。常呈致密块状或分散粒状。铜黄色,表面常有蓝、紫红、褐等色的斑状锈色,条痕呈绿黑色。金属光泽。不透明。无解理,参差状断口,硬度小于小刀(3~4)。性脆。相对密度大。

产于铜镍硫化物岩浆矿床、斑岩铜矿床、接触交代矿床、热液成因铜矿床、沉积成因的层状铜矿床中。

磁黄铁矿(pyrrhotite,Pyr 或 Pyh):$Fe_{1-x}S$

六方或单斜晶系。通常呈致密块状。暗古铜色,表面常具黑褐色锈色,条痕呈亮灰黑色。金属光泽。不透明。无解理,参差状断口。硬度为4。相对密度较大。具弱磁性。

产于基性岩体内的铜镍硫化物岩浆矿床、接触交代矿床、热液矿床中。

方铅矿(galena,Gal):PbS

等轴晶系。晶体呈立方体,或八面体与立方体的聚形,通常呈粒状、致密块状集合体。铅灰色,条痕呈黑色。强金属光泽。不透明。三组互垂的(立方体)完全解理,硬度低(2~3)。相对密度大。加 KI 及 $KHSO_4$ 与矿物一起研磨后显黄色。

主要产于中温热液多金属硫化物矿床中。常与闪锌矿共生。

闪锌矿(sphalerite,Sph):ZnS 或 β-ZnS

等轴晶系。粒状晶形。颜色变化大,由无色至浅黄色、棕褐—黑色,随含 Fe 量的增加而变深。条痕白—褐色。金刚—半金属光泽。半透明—不透明。六组菱形十二面体完全解理。硬度为3~4。

常见于各种热液成因矿床中。高温热液矿床中者与毒砂、磁黄铁矿、黄铜矿等共生,中低温热液矿床中者则往往与方铅矿共生。

赤铁矿(hematite,Hem):Fe_2O_3

三方晶系。集合体常成片状、细小鳞片状、致密块状、土状及鲕状、豆状、肾状。具金属光泽的片状集合体称镜铁矿(specularite)。显晶质者呈钢灰—铁黑色,隐晶质及胶态者呈暗红色、红褐色。条痕呈红棕色。金属—半金属光泽,或土状光泽。无解理。硬度为5.5~6,土状者显著降低。性脆。相对密度大。无磁性。

形成于各种地质作用。主要有热液成因、沉积成因(著名产地如河北宣化、湖南宁乡等)和沉积变质成因(著名产地如辽宁鞍山等)。

磁铁矿(magnetite,Mt):Fe_3O_4

等轴晶系。晶体常呈八面体或菱形十二面体。常见粒状和块状集合体。铁黑色,条痕呈黑色。半金属—金属光泽。不透明。无解理,有时具裂开。硬度为5.5~6。性脆。相对密度较大。具强磁性。

主要有岩浆成因(如四川攀枝花)、接触交代成因(如湖北大冶)、气化-高温热液成因、沉积变质成因(如辽宁鞍山)、火山作用成因。也常见于砂矿中。

铬铁矿(chromite,Chr):$FeCr_2O_4$

等轴晶系。晶体呈细小八面体。通常为粒状或块状集合体。黑色,条痕呈褐色、棕色。半金属光泽。不透明。无解理,不平坦状断口。硬度为5.5~6.5。脆性。相对密度较大。弱磁性。试 Cr 反应:用浓 H_3PO_4 溶解铬铁矿粉末,冷却,稀释后,呈翠绿色。

为岩浆成因矿物,常产于超基性岩中,也见于砂矿中。

褐铁矿(limonite,Lim):$Fe_2O_3 \cdot nH_2O$

为细分散多矿物胶态混合物的统称。常呈多孔状、土状、致密块状、结核状、钟乳状、葡萄状等集合体。也常见黄铁矿晶形的假象,称假象褐铁矿。黄褐色、红褐—褐黑色,条痕呈土黄—黄褐色。土状光泽。硬度较小(1~4)。无磁性。

为表生作用的产物,主要有风化型和沉积型成因。由原生含 Fe 的矿物经氧化和水化作用形成,尤其是金属硫化物矿床氧化带露头,矿石经氧化,形成的"铁帽"成为找寻原生 CuFe 硫化物矿床的标志。海相和湖相沉积型褐铁矿由氢氧化铁的胶体溶液凝聚而成,常可大量聚集成矿床。

铝土矿(bauxite,Bx):$Al_2O_3 \cdot nH_2O$

为细分散多矿物胶态混合物的统称。常呈鲕状、豆状、致密块状、多孔状、土状集合体。一般为青灰、灰白、灰褐、灰黄等色,有时具红褐色斑点。条痕呈白—浅黄褐色。土状光泽。硬度一般为 3~4。脆性。手摸有粗糙感。用口呵气湿润后有强烈的土腥臭味。

主要形成于外生作用。为富 Al 的岩浆岩和变质岩在湿热条件下风化残留的产物,或由胶体沉积形成。

石榴石族(garnet group,Gar 或 Gt 或 Grt):$X_3Y_2[SiO_4]_3$,其中 $X^{2+}=Mg^{2+}$、Fe^{2+}、Mn^{2+}、Ca^{2+} 等,$Y^{3+}=Al^{3+}$、Fe^{3+}、Cr^{3+} 等。

等轴晶系。常具完好的菱形十二面体、四角三八面体或二者之聚形。通常富 Ca 岩石(如矽卡岩)中多形成钙系石榴石 $Ca_3(Al,Fe,Cr)_2[SiO_4]_3$,以菱形十二面体为主,次为四角三八面体;而在富 Al 岩石(尤其是花岗伟晶岩)中多形成铝系石榴石$(Mg,Fe,Mn)_3Al_2[SiO_4]_3$,往往呈四角三八面体。集合体常为粒状或致密块状。常呈深红色、红褐—褐黑色。玻璃光泽,有时近于金刚光泽,断口呈油脂光泽。无解理,参差状或次贝壳状断口。硬度为 6.5~7.5,性脆。相对密度较大。

广泛形成于各种地质作用中,主要为变质作用的产物。钙系石榴石(主要是钙铁榴石或钙铝榴石)为接触交代成因,产于矽卡岩中。铝系石榴石(主要是铁铝榴石)为区域变质成因,普遍见于各种片岩及片麻岩中。石榴石经热液蚀变或风化作用后,可转变成绿泥石、绢云母、褐铁矿等。

绿帘石(epidote,Ep):$Ca_2Al_2Fe^{3+}[Si_2O_7][SiO_4]O(OH)$

单斜晶系。晶体大者呈沿 B 轴延长的柱状晶形,柱面具纵纹。集合体常呈柱状、放射状、晶簇状、粒状。特征的黄绿色,含 Fe 多时呈绿黑色。玻璃光泽。一组完全解理。硬度为 6~6.5。

主要为围岩遭受中温热液蚀变的产物,广泛分布于绿片岩相的区域变质岩中,也是基性岩浆岩动力变质的常见矿物。

绿泥石族(chlorite group):$Y_m[Z_4O_{10}](OH)_8$,其中 Y 主要为 Mg、Fe^{2+}、Fe^{3+}、Al,少量的 Mn、Cr、Ni、Ti、Li 等;Z 主要为 Si、Al,少量 Ti、Cr、Fe^{3+};$m=5\sim6$。

该族矿物种类成分同象替代广泛,成分复杂,矿物种属多,物理性质极相似,肉眼很难区分,通常统称为绿泥石$(Mg,Fe,Al)_6[(Si,Al)_4O_{10}](OH)_8$。

绿泥石(chlorite,Chl 或 Ch):$(Mg,Fe,Al)_6[(Si,Al)_4O_{10}](OH)_8$

最常见,属单斜晶系。晶体呈假六方片状或板状,集合体常呈鳞片状,也见鲕状、致密块状。颜色因成分而异:富 Mg 者呈浅蓝绿色,含 Fe 高呈者深绿—黑绿色,含 Mn 者呈橙红—浅褐色,含 Cr 者呈浅紫—玫瑰色,通常呈灰绿—蓝绿色。玻璃光泽,解理面上珍珠光泽。一组底面完全解理,薄片具挠性。硬度为 2~3。

主要为辉石、角闪石或黑云母等富 Mg、Fe 的矿物经低温热液蚀变的产物,也常见于富 Mg、Fe 的基性岩浆岩及黏土质的原岩经低级区域变质的绿片岩相中,也可见于某些中、高温变质或蚀变岩中。鲕绿泥石主要产于沉积岩中。

蛇纹石(serpentine, Serp 或 Ser):$Mg_6[Si_4O_{10}](OH)_8$

单斜晶系。一般呈显微叶片状、显微鳞片状、致密块状或凝胶状隐晶质集合体。呈纤维状的纤蛇纹石称蛇纹石石棉或温石棉(chrysotile asbestos)。深绿色、黑绿色、黄绿色,也有呈白色、灰色、浅黄、蓝绿色,常有青色、绿色斑纹似蛇皮状。条痕呈白色。常见的块状呈油脂或蜡状光泽,纤维状者呈丝绢光泽。硬度为 2.5~3.5。相对密度中等。

主要由富 Mg 的超基性岩、基性岩及白云岩等经热液蚀变而形成。

高岭石(kaolinite, Kln 或 Kao):$Al_4[Si_4O_{10}](OH)_8$

三斜晶系。晶体呈菱形片状或假六方片状,但极细小,仅电子显微镜下才能见到。多为隐晶质致密块状或土状集合体。白色,因杂质而带黄、浅褐、浅红、浅绿、浅蓝等色调。条痕呈白色或无色。土状光泽。致密块体硬度为 2~3,土状块体硬度=1。疏松,易为手捏碎成粉末,具粗糙感。干燥时吸水性强,黏舌,加水具强可塑性但不膨胀。相对密度中等。灼烧后与硝酸钴作用呈蓝色。

高岭石是分布最广的黏土矿物,主要是富 Al 硅酸盐(如长石、似长石等)的岩浆岩和变质岩,在酸性条件下,经风化作用或低温热液蚀变而成。

红柱石(andalusite, And):$Al^{VI}Al^{V}[SiO_4]O$

斜方晶系。晶体呈柱状,横断面近正方形。有时含定向排列的炭质包裹体、横断面呈黑十字形者称空晶石。集合体常呈平行状或放射状,呈放射状者形似菊花,又称为菊花石。常呈灰白色,新鲜面呈肉红色。玻璃光泽。两组柱面中等解理,夹角为 90°48′。硬度为 6.5~7.5。

主要为变质成因。在区域变质作用中产于温度压力较低的条件下,一般见于富 Al 的泥质片岩中,也常见于泥质岩石和侵入岩体的接触带,为典型的接触热变质矿物。

蓝晶石(kyanite, Ky):$Al_2^{VI}[SiO_4]O$

三斜晶系。晶体呈∥C 轴的扁平柱状或板条状。有时呈放射状集合体。常呈浅蓝色,也有蓝绿色、灰白色。玻璃光泽,解理面上珍珠光泽。一组完全解理。硬度具明显的异向性(4.5~7)。

为中、深区域变质作用的产物,多由泥质岩变质而成,是结晶片岩的典型矿物。是富 Al 岩石的低温中高压变质作用的产物。

矽线石(sillimanite, Sil 或 Sill):$Al^{VI}[Al^{IV}SiO_5]$

斜方晶系。晶体呈长柱状或针状,柱面具纵纹。集合体呈针状、纤维状或放射状,有时也在石英、长石晶体中呈毛发状包裹体存在。呈白、灰、浅褐、浅绿等色。玻璃光泽。一组完全解理。硬度为 6~7.5。

为高温变质矿物。主要产于富 Al 泥质岩石的高温接触变质带中,也见于区域变质的结晶片岩、片麻岩中。

十字石(staurolite, St 或 Stau):$FeAl_4[SiO_4]_2O_2(OH)_2$

斜方晶系。晶体呈短柱状,横断面为菱形。常呈特征的正十字形或斜十字形穿插双晶。

呈深褐色、红褐色、黄褐色、棕红色或黑色。玻璃光泽,风化后常显暗淡无光或如土状。一组中等解理。硬度为 7~7.5。

为区域变质及少数接触变质作用的产物。主要是富 Fe、Al 的泥质岩石在中等温度压力条件下区域变质而成,见于云母片岩、千枚岩、片麻岩中,是中级变质作用的标型矿物。

符山石(vesuvianite, Ves):$Ca_{10}(Mg,Fe)_2Al_4[Si_2O_7][SiO_4]_5(OH,F)_4$

四方晶系。晶体常呈短柱状、四方双锥状、板状。集合体为致密块状、粒状或柱状。颜色为不同色调的褐色,也呈黄、绿、灰、黑、浅蓝、红、玫瑰红等色。玻璃光泽。透明。解理不完全,不平坦或贝壳状断口。硬度为 6~7。性脆。

为接触交代变质矿物,广泛发育于碳酸盐岩与中酸性岩浆岩的接触变质带,少数也见于蛇纹岩、绿泥片岩、片麻岩等变质岩中。

石墨(graphite, Grp 或 Gp):C

六方或三方晶系。晶体呈鳞片状或片状,通常呈鳞片状、致密块状或土状集合体。铁黑—钢灰色,条痕呈亮黑色。半金属光泽。不透明。一组底面极完全解理,薄片具挠性。硬度小(1~2)。弱延展性。相对密度小。性软,有滑感,易污手,可书写。

往往在高温下形成。分布最广的是沉积变质成因。

锆石(锆石英,zircon, Zr 或 Zrn):$Zr[SiO_4]$

四方晶系。晶体呈柱状,单形常见四方柱和四方双锥,并具标型性:碱性岩中者,锥面发育,柱面不发育,晶体呈双锥状或短柱状;酸性岩中者,柱面锥面皆发育,晶体呈柱状。无色、灰色或黄—红棕色。金刚光泽—玻璃光泽,断口呈油脂光泽。柱面不完全解理。硬度为 7~8。性脆。

为岩浆作用晚期的产物,主要产于霞石正长岩及其伟晶岩中,可作为副矿物出现于各类岩浆岩中,常可形成漂砂矿床,常作为碎屑物质见于碎屑岩及变质岩中。

榍石(sphene 或 Titanite, Spn 或 Ttn):$CaTi[SiO_4]O$

单斜晶系。常呈扁平信封状或楔状晶体,横断面呈菱形。有时为板状、柱状、针状、粒状集合体。蜜黄色或褐色、绿色、灰色、黑色、玫瑰色。条痕呈无色或白色。金刚光泽—玻璃光泽,断口呈松脂光泽。中等解理。硬度为 5~6。

为中、酸性岩浆岩和碱性岩中常见的副矿物之一。碱性伟晶岩中常见较大晶体。

磷灰石(apatite, Ap):$Ca_5[PO_4]_3(F,Cl,OH)$

六方晶系。晶体常呈六方柱状、短柱状、厚板状,集合体多呈块状、粒状或结核状等,呈胶状或隐晶质集合体称胶磷矿。纯者无色透明,但常见黄、绿、黄绿、褐、浅蓝、浅紫或灰、黑等色。玻璃光泽,参差状断口油脂光泽。底面不完全解理。硬度为 5。紫外光或阴极射线照射下或加热后发磷光。试 P 反应:在磷灰石上,加少许钼酸铵粉末,再滴一滴 HNO_3(1:1),则出现黄色磷钼酸铵沉淀。

形成于各种地质作用中。作为副矿物产于各种岩浆岩、变质岩中,伟晶岩中常成大晶体产出,沉积岩、沉积变质岩、基性岩、碱性岩中可形成巨大的有工业价值的矿床,也可见于热液矿脉中。

萤石(氟石,fluorite, Fl):CaF_2

等轴晶系。晶体常呈完好的立方体,且晶面上有时具嵌木地板式花纹;其次可见八面体或二者之聚形,菱形十二面体少见。集合体多为粒状或致密块状。常成穿插双晶。常呈绿色、紫色、蓝色,也见无色、黄色、棕色等。玻璃光泽。四组八面体完全解理。硬度为4。在紫外线或阴极射线照射下发蓝绿色荧光。

主要为热液成因。无色透明的光学萤石产于花岗伟晶岩和萤石脉的晶洞中。

重晶石(barite,Brt 或 Bar):$Ba[SO_4]$

斜方晶系。晶体常呈板状、厚板状或短柱状。集合体呈板状、晶簇状、块状、粒状、结核状等。纯者无色透明,一般为白色,含杂质者呈灰白、浅黄、淡褐、淡红等色。玻璃光泽,解理面珍珠光泽。一组底面完全解理,两组柱面中等—完全解理,底面与柱面解理互垂。硬度为3~3.5。相对密度大。与 HCl 不反应。

主要为热液成因,产于中、低温热液金属矿脉中,与方铅矿、闪锌矿、黄铜矿、辰砂等共生。沉积成因者呈透镜体状或结核状见于沉积锰矿、铁矿和浅海相沉积中。

石膏(二水石膏或生石膏,gypsum,Gy):$Ca[SO_4]\cdot 2H_2O$

单斜晶系。晶体常呈板状,有时呈柱状。常见燕尾双晶。集合体多呈纤维状、块状、细粒状、土状等。纤维状者称纤维石膏。细晶粒状块体者称"雪花"石膏。无色透明的晶体称透石膏。通常为白色,含杂质而染成灰、浅黄、浅褐等色。条痕呈白—无色。玻璃光泽,解理面上珍珠光泽,纤维石膏呈丝绢光泽。一组完全解理,两组中等解理。薄片具挠性。硬度为2。相对密度小。与 HCl 不反应。

主要为海盆或湖盆中化学沉积作用的产物,常以巨大的矿层或透镜体与石灰岩、红色页岩、泥灰岩等呈互层产出;硫化物矿床氧化带中可见风化作用形成的石膏;热液成因者较少见,通常产于某些低温热液硫化物矿床中;硬石膏在压力降低并与地下水相遇时也可形成石膏。

硬石膏(Anhydrite,Anh):$Ca[SO_4]$

斜方晶系。晶体呈厚板状或柱状,但少见,通常呈粒状、致密块状或纤维状集合体。纯者无色透明,常呈白色,含杂质微带浅灰、浅蓝、浅黄或浅红等色。条痕呈白—无色。玻璃光泽,解理面上珍珠光泽。一组完全解理,两组中等解理,三组解理面互垂,可裂成火柴盒状的小块。硬度为3~3.5。相对密度中等。与 HCl 不反应。

主要为化学沉积作用的产物,大量形成于盐湖中,偶见产于热液脉或火山熔岩气孔中,某些硫化物矿床的氧化带也有少量产出。硬石膏在地表条件下不稳定,转变为石膏。

在野外工作,借助小刀、放大镜及盐酸等常备简易工具,对矿物进行初步鉴定,是地质工作者必备的基本技能。要养成勤观察、多动手的良好习惯,同时还需掌握如矿物的结晶习性、颜色、光泽、解理、硬度等重要鉴定特征。若在野外盲目随意鉴定矿物,而把希望寄于室内的测试分析鉴定上,则必然会影响野外的工作质量,故应予以充分重视。

肉眼鉴定矿物时,一定要在确定地质体产状的基础上充分利用小刀和放大镜等工具。首先应区分出三大类岩石以缩小鉴定范围,再依据矿物的特征来鉴定岩石。

对于岩浆岩,主要造岩矿物有橄榄石、辉石、角闪石、黑云母、斜长石、钾长石、石英等。橄榄石以其特征的橄榄绿色、粒状及解理性差即可鉴别。普通辉石、普通角闪石和黑云母可根据晶形、解理和光泽的表现特征来区分。首先区分黑云母,方法是用小刀将矿物的粉末剥离至手心或一张白纸上,肉眼或放大镜观察其形态,若为片状,则是黑云母。再根据晶形长短、解理面的平展性和光泽的强弱来鉴别,一般普通辉石为短柱状,解理的阶梯明显,解理面的反光性较普通角闪石弱,而普通角闪石为长柱状,解理面因阶梯发育而具较好的平展性,故其解理面光泽较强。岩浆岩中若同时存在两种长石,可据其颜色区别:钾长石为肉红色,斜长石为灰白色。

接着根据双晶和解理加以鉴定：斜长石发育聚片双晶，钾长石具卡斯巴双晶；斜长石的解理面平展，阶梯状不明显，而钾长石则相反，这一特征在岩石的新鲜断面上尤为明显。

对于沉积岩，主要的矿物是碳酸盐矿物、石英和长石类（岩屑不考虑在内）。碳酸盐矿物与石英、长石族的区分办法是用小刀刻划硬度，注意刻划一定要选择在矿物的晶面上（还可以滴 HCl 试验），对于石英与长石族矿物则用解理和油脂光泽发育与否可以鉴别。

对于变质岩，除岩浆岩中 7 种造岩矿物和碳酸盐矿物外，还会出现一些特征的变质矿物，只需抓住其主要鉴定特征即可确定出来。如石榴石的褐—红色、粒状晶形和无解理，在手标本断面上往往显示凸出的具多个晶面的晶粒。符山石呈浅黄色，四边形断面，长柱状且柱面具纵纹。红柱石的横截面虽也呈假正方形，但其风化面颜色为灰白色，且晶体常含炭质包裹体而使其颜色变深。这两种矿物因原岩和变质作用方式不同而不能共生在一起。透辉石和透闪石两者的颜色较浅，可以此与岩浆岩中的普通辉石和普通角闪石区别。此外，蓝晶石的淡蓝色和硬度异向性，十字石的柱状、十字双晶都是特征性的。

附件四　常用图例、花纹、符号

1. 岩石特征成分、结构构造图例

符号	名称	符号	名称	符号	名称
·	砂质	↑	玻基橄榄质	⊕	球状
·· ··	粉砂质	Γ	玄武质	∞	珍珠状（球粒）
—	泥质	∨	安山质	⌒	气孔
⌐	钙质	\/	流纹质	▭	火山弹
Si	硅质	⋊	英安质	◎	火山泥球
//	白云质	++	等粒（花岗岩为例）	8	球泡
C	炭质	++	不等粒	8	石泡
l	有机质	+	斑状	,	斑点状
⋮	凝灰质	中	似斑状	+++	渗透状
┼┼┼┼	复成分（硬砂质）	++	不等粒斑状	⌒	集块
e	生物碎屑	+S	片麻状	◢	岩屑
⌀	结核		巨厚层状	—	晶屑
◎	藻类		厚层状	☽	玻屑
⌒	超基性	≡	中层状	☽	浆屑（塑性玻屑）
×	基性	≡≡	薄层状	U	用于火山碎屑熔岩
⊥	中性	≣	页片状	R	用于熔火山碎屑岩
+	酸性	⬭	枕状	M	用于熔结火山碎屑岩
⊤	碱性	♡	杏仁状		

d	用于沉火山碎屑岩	瘤状		眼球状	
碎屑		鲕状		分枝状	
角砾状		透镜状		网状	
砾状		豹皮状、斑花状		香肠状	
条带石		结晶		雾迷状	
竹叶状		条纹(痕)状			

2. 沉积岩花纹

松散堆积物花纹

砾		细砂		淤泥	
漂砾		粉砂		泥炭土	
岩块、碎屑		黄土		冰水泥砾	
砾石		红土		贝壳层	
砂砾石		黏土		植物堆积层	
角砾		钙质黏土		人工堆积	
砂姜		炭质黏土		化学沉积	
砂		有机质黏土		腐殖土层	
粗砂		蠕虫状黏土		填筑土	
中砂					

沉积岩花纹

角砾岩		硅质角砾岩		粗砾岩	
砂质角砾岩		铁质角砾岩		中砾岩	
泥质角砾岩		巨砾岩		细砾岩	
钙质角砾岩		砾岩		含角砾砾岩	

	砂质砾岩		复成分砂岩		页岩
	砂砾岩		黏土粉砂质砂岩		砂质页岩
	石英砾岩		泥质砂岩		粉砂质页岩
	石灰砾岩		钙质砂岩		钙质页岩
	复成分砾岩		凝灰质砂岩		硅质页岩
	钙质砾岩		铁质砂岩		炭质页岩
	硅质砾岩		含铜砂岩		含炭质页岩
	凝灰质砾岩		含磷砂岩		凝灰质页岩
	铁质砾岩		含油砂岩		铁质页岩
	冰碛砾岩		交错层砂岩		铝土页岩
	砂岩		斜层理砂岩		含锰页岩
	含砾砂岩		粉砂岩		含钾页岩
	粗砂岩		含砾粉砂岩		油页岩
	中砂岩		含砂粉砂岩		黏土岩（泥岩）
	细砂岩		黏土砂质粉砂岩		高岭石黏土岩
	石英砂岩		泥质粉砂岩		水云母黏土岩
	长石砂岩		钙质粉砂岩		蒙脱石黏土岩
	长石质砂岩		凝灰质粉砂岩		泥晶灰岩（泥状灰岩）
	长石石英砂岩		铁质粉砂岩		砂质灰岩
	碎屑砂岩		含炭质粉砂岩		含泥质灰岩
	海绿石砂岩		含钾粉砂岩		

泥质灰岩		条带状灰岩		亮晶灰岩	
硅质灰岩		斑点状灰岩		粒泥灰岩	
白云质灰岩		碎屑灰岩		泥粒灰岩	
结晶灰岩		角砾状灰岩		颗粒灰岩	
生物碎屑灰岩		砾状灰岩		泥灰岩	
含藻灰岩		球粒灰岩		砂质泥灰岩	
礁灰岩（未分）		瘤状灰岩		白云岩	
含燧石结核灰岩		竹叶状灰岩		砂质白云岩	
燧石条带灰岩		鲕状灰岩		泥质白云岩	
结核灰岩		串珠状灰岩		角砾白云岩	
页片状灰岩		豹皮状灰岩		硅质岩	

3. 岩浆岩花纹

侵入岩

橄榄岩		辉岩		角闪辉石岩	
镁铁橄榄岩		二辉岩		角闪紫苏辉石岩	
纯橄榄岩		紫苏辉石岩		角闪二辉岩	
角砾云母橄榄岩（金伯利岩）		古铜辉石岩		角闪透辉石岩	
辉石橄榄岩		顽火辉石岩		斜长岩	
辉橄岩（橄辉岩）		透辉石岩		苏长岩	
橄榄辉岩		角闪石岩		辉长岩	

含长辉岩	正长闪长岩	正长岩
含长紫苏辉岩	闪长斑岩	辉石正长岩
含长二辉岩	闪长玢岩	角闪正长岩
含长透辉石岩	石英闪长斑岩	黑云母正长岩
二辉辉长岩	花岗闪长斑岩	石英正长岩
橄榄辉长岩	花岗岩	英辉正长岩
玢岩	角闪花岗岩	正长斑岩
辉长玢岩	紫苏花岗岩	霞石正长岩
辉绿岩	更长环斑花岗岩	霞石正长斑岩
辉长辉绿岩	黑云母花岗岩	霞斜岩
辉绿辉长岩	白云母花岗岩	霓霞岩
石英辉绿岩	二云母花岗岩	霓辉岩
辉绿玢岩	钾长花岗岩	碳酸岩
闪长岩	斜长花岗岩	方解石碳酸岩
辉长闪长岩	二长花岗岩	白云石碳酸岩
辉石闪长岩	白岗岩	稀土碳酸岩
角闪闪长岩	花岗斑岩	煌斑岩
黑云母闪长岩	花斑岩	混合角闪正长岩
石英闪长岩	二长岩	碎斑状花岗斑岩
花岗闪长岩	石英二长岩	斜长煌斑岩
堇青花岗闪长岩	二长斑岩	花岗质伟晶岩

云煌岩	花岗细晶岩	斑霞正长岩
二长花岗斑岩	辉长伟晶岩	

喷出岩
熔岩

苦橄岩	辉石安山岩	辉石粗面岩
苦橄玢岩	角闪安山岩	角闪粗面岩
玻基橄榄岩	黑云母安山岩	黑云粗面岩
玻基辉橄岩	安山玢岩	石英粗面岩
玻基纯橄岩	英安岩	粗面斑岩
玄武岩	流纹岩	粗安岩
苦橄玄武岩	流纹斑岩	粗安斑岩
橄斑玄武岩	石英斑岩	响岩
辉斑玄武岩	碱流岩	霞石响岩
拉斑玄武岩	霏细岩	白石榴响岩
杏仁状玄武岩	霏细斑岩	黝方石响岩
方沸玄武岩	珍珠岩	细碧岩
伊丁玄武岩	松脂岩	角斑岩
碱玄岩	黑曜岩	石英角斑岩
安山玄武岩	浮岩	碱性粗面岩
安山岩	粗面岩	碱性玄武岩

火山碎屑岩

集块岩	火山角砾岩	凝灰岩

流纹质集块熔岩	流纹质熔结角砾集块岩	流纹质岩屑晶屑凝灰岩
流纹质角砾集块熔岩	流纹质熔结集块角砾岩	流纹质晶屑凝灰岩
流纹质集块角砾熔岩	流纹质熔结角砾岩	流纹质玻屑凝灰岩
流纹质角砾熔岩	流纹质熔结凝灰角砾岩	流纹质晶屑玻屑凝灰岩
流纹质凝灰角砾熔岩	流纹质熔结角砾凝灰岩	流纹质浆屑凝灰岩
流纹质角砾凝灰熔岩	流纹质熔结凝灰岩	流纹质岩屑玻屑凝灰岩
流纹质凝灰熔岩	流纹质集块岩	流纹质岩屑晶屑玻屑凝灰岩
流纹质熔集块岩	流纹质角砾集块岩	流纹质沉集块岩
流纹质熔角砾集块岩	流纹质集块角砾岩	流纹质沉角砾集块岩
流纹质熔集块角砾岩	流纹质火山角砾岩	流纹质沉集块角砾岩
流纹质熔角砾岩	流纹质凝灰角砾岩	流纹质沉火山角砾岩
流纹质熔凝灰角砾岩	流纹质角砾凝灰岩	流纹质沉凝灰角砾岩
流纹质熔角砾凝灰岩	流纹质凝灰岩	流纹质沉角砾凝灰岩
流纹质熔凝灰岩	流纹质岩屑凝灰岩	流纹质沉凝灰岩
流纹质熔结集块岩		

4. 变质岩花纹
区域变质岩

板岩	凝灰质板岩（中性）	绿泥千枚岩
钙质板岩	绢云板岩	千枚岩
硅质板岩	绿泥板岩	钙质千枚岩
砂质板岩	空晶板岩	石英千枚岩
炭质板岩	红柱石板岩	绢云千枚岩

绢云绿泥千枚岩	十字黑云片岩	角闪斜长片麻岩
片岩	钠长绿泥片岩	十字黑云麻岩
石英片岩	硬绿云母片岩	矽线二云片麻岩
角闪片岩	白云石绿泥片岩	蓝晶云母片麻岩
黑云片岩	阳起蛇纹片岩	榴云片麻岩
二云片岩	帘石黑云片岩	浅粒岩
绿泥片岩	含蓝晶石黑云片岩	变粒岩
石墨片岩	蓝晶黑云片岩	变质砂岩
石榴片岩	角闪石榴云母片岩	长石石英岩
阳起片岩	正片麻岩	石英岩
十字片岩	花岗片麻岩	角闪变粒岩
红柱片岩	片麻岩、副片麻岩	黑云变粒岩
堇青片岩	钾长片麻岩	紫苏钠长变粒岩
蓝闪片岩	黑云钾长片麻岩	斜长角闪变粒岩
滑石片岩	白云母钾长片麻岩	榴辉变粒岩
蛇纹片岩	二云钾长片麻岩	橄榄变粒岩
橄榄片岩	角闪钾长片麻岩	麻粒岩
斜长绿泥片岩	辉石钾长片麻岩	蓝晶石正长麻粒岩
角闪石英片岩	矽线钾长片麻岩	紫苏辉石长英麻粒岩
榴云片岩	二长片麻岩	辉石麻粒岩
蓝晶矽线片岩	斜长片麻岩	透辉石培长石麻粒岩

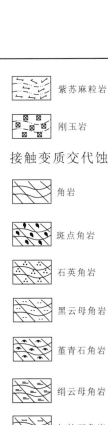 紫苏麻粒岩
 硬玉岩
 变安山岩

刚玉岩
 变流纹岩
变玄武岩

接触变质交代蚀变岩

角岩
 石榴透辉硅灰石角岩
 方柱石大理岩

斑点角岩
 符山石硅灰石角岩
 透闪石大理岩

石英角岩
 长英角岩
 阳起石大理岩

黑云母角岩
 辉绿角岩
 黝帘石大理岩

堇青石角岩
 大理岩
 符山石大理岩

绢云母角岩
 大理石化灰岩
 石榴石大理岩

红柱石角岩
 白云质大理岩
石榴石辉石大理岩

辉石角岩
 白云石大理岩
 镁橄榄石大理岩

堇青石黑云母角岩
 菱镁石大理岩
 透辉石大理岩

红柱石黑云母角岩
 钠长大理岩
 透辉石硅灰石大理岩

矽线石角岩
 硅灰大理岩
 镁橄榄石透辉石大理岩

矽线石堇青石角岩
 石墨大理岩
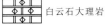 透辉石矽卡岩

紫苏辉石角岩
 含石英大理岩
 硅灰石矽卡岩

透辉石角岩
 含磷大理岩
 石榴石矽卡岩

透闪石角岩
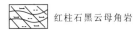 磷灰石大理岩
 透灰石石榴石矽卡岩

石榴石透辉石角岩
 蛇纹石大理岩
 条带状石榴石矽卡岩

橄榄石尖晶石角岩
 滑石大理岩
 镁橄榄石硅镁石矽卡岩

红柱石堇青石角岩
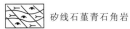 绿帘石大理岩

透辉石岩	钙铝榴石矽卡岩	角砾状方柱石矽卡岩
尖晶石透辉石岩	绿帘石矽卡岩	角砾状石榴石矽卡岩
镁橄榄石尖晶石岩	阳起石矽卡岩	混染岩
符山石矽卡岩	方柱石石榴石矽卡岩	闪长质混染岩
方柱石矽卡岩		

动力变质岩

碎裂岩	灰岩压碎岩	玻化岩
碎裂花岗岩	构造角砾岩	千糜岩
碎裂灰岩	糜棱岩	花岗千糜岩
压碎岩	超糜棱岩化闪长岩	绢云千糜岩
闪长压碎岩	糜棱岩化闪长岩	

混合岩和混合花岗岩

混合质片岩	混合岩	网状混合岩
条带状混合二云片岩	渗透状混合岩	角砾状混合岩
眼球状混合质黑云变粒岩	斑点状混合岩	雾迷状混合岩
混合质片麻岩 / 混合质副片麻岩	眼球状混合岩	黑云斜长角砾状混合岩
混合质黑云中长片麻岩	香肠状混合岩	角闪雾迷状混合岩
混合质正片麻岩	条纹（痕）状混合岩	均质混合岩
混合质变粒岩	条带状混合岩	斜长角闪均质混合岩
混合质糜粒岩	分枝状混合岩	混合花岗岩

白云母混合花岗岗

气成热液蚀变（多用于平面图，红色表示）

矽卡岩化	阳起石化	绿泥石化
角岩化	绿帘石化	高岭石化
大理岩化	黝帘石化	叶蜡石化
白云岩化	黑云母化	滑石化
石英岩化	白云母化	蛇纹石化
碳酸盐化	绢云母化	磁铁矿化
电气石化	硅化	黄铁矿化
方柱石化	钾长石化	黄铜矿化
透辉石化	钠长石化	褐铁矿化

5. 常用岩石名称符号

深成侵入岩

ν 辉长岩　　　　　　　Γ 未分花岗岩　　　　　$\xi\gamma$ 钾长花岗岩
$\nu\sigma$ 斜长岩　　　　　　γ 花岗岩　　　　　　　η 二长岩
δ 闪长岩　　　　　　　$\eta\gamma$ 二长花岗岩　　　　ηo 石英二长岩
δo 石英闪长岩　　　　$\gamma\kappa$ 白岗岩　　　　　　Γo 斜长花岗岩类
$\delta\beta$ 黑云母闪长岩　　$\gamma\delta$ 花岗闪长岩　　　　ξ 正长岩
$\xi\delta$ 正长闪长岩　　　　$\gamma\beta$ 黑云母花岗岩　　　$\gamma\xi$ 花岗正长岩
$\nu\delta$ 辉长闪长岩

浅成侵入岩

$\beta\mu$ 辉绿岩　辉绿玢岩　$\gamma\iota$ 花岗细晶岩　　　　$\xi\pi$ 正长斑岩
$\delta\mu$ 闪长玢岩　　　　　$\lambda\pi$ 石英斑岩　　　　　ρ 伟晶质斑岩石
$\gamma\pi$ 花岗斑岩　　　　　$\gamma\delta\pi$ 花闪长斑岩　　$\gamma\rho$ 花岗伟晶岩
ι 细晶质岩石　　　　　　$\eta\pi$ 二长斑岩　　　　　　χ 煌斑岩

其他常见岩石

br	角砾岩	dol	白云岩	mi	混合岩
cg	砾岩	si	硅质岩	im	均质混合岩
ss	砂岩	sl	板岩	mss	变质砂岩
ds	岩屑砂岩	ph	千枚岩	hs	角岩
st	粉砂岩	sch	片岩	mb	大理岩
sh	页岩	gn	片麻岩	tr	碎裂岩
cr	黏土(泥)岩	og	正片麻岩	sb	构造角砾岩
ms	泥岩	pg	副片麻岩	ml	糜棱岩
ls	灰岩	gnt	变粒岩	pm	千糜岩
ml	泥灰岩				

脉岩符号

 石英脉   中性岩脉   玢岩脉

 酸性岩脉   辉长岩脉   基性岩脉

 细晶岩脉   煌斑岩脉   矿脉（符号用元素符号）

 伟晶岩脉

6. 第四纪堆积物成因类型及沉积相花纹

成因类型及符号　　　第四纪沉积相花纹

Q^{al} 冲积

Q^{pl} 洪积

Q^{pal} 洪冲积

Q^{el} 残积

Q^{dl} 坡积

Q^{eld} 残坡积

Q^{col} 崩积

Q^{dp} 地滑堆积

Q^{ch} 化学堆积

Q^{s} 人工堆积

Q^{Ca} 洞穴堆积

 冲积   冰碛

 洪积   冰水堆积

 冲积洪积 湖积

 坡积 海积

 残积   沼泽堆积

 风积（砂） 化学堆积

黄土 火山堆积

7. 沉积构造图例

≡	平行层理	⋯	逆粒序	⌣	槽模
≡	水平层理	∿	缝合线	⌣	重荷模
▨	板状交错层理	〰	生物扰动	～	变形层理
≈	藻席纹层	⌐	潜穴	×××	压刻痕
◣	楔状交错层理	Π	钻穴	⌣⌣	碟状构造
⌣⌣	槽状交错层理	∞∞	叠瓦构造	⌢	鸟眼构造
⌒	丘状层理	～	层状晶洞	●	示底构造
◆	脉状层理	✿	有胶结物晶洞	▢	石盐假晶
∞	透镜状层理	∧	帐篷构造	ᴨ	石膏假晶
≪≪	鱼骨状交错层理	∪	平面遗迹	⌒	生物礁
∽	包卷层理	⊤⊤	收缩裂隙	◈	龟裂
∿	滑塌层理	⇌	对称波痕	⊙	雨痕
⌒	叠层石	～	不对称波痕	◉	雹痕
∊∊∊	爬升层理	⌵	沟模	◎	核形石
⋯	正粒序				

8. 化石图例

⚘	植物化石及碎片	◉	籖	🐚	叠层石
⟲	无脊椎动物化石（未分）	⊕	珊瑚动物	⊥	笔石动物
⌒	脊椎动物化石（未分）	⋈	海绵动物	🦋	三叶虫
∞	有孔虫	Y	古杯动物	⬠	苔藓动物

符号	名称	符号	名称	符号	名称
☆	棘皮动物		箭石		孢粉
	腕足动物		菊石		钙藻
	双壳动物		放射虫		海绵骨针
	腹足动物		牙形石		疑源类
	竹节石		介形虫		鱼类
	鹦鹉螺		叶肢介		遗迹化石

9. 地质体接触界线符号

符号	名称	符号	名称	符号	名称
	实测整合岩层界线		岩相界线		角度不整合
	推测整合岩层界线		混合岩化接触界线（符号红色）		火山喷发不整合
	实测角度不整合界线（点打在新地层一方，下同）		花岗岩体侵入围岩接触界线（箭头表示接触面产状）		平行不整合（假整合）
	推测角度不整合界线		花岗岩体超动接触界线		部分地段整合，部分平行不整合
	实测平行不整合界线		花岗岩体脉动接触界线		接触性质不明
	推测平行不整合界线		花岗岩体涌动接触界线		断层接触（用于柱状图）

10. 地质体产状及变形要素符号

符号	名称	符号	名称	符号	名称
∠30	岩层产状（走向、倾向、倾角）		倒转岩层产状（箭头指向倒转后的倾向）		交错层理及倾斜方向
×	岩层水平产状		片理产状		片麻理产状
×	岩层垂直产状（箭头方向表示较新层位）				

11. 构造符号

符号	名称	符号	名称	符号	名称
	实测性质不明断层		推测正断层		实测平推断层（箭头指示相对位移方向）
	推测性质不明断层	45	实测逆断层倾向及倾角		推测平推断层
	实测正断层（箭头指向断层面倾向，下同）		推测逆断层		实测直立断层

附件四 常用图例、花纹、符号

图例	名称	图例	名称	图例	名称
	平移正断层		航、卫片解译断层		向斜轴线
	平移逆断层		基底断裂		复式背斜轴线
	实测走滑断层		背斜		复式向斜轴线
	推测走滑断层		向斜		箱状背斜轴线
	断层破碎带		复式背斜		箱状向斜轴线
	剪切挤压带		复式向斜		梳状背斜轴线
	直立挤压带		箱状背斜		梳状向斜轴线
	区域性断层		箱状向斜		短轴背斜轴线
	韧性剪切带		梳状背斜		短轴向斜轴线
	脆韧性剪切带		梳状向斜		倾伏背斜轴线
	实测复活断层		短轴背斜		扬起向斜轴线
	推测复活断层		短轴向斜		倒转向斜（箭头指向轴面倾斜方向）
Dcf	早期剥离断层（英文字母为代号）		倾伏背斜		倒转背斜（箭头指向轴面倾斜方向）
Dcf	晚期剥离断层（英文字母为代号、齿指向断层倾斜方向）		扬起向斜		向形构造
	逆冲推覆断层（箭头表示推覆面倾向）		鼻状背斜		背形构造
	"飞来峰"构造		穹隆		倒转背斜（箭头指向轴面倾向）
	构造窗		隐伏背斜 隐伏向斜		倒转向斜（箭头指向轴面倾向）
	隐伏或物探推测断层		背斜轴线		

12. 标本和样品符号

符号	名称	符号	名称	符号	名称
▲	手标本	⊘	光谱分析样品	⊘	同位素地质年龄样
△	光片标本	⊗	化学分析样品	⊖	同位素组成样
⊖	薄片标本	⊖	水化学样	△	岩相标本
⊛	岩芯标本	⊕	岩组分析样	△	微体化石样
◆	构造标本	⊠	差热分析样	⌬	无脊椎动物化石
⊖	定向标本	⌒	稀土分析	⬭	脊椎动物化石
■	煤岩标本	⊡	粒度分析	❦	植物化石
□	岩石物性标本	⊕	古地磁样		

附件五 秭归地区地层简表

年代地层			岩石地层				
界	系	统	阶	组	段	代号	厚度(m)	岩性简述

界	系	统	阶	组	段	代号	厚度(m)	岩性简述
新生界	第四系	全新统				Q_4^{al}	0~5.0	岩块体、卵石、砾、砂、黏土混杂堆积,为河流冲击物、崩积物
						Q_4^{pal}	0~5.0	
		更新统				Q_3^{al}	0~12.0	岩块体、卵石、砾、砂、黏土混杂堆积,为河流冲击物、崩积及滑坡堆积
中生界	白垩系	上统	四方台阶 嫩江阶	红花套组		K_2h	491	鲜红色、棕红色中厚层状细砂岩,粉砂岩夹厚层砂岩,含砾砂岩
			姚家阶 青山口阶	罗镜滩组		K_2l	273	灰红色、紫红色、灰色厚层块状砾岩,含粒细砂岩夹粉砂岩
		下统	泉头阶 孙家湾阶	五龙组	三段	K_1w^3	386	灰色、灰红色块状中厚层粗砾岩砂岩与石英砂岩互层
					二段	K_1w^2	945	浅棕色、灰色、灰白色薄至中层细—中粒石英砂岩,含粒砂岩
					一段	K_1w^1	535	浅棕色、浅灰绿色、紫红色厚层含钙质细粒岩屑砂岩
				石门组		K_1s	>100	紫红色、紫灰色块状中粗粒砾岩夹砖红色细粒岩透镜体
	侏罗系	中统		泄滩组	上段	J_2x	300~500	下部为紫红色泥岩与黄绿色、灰绿色中厚层细粒石英砂岩,粉砂岩互层;中部以黄绿色中厚层泥岩为主,夹粉砂岩、石英砂岩及紫红色泥岩;上部为深灰色、灰绿色泥岩夹粉砂岩、偶夹灰岩、泥灰岩
					下段			下部为灰黄色厚层细粒石英砂岩、薄层泥岩,局部夹粉砂岩;中部为黄绿色薄至厚层钙质泥岩、粉砂岩夹炭质泥岩透镜体;上部为黄绿色钙质泥岩、泥岩夹含钙细砂岩,中间夹深灰色薄层灰岩或灰岩透镜体
		下统		香溪组		J_1x	150~180	底部为深灰色砾岩、含砾石英砂岩与粗中粒石英砂岩;中部主要为灰黄色细粒砂岩、粉砂岩与泥页岩互层;上部主要为灰黄色、灰白色细粒砂岩,泥岩夹煤层
	三叠系	上统		沙镇溪组		T_3s	9~158	以黄灰色长石石英砂岩、薄层砂岩及粉砂岩为主,偶夹泥岩、煤层和透镜状菱铁矿
		中统		巴东组	三段	T_2b^3	45	紫红色泥岩粉砂岩、粉砂质页岩互层,夹薄层状灰岩透镜体,局部含钙质团块
					二段	T_2b^2	40	灰绿色粉砂质泥页岩夹薄层状泥灰岩
					一段	T_2b^1	20	土黄色灰质泥页岩,夹灰黄色透镜状、条带状灰岩
		下统		嘉陵江组	三段	T_1j^3	500~700	灰—浅灰色中厚层灰质白云岩夹薄层状微晶灰岩及白云质灰岩、白云质灰岩夹角砾状灰岩,可见石膏、石盐假晶
					二段	T_1j^2		灰色、浅灰色至灰黄色中厚层状泥晶灰岩夹紫红色微晶白云岩至角砾状灰岩
					一段	T_1j^1		灰色中厚层粉晶白云岩夹紫红薄层状泥晶白云岩
				大冶组	四段	T_1d^4	300~790	浅灰色、紫灰色薄—微薄层微晶灰岩,夹厚层灰岩,顶部为厚层鲕粒灰岩
					三段	T_1d^3		灰黄色、紫灰色薄层泥质条带状泥晶灰岩
					二段	T_1d^2		灰黄色薄层泥质条带状泥晶灰岩
					一段	T_1d^1		灰黄色、黄绿色泥灰岩,泥质灰岩及钙质泥岩,局部夹浅灰色薄至中厚层微晶灰岩
上古生界	二叠系	上统	吴家坪阶	吴家坪组	保安段	P_3w	2~10	灰黑色、深灰色薄层状含硅质岩、泥岩及页岩,上部夹2-3层黏土岩
					下窑段		100~170	深灰色中厚层状含燧石结核或条带状生物碎屑灰岩、泥质团块生物碎屑灰岩,局部见珊瑚礁灰岩
					炭山湾段		2~10	青灰色透镜状硅质灰岩夹黄色黏土岩,其顶部夹不规则薄煤层,生物化石稀少
		中统	茅口阶	茅口组		P_2m	281	灰色中—厚层状含泥生物碎屑灰岩,局部夹燧石条带或结核,富含筳类化石
		下统	栖霞阶	栖霞组		P_2q	138	深灰色沥青质泥岩夹瘤状泥晶生物灰岩
				梁山组		P_1l	20	灰白色中厚层石英砂状细砂岩,粉砂岩,泥岩及煤层
	石炭系	上统	威宁阶	黄龙组		C_2h	33	灰色厚层—块状生物碎屑砂砾屑泥晶灰岩,亮晶灰岩,局部层段含灰质白云岩角砾和团块
	泥盆系	上统	锡矿山阶	写经寺组		D_3x	8.2~34	上部为灰黄色、灰黑色薄层炭质页岩,砂质页岩,石英砂岩杂粉砂岩,下部为灰色中厚层灰岩,泥质灰岩夹钙质页岩,普遍夹鲕状赤铁矿和鲕绿石菱铁矿
			余桥田阶	黄家磴组		D_3h+	16	灰中厚层石英细砂岩和粉砂岩、泥岩互层,偶夹中层状鲕状赤铁矿层
		中统	东岗岭阶	云台观组		D_2y	50	灰白色厚层块状—中层细粒石英岩状砂岩,夹含砾石英砂岩,底部见石英质砂岩

续附件五

年代地层					岩石地层		
界	系	统	阶	组	段	代号	厚度(m)	岩性简述

界	系	统	阶	组	段	代号	厚度(m)	岩性简述
下古生界	志留系	下统	紫阳阶	纱帽组	三段			灰色薄层粉砂岩、中厚层岩屑石英砂岩夹泥岩，顶部岩性为中厚层细粒石英砂岩夹粉砂岩
					二段	S_1s	91	
			大中坝阶		一段			
				罗惹坪组	二段	S_1lr	349.6	下部为黄绿色薄层粉砂质泥岩瘤状或薄层状灰岩，上部以深灰色薄—中层泥灰岩，生屑灰岩为主
					一段			
			龙马溪阶	龙马溪组	二段	S_1l^2	350	黄绿色粉砂质泥岩、泥质粉砂岩，偶夹钙质泥岩透镜体
			赫南特阶		一段	S_1l^1	250	黑色、灰绿色薄层粉砂质泥岩、石英粉砂岩偶夹薄层状石英细砂岩
	奥陶系	上统	钱塘江阶	五峰组		O_3w	4.4	黑色、灰黑色薄—极薄层含炭质、硅质，灰黑色薄层状硅质泥岩
				临湘组		O_3l+	15	灰色中层瘤状灰岩夹泥质灰岩，泥质条带发育
			艾家山阶	宝塔组		O_3b	19	灰色中厚层龟裂纹泥晶灰岩夹瘤状泥灰岩
		中统	达瑞威尔阶	庙坡组		$O_{2-3}m$	2.5	黄绿色、灰黑色钙质页岩，粉砂质泥岩夹薄层生物屑灰岩透镜体
				牯牛潭组		O_2g	18	灰色、紫红色中层瘤状生物泥晶灰岩，砾状泥灰岩或中层状泥晶灰岩与瘤状灰岩呈互层状
			大坪阶	大湾组	上段	O_2d^3	28	黄绿色薄层粉砂质泥岩夹生屑灰岩或呈不等厚互层状
					中段	O_2d^2	13	紫红色、灰绿色或浅灰色薄层生物屑泥晶灰岩，瘤状泥晶灰岩，夹少许钙质泥岩
					下段	O_2d^1	14	灰绿色、深灰色、浅灰色薄层含生屑泥晶灰岩，微晶灰岩间夹薄层黄绿色页岩
			道保湾阶	红花园组		O_1h	27	灰色中层型砂屑生物屑颗粒灰岩夹灰黑色燧石条带
				分乡组		O_1f	16	深灰色厚层—块状砂屑生物屑灰岩，亮晶屑灰岩夹黄绿色薄层泥页岩
		下统	新厂阶	南津关组	四段	O_1n^4	14	灰白色厚层—中厚状鲕粒灰岩，含砾屑、生物屑、砂屑灰岩，间夹薄层泥晶灰岩
					三段	O_1n^3	11~20	浅灰—深灰色厚层夹中层状亮晶含砾屑灰岩，鲕状灰岩，硅质条带发育
					二段	O_1n^2	8~15	浅灰—灰白色厚层微晶—细晶白云岩夹中厚层含砾屑，粒屑粉—细晶白云岩
					一段	O_1n^1	10~30	深灰色中层砾屑生物屑灰岩、鲕粒灰岩、泥晶灰岩夹白云岩、泥岩
	寒武系	芙蓉统	凤山阶	三游洞群	雾渡河组		ϵ_3sy^2	121.8	灰色、深灰色厚层块状泥晶白云岩，含砾屑细晶白云岩与中层状粉—细晶白云岩不等厚互层状，间夹少量薄层白云岩，含砾屑粉晶白云岩，硅质条带等
			长山阶		新坪组		ϵ_3sy^1	108.2	灰白色厚层—块状含分解石充填晶细晶白云岩与粉晶白云岩互层，局部层段为中层状泥晶灰岩
			崮山阶					
		第三统	张夏阶	覃家庙组	官山垴段	ϵ_2q^2	190	浅灰色、灰色中厚层白云岩、泥质白云岩夹土黄色白云质泥页岩
			徐庄阶					
			毛庄阶		磺膝包段	ϵ_2q^1	70	灰色薄层状泥晶白云岩，泥质白云岩与土黄色泥页岩互层
			龙王庙阶	石龙洞组		ϵ_1sl	105	浅灰色中厚层至块状粉晶白云岩
		第二统	沧浪铺阶	天河板组		ϵ_1t	88	灰色条带状灰岩、互层状泥质灰岩，含核形石灰岩、古杯礁灰岩、内碎屑灰岩
				石牌组		ϵ_1sp	294.9	下部细砂岩、薄层灰岩、泥页岩互层，中部灰岩团块状灰岩，上部灰绿色粉砂质泥岩
			筑竹寺阶	水井沱组		ϵ_1s	114	上部浅灰色巨厚层状白云岩，中部为深灰色中层泥晶灰岩与炭质泥页岩互层，下部为黑色薄层泥晶灰岩夹炭锅底状灰岩
新元古界		纽芬兰统	梅树村阶	岩家河组		$Z_2-\epsilon_1y$	50	下部灰黄色泥灰岩与土黄色泥页岩互层，夹硅质条带等；上部为深灰色泥晶灰岩与炭质泥页岩互层，炭质泥页岩中含硅质结核
	震旦系	上统	龙灯溪阶	灯影组	天柱山段 白马沱段	Z_2dy^3	17.5	灰白色厚—中层状白云岩，夹中层—薄层状泥晶白云岩，局部硅质条带
			石板滩阶		石板滩段	Z_2dy^2	136	深灰色、灰黑色纹层泥晶灰岩，偶夹燧石条带，局部见叠层石化石
			蛤蟆井阶		蛤蟆井段	Z_2dy^1	8~25	灰—浅灰色中层夹厚层内碎屑白云岩、细晶白云岩，含硅质细晶白云岩
			庙河阶	陡山沱组	四段	Z_1d^4	4~20	黑色薄层硅质泥岩，炭质泥岩夹白云质灰岩
		下统			三段	Z_1d^3	60.9	下部灰白色厚夹中厚层状白云岩，粉晶—细晶白云岩，燧石结核及条带发育，上部为薄层状粉晶白云岩
			翁安阶		二段	Z_1d^2	89.2	深灰—黑色薄层泥质灰岩、白云岩夹黄色薄炭质灰岩，呈不等厚层状叠置
					一段	Z_1d^1	5.5	灰色、深灰黑色厚层含硅质白云岩，含燧石结核，薄—中层状灰岩、灰岩白云岩
	南华系	上统		南沱组		Nh_2n	103.4	下部为紫红色冰碛砾岩，上部为灰绿色含砾冰碛粉砂质泥岩或泥岩
		下统		莲沱组	二段	Nh_1l^2	80	由下往上为浅灰色长石石英含砾砂岩、砂岩夹紫红色泥页岩、紫红色泥页岩夹中厚层状长石石英砂岩，构成一个完整的韵律层
					一段	Nh_1l^1	110	由下往上依次为紫红色砾岩、含砾长石石英砂岩或岩屑砂岩、砂岩夹泥岩或互层、紫红色泥页岩夹中厚层状砂岩，构成一个完整的韵律层
	中—新元古界			庙湾岩组		Pt_2m	864	斜长角闪岩、含透辉斜长角闪岩，偶夹薄层含长透辉石英岩、大理岩等
	古元古界			峡岭群 小以村岩组		Pt_1x	645	角闪黑云斜长片麻岩、大理岩、透闪透辉岩夹黑云斜长片麻岩；斜长角闪岩夹黑云斜长片麻岩
	太古宇			古村坪岩组		Ar_2g	未见底	下段为花岗质片麻岩夹斜长角闪岩，上段为角闪黑云斜长片麻岩夹少量斜长角闪片岩

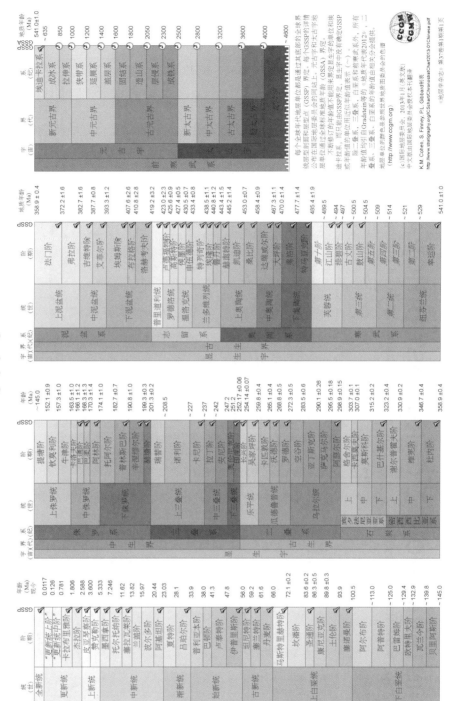

附件七 中国地层简表
（据全国地层委员会2013版修编）

宇	界	国际地层表				中国年代地层				中国岩石地层划分			事件地层	海平面升降
		系	统	阶	地质年龄Ma	系	统	阶	地质年龄Ma	中国北方	中国南方	青藏高原		
显生宇 PH	新生界 Cz	第四系	全新统		0.0117	第四系 Q	全新统	待建阶	0.0117	黄土	大沟湾组	资阳组	绒布德冰碛层	仙女木事件
			上更新统	上更新阶	0.0126		更新统	萨拉乌苏阶	0.0126	马兰黄土		下蜀组	绒布寺冰碛层	青藏高原主隆升期
				伊奥尼雅阶				周口店阶		离石黄土	周口店组	网纹红土	基龙寺冰碛层 加布拉组	北京猿人 气候转型事件
				卡拉布尼雅阶	0.781			泥河湾阶	0.781	午城黄土	泥河湾组	原马组（元谋组2-3段）	聂聂雄拉冰碛层 帕里组 希夏邦马冰碛层	元谋猿人
				格拉斯阶	1.806									
		新近系	上新统	皮亚琴察阶	2.588	新近系 E	上新统	麻则沟阶	2.588	麻则沟组	沙沟组	香孜组		
				赞克尔阶	3.600			高庄阶	3.6	高庄组	石灰坝组	札达组	犬亚科出现	
			中新统	墨西拿阶	5.333		中新统	保德阶	5.3	保德组	小河组	托林组		
				托尔托纳阶	7.246			灞河阶	7.25	灞河组		沃马组	三趾马扩散	
				塞拉瓦勒阶	11.62			通古尔阶	11.6	通古尔组	小龙潭组	上油砂山组	青藏高原显著隆升开始	
				兰海阶	13.82			山旺阶	15.0	山旺组	翁哨组	车头沟组	安琪马出现	
				布尔迪加尔阶	15.97			谢家阶		下草湾组		谢家组	象类出现	
				阿基斯坦阶	20.44				23.03	索索泉组				
	古近界 Cz	古近系	渐新统	夏特阶	23.03	古近系 N	渐新统	塔本布鲁克阶	28.39	巴什布拉克组	珠海组	康拖组	新特提斯终结	
				吕珀尔阶	28.1			乌兰布拉格阶	33.80	乌兰布拉格组	四棱组	丁青湖组		
			始新统	普利亚本阶	33.9		始新统	蔡家冲阶	38.87	卓尤勒干苏组 乌拉戈楚组	蔡家冲组 平湖组	那探组		
				巴顿阶	38.0			垣曲阶	42.67	乌拉根组	河堤组		牛堡组	遮普惹组	
				路特阶	41.3			伊尔丁曼哈阶	48.48	卡拉塔尔组	卢氏组	瓯江组	路美邑组下部		
				伊普尔阶	47.8			阿山头阶						
			古新统	塔内特阶	56.0			岭茶阶	55.8±0.2	齐姆根组	玉皇顶组 明月峰组	领茶组	宗浦组	
				塞兰特阶	59.2		古新统	池江阶	61.7±0.2	灵乡组	池江组	基堵拉组	古东海形成	
				丹尼阶	61.6			上湖阶	65.5±0.1	阿尔塔什组	樊沟组	石门潭组	上湖组		
					66.0									
	中生界 Mz	白垩系	上白垩统	马斯特里赫特阶	72.1±0.2	白垩系 K	上白垩统	绥化阶	79.1	明水组	桐乡组	宗山组	集群绝灭	
				坎潘阶	83.6±0.2			四方台阶		四方台组	衢县组		湖泊缺氧2	
				桑顿阶	86.3±0.5			松花江阶	86.1	嫩江组	金华组	冈巴村口组		
				科尼亚克阶	89.8±0.3			姚家阶		姚家组	中戴组		大洋缺氧2	
				土伦阶	93.9			农安阶	99.6	青山口组	横山组	朝川组	冷青热组	湖泊缺氧1	
				若曼阶	113.0					泉头组		馆头组		
			下白垩统	阿尔必阶	125.0		下白垩统	辽西阶		孙家湾组			察且拉组	
				阿普特阶	129.4			热河阶	119	阜新组	寿昌组		岗巴东山组	大洋缺氧1	
				巴列姆阶	132.9					沙海组	黄尖组		火山事件	
				欧特里夫阶					130	九佛堂组	劳村组	古错村群		
				瓦兰吟阶	139.8			冀北阶		义县组			火山事件	
				贝里阿斯阶	145.0				145	大北沟组				
										张家口组				
		侏罗系	上侏罗统	提塘阶	152.1±0.9	侏罗系 J	上侏罗统	未建阶		土城子组	蓬莱镇组	门卡墩组	燕山运动(III)	
				基默里奇阶	157.3±1.0						遂宁组			
				牛津阶	163.5±1.0								火山事件	
			中侏罗统	卡洛维阶	166.1±1.2		中侏罗统	玛纳斯阶		头屯河组	沙溪庙组	曲米勒组		
				巴柔阶	170.3±1.3			石河子阶		西山窑组	新田沟组	聂聂雄拉组	燕山运动(I,II)	
				阿伦阶	174.1±1.4								升温事件	
			下侏罗统	图阿尔阶	182.7±1.0		下侏罗统	硫磺沟阶	180.4	三工河组	自流井组	普普嘎组		
				普林斯巴赫阶	190.8±1.0								火山事件	
				西涅缪尔阶	199.3±0.3			永丰阶	195.4	八道湾组				
				埃唐日阶	201.3±0.2				199.6			格米格组	生物大绝灭	
		三叠系	上三叠统	瑞替阶	208.5	三叠系 T	上三叠统	佩枯错阶		瓦窑堡组	须家河组	德日荣组	印支运动II	
				偌利阶	228			永坪阶		永坪组	小塘子组	曲龙共巴组		
				卡尼阶	235			亚智梁阶		胡家村组	马鞍塘组	达沙龙组		
			中三叠统	拉丁阶	242		中三叠统	新铺阶		铜川组	天井山组	札木热组	生物辐射	
				安妮阶	247.2			关刀阶	247.2	二马营组	雷口坡组	赖布西组	印支运动I	火山
			下三叠统	奥列尼克阶	251.25		下三叠统	巢湖阶	251.1	和尚沟组	南陵湖组 和龙山组	康沙热组	生物灭绝	
				印度阶	252.2±0.5			印度阶（殷坑阶）	252.17	刘家沟组	殷坑组		火山 缺氧	

续附件七

宇	界	国际地层表				中国年代地层				中国岩石地层划分			事件地层	海平面升降
		系	统	阶	地质年龄 Ma	系	统	阶	地质年龄 Ma	中国北方	中国南方	青藏高原		
显生宇 PH	古生界	二叠系	乐平统	长兴阶	254.2±0.1	二叠系 P	乐平统	长兴阶	254.14	孙家沟组	长兴组 / 大隆组 (合山组晒瓦组)	木纠错组 / 色龙组	←生物大灭绝 / ←东吴运动前乐平世生物事件	
				吴家坪阶	259.9±0.4			吴家坪阶	260.4	上石盒子组	义和乌苏组	茅口组	下拉组		
			瓜德鲁普统	卡匹敦阶	265.1±0.4		阳新统	冷坞阶			哲斯组	四大寨组			
				沃德阶	268.8±0.5			孤峰阶		下石盒子组	包特格组	栖霞组			
				罗德阶	272.3±0.5			祥播阶		山西组			昂杰组	←海平面下降	
			乌拉尔统	空谷阶	279.3±0.6		船山统	罗甸阶			阿木山组(上部)	马坪组	拉嘎组		
				亚丁斯克阶	290.1±0.1			隆林阶		太原组		小浪风关组			
				萨克马尔阶	295.5±0.4			紫松阶	299				基龙组		
				阿瑟尔阶	298.9							永珠组			
		石炭系	宾夕法尼亚亚系	上统	格舍尔阶	303.7±0.1	石炭系 C	上石炭统	逍遥阶		晋祠组	本溪组	达拉组		纳兴组	←海相及陆相中酸性火山喷发事件 / ←浅海相碱性、浅海相及陆相中酸性火山喷发事件
					卡西莫夫阶	307.1±0.1			达拉阶		羊虎沟组				
				中统	莫斯科阶	315.2±0.3						滑石板组			
					巴什基尔阶	323.2±0.4			罗苏阶	318.1±1.3	靖远组	田师傅组	上牙组 / 如组	珠组	←深海相碱性、浅海相及陆相中酸性火山喷发事件
			密西西比亚系		谢尔普霍夫阶	330.9±0.4		下石炭统	德坞阶		榆树梁组	木孟子组	摆佐组		←海底基性和中酸性火山喷发事件
					维宪阶	346.7±0.4			维宪阶		臭牛沟组	旧司组	碰冲组 / 灯屋坝组		
					杜内阶	358.9±0.4			杜内阶	359.58	前黑山组	祥摆组	睦化组 / 王佑组	汤粑组	查果罗玛组(上部) / 亚里组(中上部)	←海相钙碱性及中基性火山喷发事件
	泥盆界	泥盆系	上泥盆统	法门阶	372.2±1.6	泥盆系 D	上泥盆统	邵东阶		洪古勒楞组	上大民山组	融县组	五指山组	大寨门组	←缺氧事件 / ←生物集群绝灭事件
								阳朔阶							
				弗拉斯阶	382.7±1.6			锡矿山阶	385.3	朱家木特组	大河里 / 大河组	谷闭组	榴江组	波曲群	
			中泥盆统	吉维阶	387.7±0.8		中泥盆统	余田桥阶		呼吉尔斯特组	根里组	东岗岭组	罗富组	何元寨组	马鹿塘组	←海口运动
				艾费尔阶	393.3±1.2			东岗岭阶		依克乌苏组	德安组	长村组 / 古车组 / 古琶组	塘丁组	西边塘组	
								应堂阶	397.5			大乐组 / 官桥组		沙坝脚组	凉泉组
			下泥盆统	埃姆斯阶	407.6±2.6		下泥盆统	四排阶		芒格鲁克组	霍龙门组	莫丁组	益兰组	王家村组	
				布拉格阶	410.8±2.8			郁江阶				郁江组			
								那高岭阶			金组	那高岭组	丹林组	向阳寺组	
				洛赫科夫阶	419.2±3.2			莲花山阶	416.9	曼格尔组	窄达气组 / 泥鳅河组	莲花山组	西屯组		←加里东运动(广西运动)
											二道沟组				
	Pz	志留系	普里多利统			志留系 S	普利道多统		418.7	古兰河组	西屯组(部分) / 西山村组 / 玉龙寺组 / 妙高组 / 关底组	防城群	中槽组	帕卓组	←海平面上升事件
			拉德洛统	卢德福德阶	423.0±2.3		拉德洛统	卢德福德阶						嘎祥组	
				戈斯特阶	425.6±0.9			戈斯特阶		卧都河组					
			文洛克统	侯默阶	427.4±0.5		文洛克统	侯默阶	422.9			合浦组	上仁和桥组	可德组	
				申伍德阶	430.5±0.7			申伍德阶(安康阶)		八十里小河组					
			兰多弗里统	特列奇阶	433.4±0.8		兰多弗里统	南塔梁阶	428.2		廻星哨组 / 秀山组 / 溶溪组	文头山组	下仁和桥组	强莎日组	←扬子上升事件 / ←海洋红层广布事件
				埃隆阶	438.5±1.1			马蹄湾阶		黄花沟组	小河坝组	连滩组	石坡组	←海洋生物辐射事件 / ←海洋黑色页岩广布事件
				鲁丹阶	440.8±1.2			埃隆阶(大中坝阶)							
					443.4±1.5			鲁丹阶(龙马溪阶)	443.8		龙马溪组				

续附件七

附件七 中国地层简表

宇	界	国际地层表				中国年代地层				中国岩石地层划分			事件地层	海平面升降
		系	统	阶	地质年龄Ma	系	统	阶	地质年龄Ma	中国北方	中国南方	青藏高原		
显生宇 PH	古生界 Pz	奥陶系	上奥陶统	赫南特阶	445.2±1.4	奥陶系 O	上奥陶统	赫南特阶	443.8	石子组	桃曲坡组 / 龙马溪组 / 安吉组(下部) / 周家溪组(下部)	申扎组 / 红山头组	←集群灭绝(两期)	
				凯迪阶	453.0±0.7			钱塘江阶	445.6	斜豪组	观音桥 / 五峰组 / 文昌组	刚桑 / 木组	←缺氧事件	
				桑比阶	458.4±0.9			艾家山阶	458.4	印干组 其浪组 坎岭组	金粟山组 / 长坞组 / 天马岭口组 / 临湘组 / 宝塔组 / 磨刀溪组 / 韩江组 / 胡乐组 / 陇溪组 / 庙坡组 / 七溪岭组	柯尔多组 / 拉寨组	甲曲组	
			中奥陶统	达瑞威尔阶	467.3±1.1		中奥陶统	达瑞威尔阶	467.3	萨尔干组	峰峰组 / 牯牛潭组 / 宁国组			←生物辐射
				大坪阶	470.0±1.4			大坪阶	470	大湾沟组 / 马家沟组	大湾组 / 红花园组		甲村组	←陨石撞击
			下奥陶统	弗洛阶	477.7±1.4		下奥陶统	益阳阶	477.7	鹰山组	北庵庄组 / 亮甲山组	盘家咀组 白水溪组 家组	扎扎组	←生物辐射
				特马豆克阶	485.4±1.9			新厂阶	485.4	蓬莱坝组 / 图尔沙客群	冶里组 / 分乡组 / 南津关组 / 西陵峡组	?		←生物辐射
		寒武系	芙蓉统	第十阶	~489.5	寒武系 Є	芙蓉统	牛车河阶	497	炒米店	娄山 / 沈湾	宝山组	←索克虫类灭绝	
				江山阶	~494			江山阶		莫合尔群	崮山组 / 关群 / 花桥组	柳水组	←G. reticulatus首现德氏虫类灭绝	
				排碧阶	~497			排碧阶			张夏组 / 甲劳组	核桃坪组		
			第三统	古丈阶	~500.5		第三统	古丈阶	509		馒头组 / 凯里组 / 敖溪组		←球接子类首现 O. indicus首现莱氏虫灭绝	
				鼓山阶	~504.5			王村阶			清虚洞组 / 清虚洞组			
				第五阶	~509			台江阶		西大山组	朱砂洞组 / 杷榔组 / 杷榔组	肉切村群		
			第二统	第四阶	~514		第二统	都匀阶			李官组 / 变马冲组 / 牛蹄塘组	公养河群		
				第三阶	~521			南皋阶			/ 牛蹄塘组		←三叶虫首现 古杯类首现	
			纽芬兰统	第二阶	~529		纽芬兰统	梅树村阶		西山布拉克组	灯影组 / 留茶坡组 / 留茶坡组		←小壳化石首现	
				幸运阶	541.0±1.0			晋宁阶	541.0	兴民村组	灯影组			
元古宇	新元古界	埃迪卡拉系				震旦系 Z	上震旦统	灯影峡阶	550	崔家屯组		皱节山组 / 红铁沟组	←寒冷事件	
								吊崖坡阶	580	马家屯组 / 十三里台组 / 营城子组	陡山沱组	黑土坡组		
							下震旦统	陈家园子阶	610	甘井子组 / 南关岭组		红藻山组		
								九龙湾阶	635	长岭子组		全吉群		
		成冰系			~635	南华系 Nh	上南华统		660		南沱组	石英梁组		
							中南华统		725	桥头组	大塘坡组 古城组	枯柏木组	←寒冷事件	
							下南华统		780		富禄组 / 长安组	麻黄沟组	←寒冷事件	
	青白口界	拉伸系			~850	青白口系 Qb			1000	南分组 / 钓鱼台组	板溪群 / 冷家溪群 / 马园群	丘吉东沟群	←寒冷事件 ←晋宁运动 ←火山事件 ←岩浆事件	
					1000					永宁群	庙山组 / 松树组			

续附件七

宇	界	国际地层表				中国年代地层				中国岩石地层划分			事件地层	海平面升降
		系	统	阶	地质年龄Ma	系	统	阶	地质年龄Ma	中国北方	中国南方	青藏高原		
元古宇	中元古界	狭带系			1000	待建系			1000		美觉组	湟源群 东岔河组	←与汇聚有关热-构造岩浆事件	
		延展系			1200				1200		大龙口组 富良棚组			
		盖层系			1400	蓟县系 Jx			1400	下马岭组	昆阳群 黑山头组 黄草岭组	刘家台组	←辉绿岩床群	
										铁岭组 洪水庄组 雾迷山组 杨庄组 高于庄组	东川群 青龙山组 黑山组 落雪组 因民组			
	古元古界	固结系			1600	长城系* Ch			1600	大红峪组 团山子组 串岭沟组 常州沟组	大红山群 坡头组 肥味河组 红山组 曼岗河组 老厂河组		←与裂解有关的火山岩及A型花岗岩 ←斜长岩-奥长环斑花岗岩组合	
					1800				1800	雕王组 黑山背组 西河里组 天蓬垴组 北大兴组	?	马卡鲁杂岩	←与初始裂解有关的火山活动及基性岩群侵入 ←火山岩浆事件群	
		造山系				滹沱系			2050	槐荫村组 大关洞组 建安村组 河边村组				
		层侵系								纹山组 青石村组 大石岭组 南台组 四集庄组	水月寺群		←火山岩浆事件群 ←岩浆事件群	
		成铁系			2300	Ht?			2300	?				
太古宇	新太古界				2500				2500	五台岩群			←火山岩浆变质事件群 ←火山岩浆事件群 ←火山岩浆事件群	
	中太古界				2800				2800	泰山岩群	鱼洞子岩群		←火山岩浆事件群	
										迁西岩群	东冲河杂岩		←火山岩浆事件群	
	古太古界				3200				3200	陈台沟岩组				
	始太古界				3600				3600	白家坟杂岩				
	冥古界				4000 4600				4000 4600					

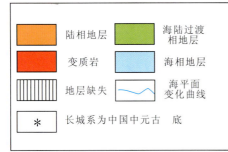

说明
1. 本书中的《中国地层简表》是根据全国地层委员会编制的《中国地层表》简化修编而成。
2. 《中国地层简表》是一祯以中国区域年代地层系统为基本框架，涵盖岩石地层、事件地层及海平面变化特征的综合地层表，受篇幅限制，省略了原表中的生物地层及磁性地层信息。
3. 国际地层表的地质年龄据Gradstein et al(2012)，中国地层表的地质年龄有正负误差值，为我国自测年龄，其余为插入法推测的数据。

图版 Ⅰ

图Ⅰ-1 水月寺镇南东太古宙TTG花岗片麻岩野外照片
（韩庆森摄）

图Ⅰ-2 雾渡河—殷家坪公路剖面花岗质片麻岩中发育的构造残斑，长英质与暗色矿物呈条带状分布，长英质旋斑具左旋特征（韩庆森摄）

图Ⅰ-3 雾渡河—殷家坪公路剖面花岗质片麻岩受韧性剪切作用形成的构造残斑，具左旋特征
（韩庆森摄）

图Ⅰ-4 雾渡河—殷家坪公路剖面条带状含石榴黑云斜长片麻岩，片麻理走向为北东向，条带一般宽数毫米至数厘米（韩庆森摄）

图Ⅰ-5 坦荡河附近多条辉绿岩脉侵入到片麻岩中，含有透镜状片麻岩包体
（韩庆森摄）

图Ⅰ-6 龚家河附近辉绿岩脉侵入到片麻岩中，含片麻岩包体
（韩庆森摄）

图版 Ⅱ

图Ⅱ-1 雾渡河—殷家坪公路坦荡河附近，TTG片麻岩中发育一系列近东西向的滑脱构造，产状较陡立，具正断性质（韩庆森摄）

图Ⅱ-2 雾渡河—殷家坪公路坦荡河附近，黑云斜长片麻岩中发育的"Z"字形滑脱构造，左侧有近直立的辉绿岩脉侵入（韩庆森摄）

图Ⅱ-3 梅子厂变超基性岩破碎带（蒋幸福摄）

图Ⅱ-4 梅子厂北变玄武岩早期透入性面理构造（蒋幸福摄）

图Ⅱ-5 小溪口漫水桥变辉绿岩侵入变辉长岩构造（蒋幸福摄）

图Ⅱ-6 小溪口漫水桥变辉绿岩发育冷凝边构造（韩庆森摄）

图版 Ⅲ

图Ⅲ-1 小溪口变辉绿岩单向冷凝边结构
（据Deng. et al,2012）

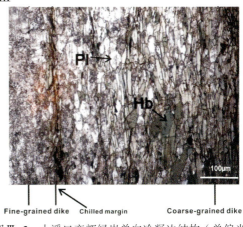

图Ⅲ-2 小溪口变辉绿岩单向冷凝边结构（单偏光）
（据Deng. et al,2012）

图Ⅲ-3 小溪口高角度逆冲剪切断层

图Ⅲ-4 小溪口高角度逆冲剪切断层

图Ⅲ-5 黄陵穹隆北东翼陡山沱组黑色硅质泥页岩中伸展滑脱变形拉断的透镜状硅质岩
（彭松柏摄）

图Ⅲ-6 黄陵穹隆南西翼九曲垴陡山沱组中顺层伸展滑脱形成的泥质白云岩碎裂透镜体
（彭松柏摄）

图版 IV

图IV-1　三斗坪单元黑云角闪英云闪长岩
（边秋娟摄）

图IV-2　金盘寺单元中粗粒黑云英云闪长岩
（彭松柏摄）

图IV-3　路溪坪单元中细粒黑云斜长（奥长）花岗岩
（边秋娟摄）

图IV-4　小滩头内口单元中粗粒斑状二云母二长花岗岩钾长石斑晶（韩庆森摄）

图IV-5　崆岭群小以村岩组长英质片麻岩中同斜紧闭褶皱（张先进摄）

图IV-6　崆岭群小以村岩组斜长角闪片岩中揉皱
（张先进摄）

图版 V

图 V-1　南沱组冰碛砾岩
（韩庆森摄）

图 V-2　陡山沱组中座椅状褶皱
（彭松柏摄）

图 V-4　陡山沱组二段顺层剪切伸展滑脱构造
（韩庆森摄）

图 V-3　九曲垴中桥西正断层
（张先进摄绘）

图 V-5　陡山沱组三段白云岩中滑脱褶皱构造
（韩庆森摄）

图 V-6　横墩岩西水井沱组中小型地堑构造
（张先进摄绘）

图 V-7　断层旁侧的牵引构造
（张先进摄绘）

图版 Ⅵ

图Ⅵ-1 天河板组泥质条带灰岩的核形石
（彭松柏摄）

图Ⅵ-2 天河板组泥质条带灰岩中的古杯化石
（彭松柏摄）

图Ⅵ-3 石龙洞组细晶白云岩中的风暴角砾岩
（竹叶状灰岩）（彭松柏摄）

图Ⅵ-4 九畹溪大桥覃家庙组大型伸展滑脱平卧
褶皱构造（韩庆森摄绘）

图Ⅵ-5 新滩大型滑坡体遗址
（韩庆森摄）

图Ⅵ-6 链子崖危岩体裂缝
（韩庆森摄）

图版 Ⅶ

图Ⅶ-1 泗溪灯影组节理观察点
（张先进摄）

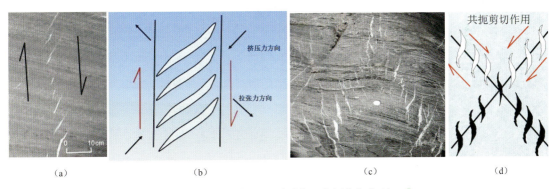

图Ⅶ-2 泗溪灯影组雁列状、火炬状张节理
（张先进摄）
(a)雁列状张节理;(b)雁列状张节理力学分析;(c)火炬状张节理;(d)火炬状张节理力学分析

图Ⅶ-3 莲沱组砂岩与新元古代黄陵花岗岩
（三斗坪单元）不整合界面
（韩庆森摄绘）

图Ⅶ-4 南沱组冰碛砾岩中的花岗岩砾石
（韩庆森摄绘）

图版 Ⅷ

图Ⅷ-1 陡山沱组与南沱组界面火山凝灰岩层（斑脱岩）（韩庆森摄）

图Ⅷ-2 陡山沱组一段底部碎裂及碳酸盐岩脉穿插"盖帽白云岩"（彭松柏摄）

图Ⅷ-3 黄牛岩陡山沱组四段岩崩滑坡堆积角砾岩（彭松柏摄）

图Ⅷ-4 棺材崖灯影组底面透镜状碳酸盐结核的印模（韩庆森摄）

图Ⅷ-5 棺材崖灯影组一段白云岩中管状构造（彭松柏摄）

图Ⅷ-6 黄牛岩陡山沱组四段黑色炭质泥页岩中的碳酸盐结核（韩庆森摄）

图版 Ⅸ

图Ⅸ-1 黄牛岩陡山沱组四段黑色炭质泥页岩中的碳酸盐结核（韩庆森摄）

图Ⅸ-2 黄牛岩灯影组一段白云岩中的帐篷构造（彭松柏摄）

图Ⅸ-3 莲沱组砂岩与新元古代内口单元角度不整合界限观察点（地点：莲沱村王丰岗　韩庆森摄绘）

图Ⅸ-4 下岸溪采石场内口单元中不同形态的暗色包体特征（韩庆森摄绘）

图Ⅸ-5 下岸溪采石场内口单元中粗粒斑状花岗闪长岩（二长花岗岩）中的暗色包体（韩庆森摄绘）

图Ⅸ-6 下岸溪采石场内口单元（岩体）中后期侵入的闪长玢岩（韩庆森摄）

图版 X

图 X-1 下岸溪采石场内口单元概貌及发育的节理
（韩庆森摄绘）

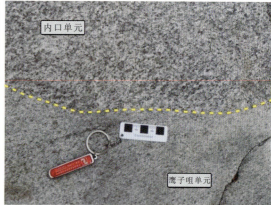
图 X-2 雾下公路陈家大瓦屋内几单元中粒斑状黑云母花岗闪长岩脉动侵入鹰子咀单元中粒花岗闪长岩
（韩庆森摄）

图 X-3 雾下公路陈家大瓦屋鹰子咀单元中的多期脉体侵入现象，辉绿岩脉早于长英质脉体（韩庆森摄绘）

图 X-4 古村坪变层状辉长岩
（彭松柏摄）

图 X-5 薄刀岭采石场变超基性岩中的逆冲构造
（韩庆森摄）

图 X-6 薄刀岭采石场变超基性岩破碎带
（彭松柏摄）

图版 XI

图XI-1 薄刀岭采石场北变玄武岩
（彭松柏摄）

图XI-2 小溪口石桥席状变辉绿岩墙
（彭松柏摄）

图XI-3 小溪口石桥席状变辉绿岩墙中发育的单向
冷凝边（彭松柏摄）

图XI-4 小溪口北漫水桥变辉绿岩（diabase）侵入
变辉长岩（gabbro）构造（韩庆森摄）

图XI-5 小溪口北漫水桥变辉绿岩（diabase）中发育
冷凝边结构（韩庆森摄）

图XI-6 梅子厂南变伟晶辉长岩
（彭松柏摄）

图版 XII

图XII-1 梅子厂南变堆晶辉长岩
（彭松柏摄）

图XII-2 梅子厂变方辉橄榄岩早期韧性剪切透入性面理构造（彭松柏摄）

图XII-3 梅子厂蛇纹石化纯橄岩中的侵染状铬铁矿（彭松柏摄）

图XII-4 七里峡岩墙闪长玢岩中的基性岩包体
（彭松柏摄）

图XII-5 七里峡花岗斑岩与辉绿岩脉的穿插关系
（彭松柏摄）

图XII-6 水月寺太古宙东冲河花岗质片麻岩（TTG）及其中片麻状斜长角闪岩捕虏体（彭松柏摄）

图版 XIII

图XIII-1 水月寺太古宙东冲河花岗质片麻岩（TTG）及其中块状斜长角闪岩包体（彭松柏 摄）

图XIII-2 龚家河黑云斜长片麻岩中发育的北东东向宽缓褶皱（韩庆森 摄绘）

图XIII-3 坦荡河黄凉河岩组条带状泥质麻粒岩（韩庆森 摄）

图XIII-4 基性麻粒岩中石榴石变斑晶发育的"白眼圈"结构（彭松柏 摄）

图XIII-5 殷家坪南雾殷公路片麻岩中的逆冲断层（韩庆森 摄绘）

图XIII-6 雾殷公路龚家河剖面片麻岩中发育的同斜紧闭褶皱（韩庆森 摄）

图版 XIV

图XIV-1 雾殷公路坦荡河一带褶皱变形及顺层滑脱构造（韩庆森 摄绘）

图XIV-2 泥质麻粒岩部分熔融形成的长英质脉体（彭松柏 摄绘）